城市空间分析 GIS 应用指南

Guidebook on Applying GIS in Urban Analysis

宋彦 彭科 著

U0271399

中国建筑工业出版社

图书在版编目（CIP）数据

城市空间分析 GIS 应用指南/宋彦，彭科著 .—北京：中国
建筑工业出版社，2015.2（2021.10重印）

ISBN 978-7-112-17635-9

Ⅰ.①城… Ⅱ.①宋… ②彭… Ⅲ.①地理信息系统—
应用—城市空间—分析 Ⅳ.①TU984.11-39

中国版本图书馆 CIP 数据核字（2015）第 002959 号

责任编辑：焦 扬
责任设计：董建平
责任校对：刘梦然 张 颖

城市空间分析 GIS 应用指南

Guidebook on Applying GIS in Urban Analysis

宋彦 彭科 著

*

中国建筑工业出版社出版、发行（北京海淀三里河路 9 号）
各地新华书店、建筑书店经销
北京鸿文瀚海文化传媒有限公司制版
北京建筑工业印刷厂印刷

*

开本：787×1092 毫米 1/16 印张：23 字数：570 千字
2015 年 3 月第一版 2021 年 10 月第六次印刷
定价：**70.00** 元（含光盘）
ISBN 978-7-112-17635-9
（26843）

前　言

　　20 世纪 60 年代起，地理信息系统（Geographic Information System，简称 GIS）技术开始兴起，并逐渐在我国城市空间分析和管理领域得到广泛应用。GIS 是一种十分重要的空间信息系统。基于计算机硬、软件系统支持下，GIS 可对整个或部分地球表层（包括大气层）空间中的有关地理分布数据进行采集、储存、管理、运算、分析、显示和描述。在城市空间分析与管理方面，GIS 分析的对象是城市及区域空间的多种实体数据（如建筑、地块、街道等）及其关系，通过分析城市空间分布的各种现象和过程，解决复杂的规划、决策和管理问题。近年来随着我国进入城市化快速发展阶段，城乡建设规模达到空前的程度，城乡空间管理工作负荷急剧增加，应用现代信息技术辅助规划决策管理的需求日趋强烈。GIS 在资源管理和配置、城市规划和管理、土地信息系统和地籍管理、应急响应等多领域均发挥着重要的作用。

　　GIS 在城市空间分析与管理方面的应用具有非常显著的优势。首先，GIS 把其分析对象的空间位置和特征属性关联起来，极大方便用户查询"在什么地方某分析对象有什么特点"。在 GIS 技术应用于城市空间信息管理之前，城市规划师主要使用计算机辅助设计软件（CAD）来处理空间信息。CAD 的主要功能在于辅助空间图形处理，其数据模型缺乏对属性数据的支持，因此在数据分析、统计和查询等方面远不如 GIS。第二，GIS 对空间分析对象的统计、分析功能极其全面。并且，这些空间分析功能的开展是基于统计及数学的一系列量化模型，从而可对空间现象进行准确的描述与预测，并辅助城市空间政策的科学化决策。应用 GIS 可极方便地回答以下问询：基于城市内不同收入、不同需求的人口分布，最需要公共交通设施的区域在哪？基于地形与水网，如何确定水污染扩展范围？城市各种产业在何处集聚，并与哪些因素相关等等。第三，新互联网时代的来临更强化了 GIS 在信息查询方面的优势。很多城市或区域建立了在线交互式 GIS 信息共享平台，这些平台不但允许广大公众查询空间信息（如城市街道便利程度评分、地块法定用途等），用户还可以根据这些平台提供的人口、经济、社会健康等方面的 GIS 数据绘制专题地图。随着大数据的发展趋势，越来越多的 GIS 网络互动平台更是允许用户利用移动终端随时随地产生新的空间信息并上传至平台（如行为踪迹、服务评价等），进一步扩展了交互式 GIS 数据库的信息量及用途。

　　GIS 的功能特点难以尽数，本书主要关心如何利用 GIS 功能更好地为城市规划服务。

　　在规划编制阶段，规划部门需要根据城市一系列现状特征和发展趋势对城市空间进行合理布局，确定土地使用性质和强度。GIS 的数据库和空间查询统计功能可以帮助规划师掌握城市社会、经济、人口、交通、土地权属等现状，并对未来的城市功能的空间分配进行规划；GIS 的空间统计分析功能可以帮助规划师估测不同城市土地利用的规划方案给土地资源、环境和交通等带来的影响；GIS 的可视化表现功能可以帮助规划师快速生成情景规划图，并向公众展示这些结果，有助推动规划编制阶段的公众参与。

　　在规划管理阶段，规划部门不仅要对一些常规项目进行精细化管理，还要对一些突发问题进行快速判断和行动。西方发达国家的很多城市建成 GIS 土地及建筑信息集成系统，储存地块及地块上建筑物的权属、拥有人或使用人、法定使用强度及用途、土地保护（或限制开发）政策、土地价值、交易、功能转换等信息。这个系统集成管理分散在不同政府部门（如规划、国土、环境部门等）的关于土地利用的信息，支持应对不同管理任务的统一决策。这样的信息系统可大大方便规划业务审批。例如，在城市建设与改造项目报建审批过程中，可通过土地及建筑信息集成系统对申请工程项目进行准确定位，并查询其允许功能、所受环境保护政策限制等，辅助规划审批工作。GIS 系统还可以积极响应临时突发任务要求，通过图文互查、统计分析等支持快速决策。例如，一些城市建立 GIS 应急信息处理系统：社区一旦发生火灾、暴力等紧急事件，智能视频监控马上将感应到的信息传输到 GIS 应急信息处理系统上，并迅速激活对话框显示预警信息及应急预案，帮助救援人员迅速开展救援行动。

　　在规划评估及反馈阶段，GIS 可帮助规划师掌握土地利用的动态变化信息，判断城市发展的实际速度和规模与规划的偏差。通过比较不同年段反映城市发展的 GIS 数据（如土地利用、植被等），可清晰查看现状与规划愿景之间的差异。GIS 的空间分析功能还可帮助规划师对土地利用密度等土地指标、城市交通可达性等城市关心的指标进行计算，从而判断城市发展状况是否达到规划目标，为下一轮城市规划的编制提供有效的反馈信息。

　　尽管 GIS 在城市空间分析方面具备明显的应用优势，但其在城市规划领域至今未得到普及。造成这一问题主要有两方面的原因：首先，我国城市的 GIS 相关数据匮乏或不易获取，而各种城市空间分析需要综合数据，如基于各层地理单元（如地块、街道、社区、城市、区域等）的人口、经济、用地、环境、交通、数字高程数据等。数据不全限制了用户对数据包含的信息量、处理方式以及 GIS 软件对应的功能模块的了解，从而给 GIS 空间分析带来障碍。第二，目前 GIS 教学多以 GIS 模块、功能为单元推进，缺乏以分析任务为中心的教学流程。基于 GIS 模块的教学方式虽然有助于用户系统地了解各功能构成，但要求使用者对所有功能有全面的认识后才能应对各种分析任务，而不少规划及分析人员更需要有针对性地应用 GIS 解决某一任务。

　　针对以上两大障碍，本书具有两大特点：第一，重视数据对 GIS 应用起到的支撑作用；第二，本书内容围绕规划分析任务展开篇章。本书篇章结构围绕这两大特点组织如下：第 1 篇介绍一系列 GIS 基础概念，以及 GIS 数据在西方发达国家城市中的应用领域、更新方式、数据地理单元等；第 2 篇通过完成数据准备和绘制专题地图这两项任务，让读者熟悉 GIS 最常用到的三种功能——投影、地理编码和制图，为空间分析打下操作基础；第 3 篇为 GIS 与城市基础特征分析，介绍 GIS 如何辅助人口经济分析、城市土地变化分析和地形分析；第 4 篇为 GIS 与土地利用分析，通过三个最常见的土地利用分析任务介绍 GIS 如何参与到土地利用适宜度、土地利用政策分区与土地利用功能和土地开发潜力的分析决策；第 5 篇为 GIS 与交通分析，选择了两个热门的交通话题（职住平衡和公交服务路线及覆盖度）作为分析任务；第 6 篇为 GIS 与环境分析，介绍如何使用 GIS 进行最基本的植被、水污染、局地气候变化和景观视域分析；第 7 篇为 GIS 与社会资源分析，介绍利用 GIS 建立城市应急处理地理数据库、应对城市紧急灾害，以及运用 GIS 技术了解社会空间分异程度和社会公共资源分配情况。

本书的重点部分（第 3~7 篇）分别就城市基础特征、土地利用、交通、环境、社会资源这五大主题展开对城市空间问题的探讨，每篇下设若干章，每章围绕一个主题任务讲述 GIS 如何辅助规划空间分析。这 15 项任务（章）的选题源于近年来规划研究实践中常见的、具有代表性的问题，包括人口空间分布、土地承载力和发展潜力、交通设施高效供给、环境污染、城市热岛效应，景观视域共享、社区人口分异、公共市政设施公正分配等。值得强调的是，第 3~7 篇的每一章均介绍了数据的出处，推荐了可供免费下载数据的网站，以引起读者对数据来源的重视，也便于读者在今后的规划实务中对如何获取相关数据提出建议。

本书的每一个 GIS 应用实例均有详细步骤说明，读者在进行专题练习前可仔细阅读概述部分的任务描述和流程图，从而了解每一项任务的目的和各项任务之间的关系。对练习中 GIS 专业名词感到生疏的读者，可以查阅书末的词汇索引，也可以查询 GIS 软件的使用指南。本书应用的地理信息系统软件为 ESRI 公司发布的 ArcGIS 10.0 版本。读者可以在 ESRI 公司网址下载免费试用版本。本书的练习光盘提供了每一章节练习所需的所有基础数据。同时从第 3 章开始，书中每章的黑白图与光盘中相应章节的彩图一一对应，方便读者参阅。

本书可作为高等院校城市规划等专业的本科生及研究生辅导教材，也可作为供城市规划及设计人员参考的实操手册。本书还可供从事城市规划研究的科研人员阅读参考。本书的顺利完成得到很多人的帮助。我们感谢美国加州大学圣巴巴拉大学地理系 Michael F. Goodchild 教授在本书题材选择方面提供的宝贵建议；感谢美国伊利诺伊大学香槟分校城市与区域规划系 Bev Wilson 教授对本书职住平衡、热岛效应、水文分析等章节任务实现方法方面给予的中肯意见；感谢美国北卡罗来纳大学教堂山分校城市与区域规划系博士生李超骐悉心校对本书所有实验章节；感谢深圳大学建筑与城市规划学院陈燕萍教授、仲德崑院长对教学及出版工作的大力支持；特别感谢本书的责任编辑焦扬为本书付出的辛劳。最后，我们还感谢巴尔的摩、波特兰、深圳等国内外大都市区政府及城市政府向本书作者无偿提供的空间数据。本书各章节素材来自作者在国内外教授多年的地理信息系统课程的实验案例，在这里一并感谢那些对实验安排、操作方法等方面提出宝贵意见的学生们。由于本书作者学识水平限制，书中难免有错漏之处，敬请读者不吝赐教。

宋彦　彭科

美国北卡罗来纳大学教堂山分校城市与区域规划系

2014 年 3 月

目　　录

第3篇　GIS 与城市基础特征分析

第4篇　GIS 与土地利用分析

第5篇　GIS 与交通分析

第 6 篇　GIS 与环境分析

第 7 篇　GIS 与社会资源分析

附　　录

第1篇

GIS简介

本篇介绍一系列 GIS 基础概念，以及 GIS 数据在西方发达国家城市中的应用领域、更新方式、数据地理单元等。

第 1 章 GIS 概要及本书简介

1.1 概述

本章首先介绍进行 GIS 空间分析之前需要掌握的一些基本知识，包括 GIS 基本概念、GIS 基本要素、ArcGIS 与其他软件的关系等。本书的侧重点在于进行与城市空间相关的分析任务，而希望了解 GIS 系统概念及功能的读者可以参考《地理信息系统与科学》（Geographic Information Systems and Science）、《ArcGIS 地理信息系统空间分析实验教程》等 GIS 经典教程。

本章还介绍本书涵盖的各空间分析主题和每个主题中主要使用的 GIS 工具。本书第 2 篇介绍 GIS 操作中最基本的三项概念，分别是投影、数据输入和制作专题地图。本书第 3 ~7 篇介绍如何在 GIS 的帮助下进行城市基础特征分析、土地利用分析、交通分析、环境分析和社会资源分析等主题分析。本章介绍了选择这些主题的原因以及进行这些空间分析的 GIS 工具。

1.2 GIS 基本概念

1.2.1 GIS 定义与发展

GIS 是地理信息系统（Geographic Information System）的缩写。一般认为，GIS 是一项基于计算机操作的工具，早期的 GIS 定义为用电脑捕捉、存储、提取、分析和展示空间数据的数据库系统，并强调信息传达过程中的两大特征：空间性和系统性。这个定义也为几大应用 GIS 数据的权威机构采用，包括地质勘测部门、美国环境系统研究所公司（Environmental System Research Institute，简称 ESRI）、美国国家航空航天局（National Aeronautics and Space Administration，简称 NASA）等。解构地理、信息和系统这三个词，可有助于了解 GIS 的含义。"地理"强调地理位置或者元素或现象的空间分布。"信息"指的是由各种属性构成的图像，代表元素或者现象。"系统"指的是一定逻辑关系下各种属性图像在空间中形成不可分割的整体。90 年代出现的地理信息科学（Geographical Information Science）的提法比地理信息系统更进一步。"科学"（Science）二字强调 GIS 不只是作为一项应用软件，或者是生成复杂工具的软件，GIS 还涵盖一系列由于应用 GIS 软件而产生的分析过程。而这些分析过程会促使人们不断改进 GIS 软件，以增强人们科学认识新事物、新现象的能力。另外，90 年代还出现了规划支持系统（Planning Support Systems，简称 PSS）的概念。PSS 包括所有与规划相关的用计算机进行操作的技术，这促使 GIS 寻求与其他规划技术的整合。作为 PSS 组成部分之一的 GIS 需要考虑如何使自身与其他 PSS 的组件（譬如模型和其他可视化工具）配合工作，以胜任更复杂的规划任务。总而言之，GIS 技术日渐成熟，并在多个经济部门和学科分支发展起来。当今数据存储技术的进步、计算能力的提升，以及新数据资源的产生都在推动着 GIS 技术的普及和提高。

1.2.2　GIS 功能

GIS 最主要的功能是数据编辑和整理、数据分析、地图创建和输出三项。

数据编辑和整理：编辑和整理功能是 GIS 软件的强项之一，分析者能够按自己的意图编辑数据，使编辑后的数据更符合项目的具体需要。除了增加字段、计算字段属性外，分析者还能直接编辑矢量数据的空间属性（譬如增减点、拉伸线、多边形等）。又如，将表格中储存的数据与空间数据集关联起来也是经常用到的 GIS 编辑功能，这样做可以使空间数据集获得更丰富的信息。

数据分析：空间数据的分析可以很好地解释一些空间分布现象，直接指导规划行为。例如，运用空间分析功能可以对环境资源条件进行评价。典型的例子包括分析温度变化的空间分布、水流污染情况、地形坡向坡度等。空间分析功能还可用于进行社会现象与社会资源分布评价。典型例子包括分析异质人群分布的空间离散性、设施位置的合理性等等。GIS 软件通过植入空间分析数据包满足了这些现实需求，为规划实践和研究提供了更多的依据。以 ArcGIS10 为例，约有 19 类 170 种空间数据分析工具。这些工具包括地理统计分析技术（插入、变差函数估算等）、全球和局部空间联系指数（Moran's I 或 Getis-Ord G）、地理加权回归（Geographically weighted regression）、数学运算以及逻辑运算等工具。

成果创建和输出：随着 GIS 功能不断升级，特别是空间分析功能的不断增强，制图功能是 GIS 众多功能中最基本的部分。同时，制图功能仍然是最重要、最常用到的功能，是规划师使用 GIS 时必须要掌握的技能。专题地图通常需要表达一个或多个要素类型（点、线面、像元、像素），并以视觉方式传达空间分布的信息。地图输出可为图像格式（如 JPEG，TIFF），也可为 GIS 属性表（如 dBase、text、pdf 等多种方式）。下面的章节中将详细讨论制作专题地图的要素。

1.3　GIS 构成

GIS 主要由四部分构成，分别是硬件、软件、数据和人员。

硬/软件：硬件指的是运行 GIS 的计算机和输入输出设备。计算机可以是中央服务器，也可以是单独运行或者是加入互联网的个人电脑。输入设备主要指的是数字化仪、扫描仪和鼠标键盘等。输出设备主要指的是计算机屏幕、打印机、绘图仪、光盘、移动存储设备等。输入设备将纸质或电子数据输入计算机，输出设备将生成的地图以纸质或电子地图的方式显示出来。GIS 软件提供输入和储存地理信息的功能和工具。软件还提供其他功能譬如查询、运行分析和用图纸或报告显示地理信息等。ArcGIS Desktop 是目前最常用的 GIS 软件。该软件提供三个不同功能水平的产品，分别是 ArcMap、ArcEditor 和 ArcInfo。这三者所包含的分析工具由多到少依次为 ArcInfo、ArcEditor、ArcMap。本书应用的地理信息系统软件是 ESRI 公司发布的 ArcGIS 10.0 版本。读者可以在 ESRI 公司网址下载免费试用版本，其下载地址如下：http://www.esri.com/software/arcgis/arcgis-for-desktop/free-trial.html。

数据：数据是使用 GIS 的基础。有关机构的调查结果表明，建设 GIS 的费用构成中，硬件、软件和数据上的比例为 1∶1∶8。由此可见数据收集、输入的成本之高，以及数据收集组织、校对工作的难度之大。GIS 数据由空间数据和属性数据两部分组成。数据可从商业数据提供商处购买，也可以自行生成，例如通过数字化技术将纸质的地理数据（如建筑、道路、行政区边界等）输入 GIS。数字化的过程常常枯燥和冗长，特别是处理输入大型数据的时候。值得指出的是，发达国家公共部门对提供大量 GIS 数据做出了贡献。第二章以美国为例，详细介绍 GIS 数据来源与架构。

人员：人员能胜任 GIS 操作需要进行系统的培训。运用 GIS 进行简单的空间数据编辑和地图生成任务并不复杂，只需要通过短期培训便可上手操作。应用 GIS 进行空间分析，一般来说，需要掌握一些空间地理、数理统计等方面的知识。在短期课程方面，ESRI 公司网址提供免费的课程教学链接（http://training.esri.com/gateway/index.cfm）。读者可预约观摩这些课程。课程内容包括地图绘制、地理坐标系统基础知识、CAD 与 ArcGIS 的相互转换、在 ArcGIS 的 Desktop 中添加 python 插件等等。另外，一些美国综合性大学的网上图书馆和咨询中心也就一些最基本的 GIS 问题提供了免费观摩的影像。例如美国北卡大学网上图书馆提供了如何根据经纬度生成形文件、如何将外部表格与形文件关联起来等的视频操作过程，其网络链接为 http://www.lib.unc.edu/reference/gis/faq/。

1.4　GIS 基本要素

1.4.1　空间

GIS 需要就空间表达做一些基本的规定或假设，即设定坐标系统。坐标系统提供空间参照，判断对象在空间中的准确位置。坐标系统可以是二维的，也可以是三维的。人们最熟悉的坐标系统是笛卡尔（Cartesian）坐标系统。如图 1-1 所示，笛卡尔坐标系统由 X（水平）和 Y（垂直）轴组成，两条轴在原点（0，0）汇合。该坐标系统是平面（二维）的。但是，当坐标系统用纬度（X 轴）和经度（Y 轴）表达，就不是使用的平面坐标系统，而是球面坐标系统（球坐标）。球坐标是三维坐标的一种。球坐标的经度是东西各 180 度，纬度是南北各 90 度。笛卡尔平面坐标系统可以很容易地转换为三维坐标。

建立坐标系统则获得了定义空间关系的框架。为了将这个抽象的表达与地球表面的实际位置联系起来，还需要一套大地基准面（geodetic datum）和一个关于地球形状的模型，即参考椭球体（reference ellipsoid）。参考椭球体是关于地球形状的模型。因为地球表面不是标准的正球体，其表面凹凸不平，且时刻处于运动当中。所以对于地球测量而言，地表是一个无法用数学公式表达的曲面。为了能应用数学方法正确地定义地球的表面形状，需要借助参考椭球体

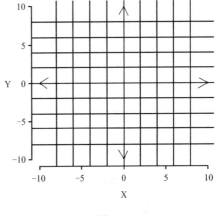

图 1-1

去逼近实际的地球形状。参考椭球体表面是一个规则的数学表面。椭球体的中心、方位以及地表上的点共同构成大地基准面,可利用特定椭球体对特定地区地球表面的近似形成该大地基准面。基准面可以是全球的也可以是本地的,均可把抽象的坐标系统和地球表面关联起来。最常用的全球基准面是 World Geodetic System of 1984 (WGS 84)。我们通常所说的北京 54 坐标系和西安 80 坐标系是在我国通用的两个大地基准面。美国最常用的大地基准面是 North American Datum of 1983 (NAD 83)。GPS 默认的基准面是 WGS 84。

1.4.2 投影

椭球体表面也是曲面,而日常生活中的地图及量测空间通常是二维平面,因此在地图制图和线性量测时首先要考虑把曲面转换成平面,譬如转换为笛卡尔平面坐标系统。而要想将地球表面上的点转移到平面上,必须采用一定的方法来确定地理坐标与平面直角坐标或极坐标之间的关系。这种在球面和平面之间建立点与点函数关系的数学方法,就是地图投影方法。地图投影的方法如下图所示:假设在地球的中心有一盏台灯,向外发光,把地表元素投射到一个平面或者曲面上。把地理坐标系(纬度和经度)投影到平面坐标系,这也就无可避免地造成形状、面积、距离或方向的扭曲。因此在选择地图投影类型时需要做出取舍。选择哪种地图投影由分析者的最终目标或者使用的数据决定。

从投影方式可以把投影类型分为方位角、圆柱形和圆锥形三种。方位角地图在地球表面与二维投射平面正切的部分扭曲程度最小。这种投影方式的缺点之一是越远离正切部分,投射的扭曲的程度越大。圆柱形和圆锥形地图投影试图通过增加切点的数目,将这种扭曲的影响减低到最小。从投影效果可以把投影类型分为等角投影(conformal projections)、等积投影(equal-area projections)、等距投影(equidistant projections)和等方位投影(true direction projections)几种,如图 1-2 所示。其中等角投影维持属性形状的完整性,等积投影保持属性之间的尺寸比例关系,等距投影捕捉和保持距离关系,等方位投影最准确地保持方向关系。我国于 50 年代正式决定在大地测量和国家地形图中采用的高斯—克吕格(Guass-Kruger)投影属于等角圆柱投影。

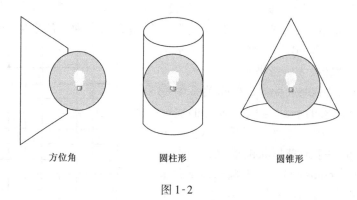

方位角   圆柱形   圆锥形

图 1-2

投影完成后,文件获得投影坐标系统。地理坐标系统是投影的基础,因此,投影后的文件仍然保留地理坐标系统信息。未被投影的 GIS 文件元数据中会指出该文件采用的大地基准面和椭球体的类型。投影后的文件的元数据中不但包含地理坐标系统信息,还包含另外几项参数：①Projection（投影方式）：我国选用的是高斯—克吕格投影方式，因而我国 GIS 地图在 Projection 这一项中常常显示的是 Guass-Kruger；②Linear Unit：这一栏显示地图单位，我国这一栏通常显示的是米（meter）。应指出，许多 GIS 矢量或栅格文件缺乏地理坐标系统和投影坐标系统的信息。但是，只有具备了地理坐标系统的文件才能进行投影。投影后的文件才具有距离单位，从而有效进行空间分析。

1.4.3　空间数据格式

GIS 常用到的两种基本空间数据类型为矢量（vector）和栅格（raster）数据。

最基本的矢量表达方式是点，即一对 X/Y 坐标。点可以表达一系列城市规划感兴趣的元素，譬如公交站、公共设施等。线矢量数据可以表现线状元素，如溪流、道路、管道等。多边形矢量数据由一系列的线围合组成，可以表达街区、地块范围线等。表面矢量数据是三维数据，一般用宽度、长度和高程定义。矢量数据的突出优点有以下几点：能够以很高的精度储存空间属性的位置；数据结构紧凑、冗余度低；图形显示质量好、精度高；对已有的矢量数据集进行添加和修改相对容易。可是，矢量格式并不适于有些情况，如大面积的连续覆盖（地形图）。

最简单的栅格数据格式由行和列（或格网）组织的单元（或像素）矩阵组成，其中每个单元都包含一个信息值（如高程）。栅格可以用来表现离散数据，譬如土地利用类型，也可以用它表现连续数据，譬如温度、高程等现象。栅格数据也可以三维形式储存和显示，在表现高程时用到的不规则三角网（triangulated irregular networkTIN）就是以三维形式储存栅格数据的例子之一。栅格数据格式具有以下优势：数据结构简单，由单元组成矩阵结构；可进行高级的空间和统计分析。栅格数据的缺点是文件通常比较大，可能给数据储存带来问题。另外，像元或像素的尺寸决定了分辨率，有可能难以区分地表的一些属性，特别是线性的属性（如道路、河流等）。

1.4.4　属性类型

GIS 的一个基本特点是能通过快速的操作来编辑与空间数据相连的属性数据。在与空间数据对应的属性表中，最主要的两种属性类型是文本和数字。文本由一系列字符组成，这些字符可以是字母或者数字。而数字属性只允许数字字符。数字属性又分为几种格式，包括整数、浮点（float）和双精度（double）。浮点和双精度格式允许数字带有小数点，但是允许的精度水平不同。双精度格式可以比浮点格式储存更长的数字。对于一般的应用，浮点格式已经足够满足需要储存的信息。

1.4.5　地图比例

比例的概念对制图非常重要。地图比例指的是为了表现地球表面的一部分而需要缩小的程度，它也经常被称为数字比例尺（representative fraction）。例如 1∶24000 的数字比例尺说明地图上的一个单位等于实际的 24000 个单位。如果改变数字比例尺而地图图幅尺寸不变，地图显示的属性大小会变化，也就是说有大比例尺和小比例尺之分。小比例尺地图（譬如 1∶100000）用在需要表现一个较大的地理范围，但是对细节要求不高的地方；相反，大比例地图（譬如 1∶3600）则用于表现一个相对较小的地理范围，但是对细节要求较高的地方。选择怎样的比例是分析者需要认真考虑的事情，比例直接影响数据的精度和分析结果的正确性。

1.4.6　元数据和标准

元数据（Metadata）是描述空间数据的数据。元数据并不是 GIS 或空间数据分析的特定产物。早在软件工程和信息技术产业发展的初期，元数据就诞生了。基于 GIS 空间分析的元数据一般包括以下信息：数据来源和创建者，生成和修改数据的过程，空间属性（譬如坐标系、投影、地图单元），与像元/像素或要素相关的属性。

管理元数据需要根据一定标准进行。发达国家的公共机构在建立空间数据库时，尤其重视元数据的标准来创建和管理元数据。以美国为例，为了促进国内空间数据的使用和传播，联邦地理数据委员会（Federal Geographic Data Committee，简称 FGDC）建立了国家空间数据网络（National Spatial Data Infrastructure，简称 NSDI）。NSDI 指明了元数据的使用规定。这一规定的出台大大便利了分析者识别 GIS 数据。

1.5　ArcGIS 与其他软件的关系

1.5.1　城市模型软件

城市模型软件是模拟未来土地利用、房地产市场、交通系统等社会经济活动的计算机系统。人们用它分析不同空间层面（片区、城市和区域等）公共政策和大型基础设施项目对城市环境的影响。ArcGIS 与城市建模软件的关系有内嵌和耦合两种。内嵌是将城市模型软件包（如三维建模软件 CityEngine）的城市建模功能"嵌入"GIS，达到在 GIS 软件中进行建模分析的目的。耦合指在需要时将城市模型软件功能调入 GIS 中。

ESRI 公司提供了一个名为 Code Gallery 的网上资源共享平台（http：//blogs. esri. com/esri/arcgis/2009/04/16/arcgis-resource-centers-code-gallery-blog-series/）。通过该平台用户可以找到水文、电力、风力、公共安全、场地分析等方面使用 ArcGIS 进行主题建模的实例和方法。

1.5.2　CAD 软件

CAD 即计算机辅助设计（Computer Aided Design），常用的 CAD 软件有 AutoCAD、MicroStation 等。CAD 是目前国内规划制图时使用最普遍的软件。CAD 和 GIS 的基本原理迥异。尽管两者都有坐标系统，但 CAD 把世界看成一个立方体，GIS 把世界看成一个球面。

CAD 的主要优点是编辑功能非常强大，可以非常方便地对对象进行拉伸、裁剪、复制等。相比而言，GIS 的制图编辑功能则较弱。GIS 的强大优势有：①具备空间数据库的概念，它把空间数据和属性数据捆绑起来，创建中心数据库来储存和管理这两方面信息。人们可以通过电脑桌面、服务区或移动环境调用和存储这些数据；②具备强大的空间分析功能，譬如查找适宜位置、进行出行成本分析、确定两个位置间的最佳路径等；③具备拓扑分析功能，提供了一种对数据执行完整性检查的机制。此外，还可以使用拓扑为要素之间的空间关系建模、为多种分析（如查找相邻要素、处理要素之间的重叠边界以及沿连接要素进行导航）提供支持；④可以高效快捷的生成专题地图。GIS 的一个空间要素常常对应多个属性（譬如街道边界对应街道人口、经济状况、设施数量等），因此可以很方便地对一个要素生成多张主题地图（人口图、经济状况图、设施数量图等）。GIS 自动生成和调整地图元素（如图例、比例尺、指北针等）的功能也很强大。

　　ESRI 公司开发的 ArcGIS 已通过多种途径实现 GIS 和 CAD 的融合，包括采用通用的存储环境等。在 ArcGIS 中可直接使用 CAD 数据，并不需要将 CAD 文件转为 GIS 文件。GIS 和 CAD 文件之间也可进行双向转换。城市规划应用中，常把 CAD 文件转为 GIS 文件，从而可利用 CAD 强大的对象创建、编辑功能生成空间属性，再利用 GIS 进行空间分析、创建地图等。

1.6　本书城市空间分析与相应的 GIS 应用内容

　　城市空间分析是城市规划决策不可或缺的环节。GIS 通过不断改进分析工具、不断完善各项分析功能，从而能够胜任更多的城市空间分析任务，提供更客观准确且及时的分析结论。本书分城市基础特征、土地利用、交通、环境和社会资源等几大部分介绍最常见的城市空间 GIS 应用任务。每项分析任务需通过若干 GIS 工具来实现，下文列举了每章中所应用的主要工具（见表 1-1）。

表 1-1

篇　号	章号	章　名	主要使用工具
第 2 篇 GIS 基本操作	3	GIS 数据准备——投影与空间连接	投影
	4	GIS 数据准备——外部数据输入	地理编码
	5	制作专题地图	制图
第 3 篇 GIS 与城市基础 特征分析	6	人口经济分析	表连接、叠加
	7	城市土地变化分析	矢量、栅格分析（多元分析）
	8	地形分析	3D 分析
第 4 篇 GIS 与土地利用分析	9	土地利用适宜度分析	属性/位置选择
	10	土地利用政策分区与土地利用功能分析	属性/位置选择
	11	开发潜力分析及 3D 表现	ArcScene 生成 3D 地图
第 5 篇 GIS 与交通分析	12	职住平衡分析	属性选择
	13	公交网络分析——行驶路线及覆盖度	网络分析
第 6 篇 GIS 与环境分析	14	植被分析	栅格计算
	15	水污染分析	水文分析
	16	局地气候变化分析	插值、地统计分析
	17	景观视域分析	视域分析

续表

篇　号	章号	章　名	主要使用工具
第 7 篇 GIS 与社会资源分析	18	建立城市应急处理地理数据库	地理数据库编辑
	19	社会空间分异分析	空间统计
	20	社区公共资源分析	地理处理、脚本

1.6.1　城市基础特征分析

城市基础特征分析是城市空间分析中最基础的环节。了解一个地区的产业结构、就业结构、城乡人口分布、地形高差等基础信息是进行规划空间布局的基础。基础特征数据信息量大、门类多，产生很大的分析工作量，但这正是 GIS 擅于解决的问题。GIS 不但支持超大数据量的存储，还能满足用户需求进行高效率分析。尤其在西方发达国家，因为负责人口普查的机构已经在普查地理单元系统设置、更新和改善方面积累了长期经验，人口经济数据与地理单元得以很好结合。这给基于 GIS 的城市基础特征分析提供了更多方便。

本书以三章篇幅介绍基于 GIS 的城市基础特征分析方法，侧重介绍城市基础特征中讨论最多的三方面内容——人口经济、土地变化和地形。第 6 章人口经济分析介绍如何把人口表格数据赋给缺乏人口信息的空间单元，以及如何将一种空间单元的人口信息分配给另一种空间单元。这一章主要用到表连接和叠加两项 GIS 工具。第 7 章城市土地变化分析介绍矢量和栅格两种数据环境下土地变化分析的方法。在矢量数据环境下 GIS 整理多达 10 万个地块的建设年份分类，展现过去 50 年间房地产开发的空间扩展趋势。在栅格数据环境下 GIS 处理的空间范围扩展到整个大都市地区，呈现五年间城市化土地的区域扩展情况。该章主要用到栅格分析工具。第 8 章地形分析介绍使用数字高程模型数据表现高程、坡向和坡度的方法，该章主要用到 3D 分析工具。

1.6.2　土地利用分析

土地利用分析包含土地资源分析、土地利用功能分区、用地管理等多方面内容。在城市空间分析、规划与管理领域，土地利用分析的重要性已被充分认识。但在实践中，土地利用决策过程的透明度不高，成果展示直观性方面也有待加强。GIS 在这些方面有一定改善作用。

本书第 9 ~ 11 章介绍了基于 GIS 的土地利用适宜度、土地利用政策分区与土地利用功能和开发潜力及 3D 表现的操作方法。第 9 章在事先确定了适宜度评估原则和具体影响因子基础上对每块用地的适宜度进行评价，评价过程透明。属性表详细记录每块用地的各项因子值，使用代表评估原则的 GIS 逻辑表达式筛选符合条件的地块。这样的分析评价方法分类速度快、从结论可追溯原因，给下一步工作提供了畅通的信息重摄渠道。第 10 章土地利用政策分区与土地利用功能分析中需要调整城市土地使用政策区以及功能区的类型和面积，GIS 在容量核算等统计运算上的优势体现得更为明显。第 11 章开发潜力分析及 3D 表现中 GIS 展示了使用 3D 功能更直观表达开发潜力的方法。在 ArcGIS 应用软件 ArcScene

中，平面图形可以根据任一形文件属性值进行拉伸，以立体形态表现平面属性，增强信息传达的可视性。

1.6.3 交通分析

GIS 可以参与解决一系列城市交通规划感兴趣的问题，譬如职住平衡、改善公共交通可达性等。本书的第 12 章职住平衡分析中，通过对比每个空间单元（如街道）内的家庭数目和就业数目，了解每个空间单元居住和就业的绝对数量对比情况。本章还演示了生成就业中心和职住平衡区的方法，并根据生成的就业中心和职住平衡区以两种不同方法生成职住平衡指数。第 13 章网络分析工具自动生成最优公交路线，并计算出行时间。除了生成行驶线路外，网络分析还可以计算基于实际道路网络的设施服务范围。该服务范围的大小根据行驶速度和道路形制确定，比画出以设施点为中心、一定距离为半径的圆圈更准确地反映服务范围。网络分析是第 13 章主要用到的工具。

1.6.4 环境分析

GIS 在环境分析方面的应用一直是应用热点。在城市空间分析领域中，规划师已愈来愈不满足于"事后"评价城市化、工业化的发展状况以及环境治理成效等。预测未来环境的变化成为非常重要的课题。

本书 14～17 章介绍应用 GIS 进行环境分析的方法，以该领域的四个常见问题——植被、水污染、局地气候变化和景观视域为例展开。第 14 章植被分析介绍如何使用 GIS 分类卫星影像计算植被指数，以此作为评价植被覆盖度的依据。第 15 章水污染分析模拟污染物在地表径流扩散路径，掌握污染范围，评价污染源选址的合理性。水文分析是该章主要用到的工具。该工具还可用于预测洪水水位及泛滥情况、预测地貌变化对整个地区水文水质产生的影响等。第 16 章局地气候变化分析探索不透水地表面积扩张与地区温度的时空关系。GIS 插值工具根据有限若干个温度观测点生成整个地区渐趋变化的栅格温度值，对比温度变化栅格与土地利用变化栅格，可以帮助人们判断土地利用变化是否影响局地温度变化。第 17 章景观视域分析评估拟建设施对景观的影响。GIS 视域工具考虑地形以及视线高度对视域的影响，计算每一个观测点的视域以及多个观测点的共同视域。

1.6.5 社会资源分析

社会资源的及时送达、公正分配是城市公共政策希望实现的目标之一。城市空间分析可关注提供公共服务机构组织的分布，如事故抢修中心、警察局等；还可进一步关注影响这些社会资源配置的空间要素及形成机制，譬如贫富分化、老龄化等等。

本书 18～20 章涉及三个非常有趣的社会资源分配问题，分别是建立城市应急处理地理数据库、社会空间分异分析和社会公共资源分析。18 章展示了基于 GIS 地理数据库的城市灾害处理系统的建立方法。该章以分析地震灾害对路桥产生的不利影响为任务，介绍如何添加灾害数据，如何锁定受损路桥及维修单位。在灾前建立基于 GIS 地理数据库的属性空间关系可以极大提高灾后进行对象搜索的速度。该章用到的主要工具为地理数据库编辑。第 19 章运用空间统计工具计算贫困和户口的聚集程度，GIS 自动生成空间聚集（自相关）区域，这个分析方法比操作者肉眼观测或自行设置门槛值更科学。第 20 章研究犯罪和警力的匹配情况。研究范围内有数百个空间单元，传统统计方法需要规划师逐一计算每个空间单元的犯罪和警力数。为节省人力及保证运算结果准确性，该章将自动化操作指令写入脚本，通过 GIS 的地理处理工具自动对每个空间单元进行计算、评估。

第 2 章　GIS 数据来源
——以美国为例

2.1　概述

　　空间数据的可得性和共享性是 GIS 得以有效应用的重要保障。空间数据的形式、内容、质量、更新速度都决定着 GIS 空间分析的可应用范围。本章介绍国外开发 GIS 数据库的经验。从 20 世纪 60 年代以来，一些有代表性的机构譬如美国联邦统计局、哈佛计算机制图实验室等倡导进行 GIS 软硬件平台设计。20 世纪 80 年代，国家级机构开始规范 GIS 数据标准。近年来，通过与 GIS 企业密切合作，高质量的 GIS 数据已经海量开放共享给一般民众。总的来说，美国在 GIS 数据应用领域积累了丰富经验。

　　本章主要介绍美国在数据类型、数据地理单元和数据更新方面的做法。我们首先介绍如何搜集最典型的几类空间数据（人口、产业、就业、交通和地籍等），以及这些数据包含哪些主要信息；接下来介绍美国应用最广泛的地理单元系统—普查单元的构成及制定方法，介绍了普查单元与其他一些重要的地理单元的空间相互关系；在 GIS 数据更新一节我们介绍上述不同类型数据的更新办法、更新速度等。

2.2　GIS 数据类型

2.2.1　人口数据

　　美国联邦统计局（U. S. Bureau of Census）开展的"十年人口普查"（Decennial Census）是了解全美人口信息最权威的窗口。"十年人口普查"通过长、短两种问卷搜集普查信息。这些信息包含了基本、社会、经济和住房属性四方面的内容。短问卷包括姓名、年龄、性别、种族、家庭关系、住宅是否自有六个问题。短问卷调查覆盖全美所有居民。长问卷也即抽样问卷会增加更多详细问题，譬如祖籍、伤残、收入、职业、移居状况、工作地等（见表 2-1）。长问卷抽查全美 17% 的人口。在人口越少的地市，长问卷的抽查率越高，可以达到 50%，以减小采样误差；人口多的地市，抽查率会略有降低，但也不低于12%。这些访谈个体居民搜集到的信息（包括下文提到的产业、就业、交通等信息）最终都以某一地理单元的总值或平均值等统计数据形式呈现在公众面前。个体数据信息是保密的，任何公布个体信息的行为和主体都将受到法律制裁。

　　"十年人口普查"主要通过向所有住户邮寄并回收问卷的方式来完成问卷搜集工作，因此邮件回复率是该普查最关心的问题。"十年人口普查"通过两部分工作来确保尽可能多

表 2-1

人　口	住　房	经　济	支　出
婚姻状况 出生地、公民和进入美国 的时间 入学和教育状况 祖籍 移居状况 家庭语言、说英语的能力 服役情况 残障程度 祖父母是否给问卷填写 人提供照顾	房屋结构 房屋建造年龄 房间数目、卧室数目 搬入年份 电话服务 私家车情况 供热 是否居住在农场 水管和厨房设施	收入水平 工作状态 劳动力状况 工作、产业类型、工作 阶层 工作地和通勤方式	水电费、贷款、税费、 保险、燃油费 房屋价值、月租金

的人能收到普查问卷并主动寄回问卷。首先，"十年人口普查"的主持机构联邦统计局会与地方官员协调工作，通过一个叫"普查地址更新"（local update of census addresses）的项目建立最新的地址目录。该项目是在《1994 年普查地址名目改善法》的要求下展开的。联邦统计局通过与美国邮政系统合作，通过邮寄邮政支票到户来进一步核实地址信息，对联邦统计局"普查地址更新"信息库的地址信息进行查漏补缺。对无法核实的地址，联邦统计局派出人口普查员上门进行最后的校核，将新建建筑的地址信息补充到统计局信息库中。其次，在每十年的 4 月 1 日普查日到来前，联邦统计局会通过各种渠道进行宣传，提醒人们回复统计信件与他们自身未来福利之间关系重大。在 3 月 13 日到 15 日之间，邮政系统开始发放普查问卷，并在之后通过邮寄明信片的方式表扬已经寄回普查问卷的居民，提醒尚未寄回普查问卷的人尽快将问卷填完并邮寄至联邦统计局。通过不断改进普查准备工作，十年人口普查问卷的总回收率在最近的这三十年中逐步提高，在 2000 年达到 67%。

American FactFinder（http：//factfinder2. census. gov/faces/nav/jsf/pages/index. xhtml）是联邦统计局的官方统计信息发布网站，可以下载联邦统计局发布的州、市郡、镇等各种地理单元范围的人口、就业、产业和出行数据。

2.2.2　产业数据

获取产业数据的主要途径是联邦统计局编制的"经济统计（Economic Census）"。"经济统计"关注的核心问题分别是企业个数、总销售额、工资总额和雇佣人数，涉及农林渔狩、矿业开采、设备、建筑、制造、批发、零售、交通仓储、信息、金融保险、房地产租赁、科学技术、公司企业管理、行政资助和废弃物回收、教育、健康护理和社会救助、艺术休闲娱乐、食住、其他服务部门和公共部门等 20 个产业部门。与人口数据一样，产业数据并不提供单个企业的调查情况，而是一个地理单元内该类型企业的产业数据总和或平均值。"经济统计"中的产业分类严格按照"北美产业分类系统"（North American Industry Classification System）设定的标准进行。该系统与加拿大和墨西哥共享，以便进行比较和反映北美产业的总体发展趋势。

产业数据的另外一种获取途径是各州开展的企业抽样调查。该调查会根据"北美产业分类系统"的分类标准，搜集州内各产业更加细化的经济指标，譬如采购原料的来源及金额数、供销商的区位和比例。与联邦数据一样，各州产业数据一般都可以通过各州的商业部门网站免费下载获得。

2.2.3　就业数据

美国的就业数据主要由联邦劳工统计局（U. S. Bureau of Labor Statistics）和联邦统计局两个机构提供。联邦劳工统计局网站（http：//www. bls. gov/data/）提供包括通货膨胀与价格、消费支出、失业数据、就业数据、福利待遇、产出率、工伤等一系列供公众免费下载的数据。联邦统计局的就业数据来源是"十年人口普查"和"经济统计"，其核心数据是就业人数、失业人数、工资水平和就业者的社会经济属性。与联邦统计局数据比较，联邦劳工统计局提供的数据一般基于更大尺度的空间单元，数据更新的频率更高，并且会涉及更多就业者自主选择工作的信息。另外，每个州的劳工或就业安全部门会根据联邦统计发布在州网站上详细发布各种报告，监控本州每季度、每郡的各行业岗位饱和度、工资水平等数据。

2.2.4　交通数据

为更全面的掌握交通出行方面的信息，美国各联邦机构和地方单位开展了多种多样的交通调查，涉及交通运输和居民出行的方方面面。无论是根据交通方式（公交、铁路、自行车、行人）还是根据主题（交通、货运、人行、市政设施、能源、环境和国家安全）来划分，都有翔实的地理数据信息可供下载分析。在这些调查数据中，城市规划应用较多的主要有两种数据源。首先是"十年人口普查"中的交通数据。"十年人口普查"中关于交通行为的信息主要是工作人士的通勤出发时间、出行时长、出行方式和家里可用机动车的数量等。"十年人口普查"长问卷包含关于居民的工作地和就业地位置的问题，由于十年人口普查信息的地理单元小，通过普查的长问卷能够获悉比我国交通出行调查中使用的"交通小区"更细致的居民通勤起终点的详细信息。

除"十年人口普查"外，联邦交通部（U. S. Department of Transportation）展开的"国家家庭出行调查（National Household Travel Survey）"是另一项了解美国公众出行特征的权威数据。与"十年人口普查"比较，它能提供更多关于出行者交通工具的详细信息，以及基于非通勤目的出行的信息。另外，"国家家庭出行调查"加大了对非机动化出行方式的调查力度。联邦研究和革新技术委员会（Research and Innovative Technology Administration）网站（http：//www. rita. dot. gov/）可供免费下载包括"国家家庭出行调查"在内的多种交通调查数据。

2.2.5　地籍数据

地籍信息是关于土地和房产合法判定和交易的信息。地籍信息保障财产权的安全，也是美国进行详细层面空间规划的法定依据。以前地籍信息的核心内容是土地利用功能属性（农业、商业、工业等）和利用程度，单纯以增加财政收入或提供法律约束为目的。现在随着市政设施、交易信息等被纳入，地籍数据涵盖的信息量也越来越丰富，地籍数据应用的范畴也越来越宽。地籍信息包含的主要内容包括现状用地信息（包括边界信息、现状土地价格、房产价值、权属信息、使用限制如各种许可条件等）、合法使用信息（包括是否合法使用、现状使用的功能）、交易信息（包括当初交易的金额、时效、土地所有权类型和权利、限制使用说明、交易双方信息、前主人信息等）等几方面的内容。

美国私有土地的地籍信息一般由每个地方政府的土地信息办搜集保存。国有土地则由一个叫"国家整合土地信息系统"（National Integrated Land System）的项目管理，整合200 多年以来积累的多达十亿条的各类零散的国有土地信息，增强土地交易的合法性，使得土地信息更好地为其他政府部门和公众共享。国家整合土地信息系统由三套图层叠加起来。最底层的是测量管理图层，记录地块的"四至"测量信息，是最客观的信息图层；中间层是记录管理和土地描述图层，储存的是多年来已形成的各种渠道关于该地块的各种记录信息；最顶层是地块管理图层，可以根据交易需求进行关于市政设施水平、使用权是否满足等多种测算，为更高效使用国有土地提供依据。公众可以从国有整合土地信息系统的官方网址（http://www.geocommunicator.gov/GeoComm/site_alter_notice.htm）下载到各州国有土地的地籍信息。

2.2.6　土地覆被数据

从 20 世纪 70 年代开始至今，美国地貌和土地利用核心机构——美国地理调查科学组织（United States Geological Survey）通过与美国国家航空宇宙飞行局（National Aeronautics and Space Administration）进行技术合作，获取土地覆被遥感图片。这些数据被统称为地球资源探测卫星（LANDSAT）数据。LANDSAT 是唯一一套专门设计用来重复观测全球地表变化的卫星系统。也因此，LANDSAT 数据是迄今为止连续记录地表变化持续时间最长的数据。目前美国有多个机构致力于扩大 LANDSAT 遥感数据的应用范围。譬如，美国地理调查科学组织下的土地覆被研究所（Land Cover Institute）负责从该数据库中为科学家、政策制定者和教育工作者寻找合适的土地覆被数据。多个联邦公共机构自发组织建成了国家土地覆被数据库（National Land Cover Dataset），负责组织有需要的机构购买特定时期和地域的 LANDSAT 遥感图片。国家土地覆盖数据库同时还将地形、普查信息、农业信息和土壤、湿地等附属数据与遥感数据叠加在一起，方便查询分析。对土地覆被数据加以利用的一个技术上的里程碑是 1976 年 Aderson 等人建立的遥感数据土地覆盖分类系统。开发这套系统的目的是识别 LANDSAT 遥感照片上各种不同的土地利用类型。该系统将土地利用类型分为三个层次、九个大类（建成用地、农业用地、牧场、森林、水域、湿地、贫瘠地、冻土、常年积雪地）多达 100 多个小类。联邦、区域、州和地方机构可以通过添加更细致的符合自身需求的土地利用分类，来编制更反映地方实际情况的遥感地图。土地覆盖分类技术促进了土地覆盖的制图、建模和测量工作，并促进了美国地理调查科学组织与其他外部机构成果的共享。

2.3　GIS 数据地理单元

地理单元（geographic unit）是在地图上划出互不重叠的、在空间尺度上可以互相嵌套的多边形。每一空间层次上的一个多边形都是一个地理单元。每一个地理单元的属性值以总和、平均值等统计数值方式表达。各种统计数据以及地理单元本身都带有地理编码，一旦确定需要研究的空间范围大小，通过合并下层次地理单元的属性值，可以得到上层次地理单元的属性总值和下级地理单元的个数。自 20 世纪 90 年代起美国开始重视和大力普及空间统计技术以来，联邦和地方的各统计口径使用了各种不同类型的地理单元，以求将海量的电子统计数据与相应的地理实体对应起来。2003 年 6 月 6 日联邦统计局制定的"普查单元"被宣布作为联邦标准普查分区使用，成为越来越多其他统计口径数据依循的标准地理单元。通过"十年人口普查"获得的表格数据和这些普查单元共用一套地理实体编码（geographic entity codes）。这套编码将表格信息与所对应的空间信息一一对应起来。

　　和所有其他国家一样，在形成通用、标准的地理单元之前，美国已经形成了各种口径下各种类型的地理单元。这些地理单元基本可以被分为立法行政单元和统计单元两种。前者通过各种立法、条约、法令确定下来，如国会选区（congressional district）、郡（county）、州（state）、合众国（United States）、选区（voting district）等。后者是各机构内部使用的，譬如街区组（block group）、街区（block）、邮编造表区（zip code tabulation area）等。联邦统计局掌握了全美最小的地理单元边界，并通过调整自身使用的地理单元边界以达到与其他部门使用的统计单元边界最大程度的吻合，使普查数据有可能与其他机构的数据相互照应。

　　如图 2-1 所示，联邦统计局大致将地理单元分为国家（nation）、区域（region）、分区（division）、州、郡、统计片区（census tract）、街区组和街区八个空间层级。街区是联邦统计局所使用的最小地理单元，街区由街道、道路、河流等城市或自然要素围和的范围，它不跨越州和郡的边界。通过不断合并街区，将得到 16 种上层次的地理单元。多个街区组成"街区组"。街区组是联邦统计局对统计数据造表的最小的普查单元。一般 300～3000 人为一个街区组，一般街区组规模为 1500 人。两种地理单元之间有直线连接表示等级低（面积小）的普查单元和等级高（面积大）的普查单元之间是完全被包含关系。譬如合并若干个街区普查单元数据，可以获得交通部门使用的地理单元——交通分析区（traffic analysis zone）的数据，也可以获得大都市区委员会使用的地理单元——核心统计区（core based statistical area）的数据。也有很多地理单元之间没有用直线连接，这表示地理单元之间没有空间上的等级（包容）关系。譬如，尽管很多"地方（place）"合并起来可以成为一个郡，但是有些地方譬如纽约市，它的地理边界超出了一个郡的空间范围，因此，地方和郡之间没有直线连接，它们之间没有绝对的从属关系。

　　联邦统计局免费对社会开放上述这八个层面地理单元的空间范围线的下载。因此，在 GIS 操作环境下其他专业部门和地方政府可以利用这些边界文件来分片区录入统计数据。

　　具体来说，不同数据类型所使用的地理单元有所差异。人口数据的最小统计单元是街区，在 American FactFinder 网站上公众能下载到的最小地理单元的人口数据为街区组层面。本书第 3 章"GIS 数据准备——投影与空间连接"中使用了街区组层面的人口数据。产业数据方面，了解"经济统计"中各产业部门经济状况的最小地理单元为地方或者邮编造表区，对"经济统计"中各专项项目进行分析的最小地理单元一般为核心统计区。交通数据方面，从 1980 年开始，"十年人口普查"通过调整地理单元，做到了与交通部门一直使用的郡级层面地理单元——"交通分析区"之间的兼容。多个"街区"可以合并为一个无重叠的交通分析区。因此，从 1980 年开始，城市规划可以非常方便地将"十年人口普查"中的其他人口、社会、经济信息与基于交通分析区的基家、基于单位的交通行为信息进行相关性分析。"国家家庭出行调查"使用的最小地理单元是统计片区，是比街区组高一级的普查地理单元。普查地段内的人口一般为 1000 ~ 8000 人。"国家家庭出行调查"也可以根据交通分析区来查询交通属性的空间分布情况。

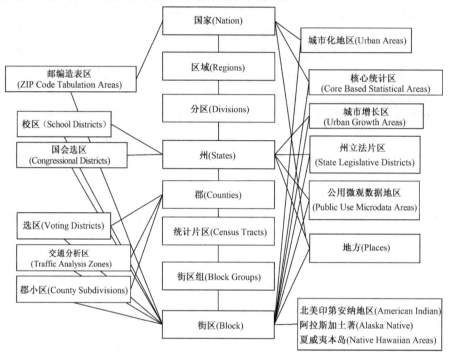

图 2-1

由于联邦统计局对局内所有调查都使用普查单元，其人口、产业、就业数据具有"统计单元小"的优势，而其他联邦职能局的统计单元相对较大。以就业数据为例，联邦劳工统计局主要统计国家、区域和大都市区层面的就业数据，仅就业失业及薪酬数据能具体到郡市层面。

地籍和地貌数据一般不与地理单元关联，但是会涉及"测量单元"和"空间单元"等地理空间单元概念。美国国有土地（草原、牧场）会使用统一的测量单元，即"测量镇"（survey township）。"测量镇"是面积为 36 平方英里的正方形。国有其他类型土地（道路、铁路等）以及私有土地的范围线以权属边界为准。地籍图上的点状信息描述地块的边界点，线状信息描述地块的边界线以及河流山脉等自然分界线。多边形信息描述地块的形状、所属市镇的形状、国有土地形状、在他人土地上的通行权范围、区划的分区范围等等。土地覆被遥感数据所使用的空间单元最常用的是基于 15 ~ 120 米空间分辨率的栅格单元。

2.4　GIS 数据更新

通过不断增加新的普查项目、发射新的地貌卫星等多种手段，空间数据能更及时和更精确的反映客观事实情况。随着不断积累历史数据，数据纵向的可比性越来越强，从而有可能进行各种趋势判断。

人口和就业数据方面，为了弥补十年进行一次的"十年人口普查"长问卷无法回应短期变化的问题，从 2005 年开始，"十年人口普查"增加了一个名为"美国社区调查"（American Community Survey）的子项。该项目旨在取代"十年人口普查"中的长问卷内容，通过每年抽访而不是每 10 年一次的更新，更及时的反映人口变化趋势。从 2005 年开始，每年凡是人口大于 65000 的地理单元都会被重新进行人口普查。这包括美国所有州合计 800 个郡、500 个核心统计区。相应的，每三年及每五年人口大于 20000 和小于 20000 的地理单元会被重新进行人口普查。根据美国社区调查的成果，人口预测会每年对每个州和郡给出总居住人口及其他人口属性（出生、死亡、迁居、年龄、性别、种族等）的预测。

产业数据方面，随着近百年来美国产业分类不断丰富，以及全球化经济等因素的影响下的产业升级和转型，不单是产业数据本身，连产业数据的分类标准也需要定期更新。北美产业分类系统"标准便是在原"标准产业分类系统"（Standardized Industrial Classification System）逐渐失去统计意义的现实下于 1997 年开始使用的一种新的定期更新的产业分类标准。这种定期更新反映了对新兴行业的关注。譬如 2002 年的产业分类中甚至包括了景观服务、兽医、和宠物看管等行业，这样在 2002 年全美约 96% 的经济活动都能被"经济统计"囊括其中。

联邦统计局采用一致的时间段、产业分类和统计单元始于 1954 年，这使产业之间的横向对比成为可能。"经济统计"每五年会更新一次从国家到地方的产业信息，但实际上，各个产业部门都会在这五年中不断更新数据，直到下一轮经济统计的全面更新。"经济统计"中包含了 3 项每年需要更新数据的子调查，分别是"制造业调查"（Survey of Manufactures）、"郡商业模式调查"（County Business Patterns）和"雇员调查"（Nonemployer Statistics）。"经济统计"中还包含另外 2 项专项调查，分别是"货流调查"（Commodity Flow Survey）和"企业主调查"（Survey of Business Owner）。

交通数据方面，由于"美国社区调查"每年都会开展抽样调查，因此对面积较大的地理单元而言，"美国社区调查"能每年提供居民交通行为数据。"国家家庭出行调查"每六到十年会全面更新一次，通过不断更新，国家交通出行调查增加了对学生上学调查、环保车型、网络购物等重要或新兴问题的关注。

地方地籍数据的更新速度根据地方自身要求而有所不同，不少地方政府都能做到每月或者每季度更新一次地籍信息。目前对地方地籍信息更新的讨论集中在如何及时更新宗地的边界、各种属性值和地块影像评估地图，使得这些变化与税率的调整保持同步。国有用地地籍数据方面，该类数据在"国家整合土地信息系统"项目出现之前，还一直处于分散保存的状态下。不但公众和其他机构无法接触到这些信息，即使是在联邦土地管理局内部，各部门要共享这些信息在程序上都非常复杂。因此，"国家整合土地信息系统"担当的功能是所有国有土地管理者的信息共享平台。每一宗国有用地在测量信息上的更新，交易信息公布和对使用国有用地方面的授权信息都会在第一时间公布在"国家整合土地信息系统网站上"，使获得访问授权的用户们了解到最及时的土地状态。

土地覆被数据方面，尽管每 16～18 天 LANDSAT 卫星可以更新一次地球任何一个地点的遥感图片，但是由于个体购买遥感图片费用极其高昂，人们一般选择从美国国家土地覆被数据库下载 1992、2001 和 2006 年三个不同年代的全美所有地区的遥感图片。从 1972 年到 1992 年期间工作的第一到第三代 LANDSAT 卫星只能通过多谱扫描仪（multispectral scanner）捕捉到可见绿波、近红外波等四种波长的影像，也就是说第一到第三代遥感图片可以分辨有沉积物水域、浅水区、城市密集区、陆地与水域之间的植被边界和地形等地表元素，分辨率为 80 米。从 1982 年开始工作的第四代 LANDSAT 卫星由于使用了主题绘图仪（Thematic mapper），可以捕捉到更多红外短波波段的影像，也就是说 LANDSAT 卫星可以把土壤从植被中分离出来，将落叶树从针叶树中分离、体现植被坡度等。分辨率也提高到 30 米。2012 年发射的第八代 LANDSAT 卫星可以采集到更高精度的影像。

第 2 篇

GIS基本操作

本篇通过完成数据准备和绘制专题地图这两项任务，让读者熟悉 GIS 最常用到的三种功能：投影、地理编码和制图，为空间分析打下操作基础。

第 3 章　GIS 数据准备——投影与空间连接

第 4 章　GIS 数据准备——外部数据输入

第 5 章　制作专题地图

第 3 章　GIS 数据准备——
投影与空间连接

3.1　概述

地图投影是将地理坐标转化为平面坐标的过程，是最常见的 GIS 操作之一。一般来说，在以下两种情况下我们需要对地图进行投影：①在地图使用者需要计算距离、面积及进行更复杂空间分析任务的时候：尽管 GIS 软件可以显示或者绘制缺少投影信息的地图文件，但是在执行空间计算、空间分析任务的时候必须使用有投影的地图，否则无法获得正确的计算结果；②在需要把多层地图叠加起来进行分析的时候：有时即使每个地图都有正确投影，但如果它们使用的不是同一套投影系统，则无法正确进行空间计算。GIS 软件会制造不同投影系统的地图在空间上是匹配的假象，但实际上若要进行正确的空间分析，必须将其中一个空间数据集的投影信息进行更改，与另一个空间数据集相匹配。

在使用 GIS 时，以上两种需要执行投影操作的情况普遍存在。因此，在拿到一个 GIS 电子地图文件时，一般需检查地图的投影信息，明确所采用的坐标系统类型。不幸的是，在大多数情况下，数据中的地图投影信息是缺失的。这时通常可以借助以下两种方法找到地图的投影信息。首选方法是查看地图的元数据。元数据是描述空间数据的数据，它提供了数据的覆盖范围、质量、管理方式、数据创建及所有者、数据的提供方式、坐标系统等一系列信息。坐标系统信息是空间数据信息中很重要的组成部分，一般元数据会包含此项内容。元数据一般由数据源提供，且较为规范的 GIS 地图发布机构都有较为完善的元数据管理办法。在这些机构提供的下载地图文件的界面中，一般会提供相应元数据的查询方法。另一种确定地图的投影信息的方法主要来自于经验积累。在 GIS 数据缺乏元数据的情况下，只能依靠经验并不断尝试来判断该地图的投影信息，包括找出地图坐标系统总体类型，即是地理还是投影类型；选择地理或投影坐标系统内的一种坐标系统，以及指定地图单位如米、公里、英里等等。能够做出正确判断需要对坐标系统的核心参数如参考椭球体、大地基准面等有一定了解。有关此方面的内容详见本书第 1 篇第 1 章。

ArcGIS 里的投影命令主要是定义投影和投影。这两条命令位于工具箱 ArcToolBox 的数据管理工具中。在数据管理工具下面的投影和变换中，集结了设置数据集投影和重新投影的工具。其中定义投影命令对未知或不正确的坐标定义坐标系。使用定义投影要求操作者预先知道具体坐标系的名称。定义投影相当于给未知坐标系的数据贴上描述坐标系类型的"标签"。定义投影本身不改变数据集使用的坐标系。投影命令将空间数据从一种坐标系投影到另一种坐标系。如果数据集没有定义投影，投影操作无法进行。投影操作通过数学变换将位于一个坐标系统的数据映射到另一个坐标系统中去，投影过的数据集在视图中会变形。

本章重点练习如何通过元数据或根据经验找到地图的投影信息。练习还介绍了如何调整两个具有不同投影的地图文件，从而修正两个文件元素的空间相对位置。并在此基础上正确执行其他空间操作任务。本章为小练习，需时 30 分钟左右。

3.2 练习

本章规划咨询任务如下：国内某开发商计划在美国某城进行住宅开发，现需要了解现有居住建筑所在街区的特性。咨询人员现有住宅建筑以及街区的形文件，但这两个形文件的投影不同，无法进行空间连接从而进一步分析住宅建筑相应街区的特性。完成此项任务需要以下步骤：

（1）了解美国统计局网站，从该网站下载街区形文件 tl_2010_41_bg00. shp；

（2）分别对居住建筑形文件 buildings. shp 和街区形文件 tl_2010_41_bg00. shp 定义投影；

（3）投影街区形文件 tl_2010_41_bg00. shp，使其与居住建筑形文件 buildings. shp 的投影相同；

（4）空间连接居住建筑形文件 buildings. shp 和街区形文件 tl_2010_41_bg00. shp。

流程图 3-1 用箭头把本章练习部分涉及的四项任务（矩形方框标示的内容）和每项任务生成的新文件（圆角矩形方框标示的内容）串联起来，以便读者较为清楚的了解各任务之间的前后传承关系。本任务的最终成果是一个新的形文件。

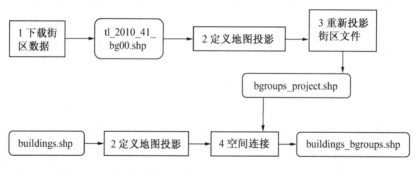

图 3-1

3.2.1 数据与任务

本章主要用到两个形文件：居住建筑形文件 buildings. shp、街区（block group）形文件 tl_2010_41_bg00. shp。居住建筑形文件数据来自城市规划局，街区形文件数据来自美国联邦统计局网站：http：//www. census. gov/geo/。街区是美国联邦统计局对统计数据造表的地理单元之一，该地理单元一般含 300～3000 人。在完成本项规划任务的同时，也可借此了解美国联邦统计局网页，从而了解发达国家人口普查统计的空间数据呈现方式，具体可见以下网址：http：//www. census. gov/geo/maps-data/。与人口普查统计数据相关内容的具体描述可详见本书第 1 篇第 2 章。

任务 1　整理数据

在工作目录下找到 buildings. shp。以下步骤介绍如何在美国联邦统计网站上下载街区数据，即 tl_2010_41_bg00. shp。若在完成本练习时无法访问该网页，可直接使用已下载好的 tl_2010_41_bg00. shp 直接进入任务 2。

进入美国联邦统计局地理网页，下载街区形文件。

➢步骤 1　下载街区形文件 tl_2010_41_bg00. shp

打开以下网站：http：//www. census. gov/geo/maps-data/data/tiger-line. html

在【TIGER/Line® Shapefiles and TIGER/Line® Files】标题下点击标签【2010】—【Download】—【Web Interface】，打开 2010TIGER/Line® Shapefile 网页。在【Select a layer type】中选择【Block Groups】，点击【submit】按钮，如图 3-2。

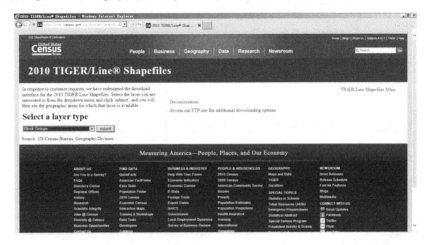

图 3-2

TIGER 是 Topologically Integrated Geographic Encoding and Referencing 的简写，是联邦统计局为方便开展空间统计建立的关于地理编码和拓扑空间参考的大型数据库。该数据库含美国全国的路网、铁路、河流、各层普查统计地理单元的 GIS 数据。

> ➡　注意
> 本书各章中黑白图在光盘中有相应彩图，供读者参阅。

在【2010TIGER/Line Shapefil：Block Groups】中点击【Block Group (2000)】下拉栏，选择【Oregon】，点击【submit】按钮，如图 3-3。

在【Select a county】下拉栏中选择【All counties in one state-based file】，点击【Download】按钮，如图 3-4。

保存并解压该文件。工作目录（\ Chapter3）下已有 buildings. shp 以及 tl_2010_41_bg00. shp。

在 ArcGIS 中添加这两个文件，查看 buildings. shp 属性表。buildings. shp 属性表中不含街区编号，也就是说两个文件之间没有共享编号，难以进行属性关联。实现关联操作还可以通过空间关联完成，但关联操作要求两个文件使用同一套坐标系统。

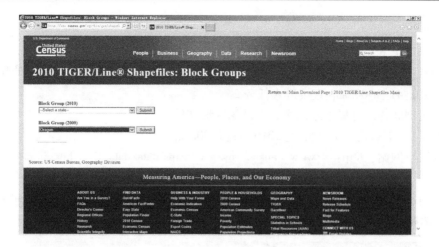

图 3-3

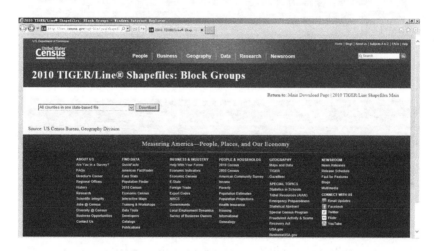

图 3-4

➤步骤2 查看坐标系统

从图 3-5 可以看出两个文件分别位于视图的左下和右上两角（两者在地理位置上本应重叠），这是由于两文件使用了不同的坐标系统。

如果试图在没有统一坐标系统的情况下进行空间关联，会出现如图 3-6 所示的警告。

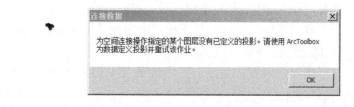

图 3-5   图 3-6

在未统一坐标系统前，空间关联无法进行。任务 2 和 3 将对两个数据定义投影并投影。

任务 2　定义地图投影

任务 2 分别通过查找元数据与经验判断两种办法对 buildings. shp 和 tl_ 2010_ 41_ bg00. shp 定义投影。

➤步骤 1　熟悉 ArcCatalog 界面

打开【ArcCatalog】浏览工作区。ArcCatalog 的工作区分为三部分，左边部分叫目录树，它显示文件的目录结构，具有导航功能。右边部分由三个标签栏组成，分别是内容、预览和描述。这三个标签栏的功能分别是数据集导航、数据集的空间/表格属性快览、显示和编辑元数据。

➤步骤 2　查找居住建筑 buildings. shp 的投影信息

在【目录树】内找到名为【buildings. shp】的文件，右键点击【属性】。XY 坐标系标签下详细信息为空，说明该数据集缺乏投影信息。

➤步骤 3　对 buildings. shp 进行定义投影

如何找出居住建筑形文件的投影信息？

首先，需判断从规划局获得的该文件是否已被投影。如果已被投影，那么下一步的任务是找出该投影的信息。可将 buildings. shp 加入 ArcMap 并查询其右下角显示的地图单位。地理坐标系统以地球经纬度记录地图元素的位置，因此 ArcMap 右下角表示地图单位的一对数字的值的变化范围应该是从正 90 到负 90 和从正 180 到负 180。如果这对数字的值的变化范围超过这个范围，通常说明地图已经被投影，而不是地理坐标。把 buildings. shp 加载到 ArcMap 中后检查视窗右下角的地图单位，可以看到单位数值为约 7752395，由此判断该文件使用的不是地理坐标系统，应为投影坐标系统。

其次，如何"猜测"该数据的投影坐标系呢？本次练习中，数据来源于美国俄勒冈（Oregon）州。根据以往经验，选择 NAD 1983 StatePlane Oregon North FIPS 3601（Feet）. prj。NAD（North America Datum）为北美官方大地基准面。StatePlane 是专门为美国不同地区设计的投影坐标系统，是美国各政府部门应用最广的投影坐标系统。Oregon 表示地图元素所在的俄勒冈州。US Feet 表示地图单位为英尺。如果误选了基于其他单位的投影坐标系（如 mile，英里），ArcMap 视窗右下方的地图单元处中将显示不符合实际情况的空间尺寸。在为缺乏投影坐标系的文件指定投影坐标时，应该对其地理元素的空间尺寸有大致把握，如城市的东西两侧距离为 100 公里。以下为具体操作步骤。

在【ArcCatalog】点击【红色工具箱】图标，打开 ArcToolbox。然后点击【数据管理工具】—【投影和变换】，双击【定义投影】。点击【输入数据集或要素类】右侧的【浏览】按钮，浏览至【buildings. shp】，点击【添加】图标选择该数据集。然后点击【坐标系】栏右侧的图标，点击【选择】图标，选择【Projected Coordinated Systems】—【State Plane】—【NAD 1983（US feet）】坐标。在地图投影名单中往下拖动滚动条，选择【NAD 1983 StatePlane Oregon North FIPS 3601（US Feet）. prj】，点击【添加】和【确定】图标。点击【确定】按钮，执行定义投影操作。

在【ArcCatalog】的内容栏右键点击【buildings. shp】，查看【属性】。XY 坐标系栏显示已经为 buildings. shp 指定 NAD 1983 StatePlane Oregon North FIPS 3601（Feet）. prj 作为

投影坐标，如图 3-7。为文件定义投影后，软件将会在该形文件存放的目录下自动生成一个后缀名为 . prj 的投影文件。该文件储存形文件的投影信息。

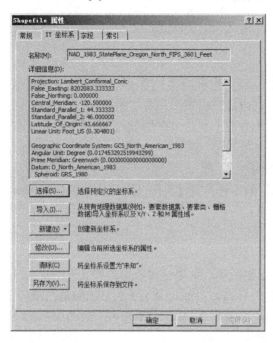

图 3-7

➢步骤 4 检查 tl_2010_41_bg00. shp 的投影信息

在【ArcCatalog】中，右键点击【tl_2010_41_bg00. shp】，选择【属性】。【XY 坐标系】标签下的详细信息为 GCS_North_American_1983，说明该数据集采用的是地理坐标投影系统，无须再进行定义。需要强调的是，如果形文件缺乏坐标系统信息，首先要通过定义投影操作为其指定正确的坐标系统，才能继续进行投影的任务。

任务 3 重新投影街区文件

为便于空间链接分析，两个文件应共用一个坐标系。以下重新投影街区形文件 tl_2010_41_bg00. shp，使其与居住建筑形文件 buildings. shp 的坐标系保持一致。

➢步骤 投影 tl_2010_41_bg00. shp

在【ArcCatalog】的【ArcToolbox】—【数据管理工具】—【投影和变换】—【要素】下，双击【投影】。在【输入数据集或要素类】栏，点击【浏览】按钮找到文件【tl_2010_41_bg00. shp】，选择该数据集。在【输出数据集或要素类】中，指定输出数据集或要素类的名字为【bgroups_project. shp】。点击【输出坐标系】右侧的【浏览】图标，空间参考属性窗口将出现。点击【导入】，选择【buildings. shp】，点击【添加】和【确定】。点击【确定】，执行投影操作，如图 3-8。该操作将 buildings. shp 的投影赋予 tl_2010_41_bg00. shp。

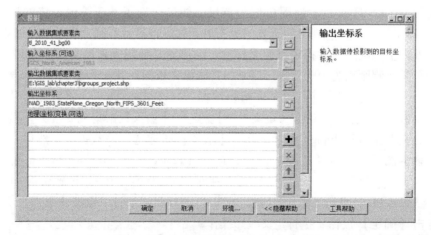

图 3-8

现在居住建筑形文件 buildings. shp 和街区组形文件 tl_2010_41_bg00. shp 都处在同一投影坐标系内。

> **→　注意**
>
> 　　在使用投影命令时，我们并没有在地理（坐标）变换中输入相关参数，这是因为投影所涉及的两套坐标系统共用同一套地理坐标系统。从输入坐标系一栏可以看到数据集原本采用的是地理坐标系 GCS_North_Amercian_1983，而数据集将要被投影到的输出坐标系 NAD_1983_StatePlane_Oregon_North _FIPS_3601_Feet 虽然是投影坐标系统，但该投影坐标系统依托的地理坐标系也是 GCS_North_Amercian_1983。也就是说，如果在投影变换中输入和输出坐标系统使用的是同一地理坐标系统，则不需要在地理（坐标）变换中输入转换参数。

任务 4　空间连接

连接操作有两种：一种是通过一个公用字段（也称为键）将一个表中的记录与另一个表中的记录连接起来，另一种是通过空间信息赋予空间从属性。被连接的属性表通常可获得更丰富的属性信息。以下步骤使用空间连接，将 tl_2010_41_bg00. shp 的属性表信息赋予 buildings. shp 的属性表，从而可以查看每一栋居住建筑所属的街区组。回到本章的规划咨询任务目的：该开发商需了解现有建筑所在街区的人口、经济发展水平。提高将居住建筑 buildings. shp 和街区形文件 tl_2010_41_bg00. shp 进行空间连接，可获取普查而来的人口、经济、住房、交通等信息，为下一步的分析做准备。

➤步骤 1　在 ArcMap 中添加已被投影的两个文件

在【ArcMap】中点击【添加数据】图标，如图 3-9。或者在菜单栏中选择【文件】—【添加数据】。选择【buildings. shp】和【bgroups_project. shp】，点击【添加】按钮。

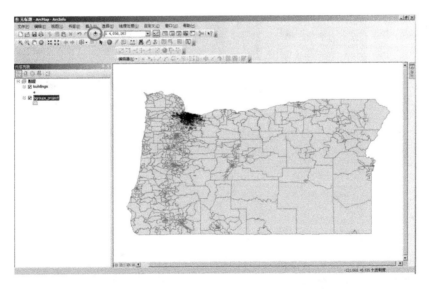

图 3-9

➤步骤 2　执行空间连接

空间连接是 ArcGIS 中最常用到的命令之一。在【内容列表】中，右键单击【buildings. shp】，选择【连接和关联】—【连接】。在第一个下拉菜单中，选择【另一个基于空间位置的图层的连接数据】，在【选择要连接到此图层的图层，或者从磁盘加载空间数据】下拉栏中，选择【bgroups _ project】，作为与 buildings. shp 连接的图层。勾选【落入其中的面】，指定【buildings_ bgroups. shp】作为输出形文件名称，如图3-10。

单击【确定】，执行空间连接。

在【内容列表】中，右键单击【buildings _bgroups. shp】，选择【打开属性表】，可以看到与每一幢居住建筑连接的街区组（BLKGROUP）的编号。除了可以查询到街区组的编号，还可以查找到郡（COUNTY）、统计片区（TRACT）等的编号，如图 3-11。通过这些编号，在下一步的分析中可获取人口、经济、住房、交通等信息。

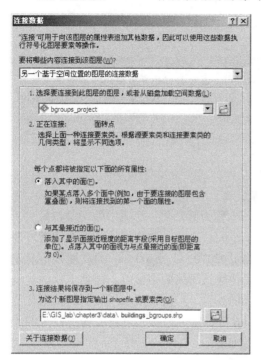

图 3-10

	AREA	PERIMETER	BG41_D00_	BG41_D00_I	STATE	COUNTY	TRACT	BLKGROUP	NAME	LSAD	LSAD_TRANS
▶	0.003382	0.321895	141	140	41	051	0071	1	1	BG	
	0.005442	0.411957	183	182	41	067	0335	2	2	BG	
	0.005442	0.411957	183	182	41	067	0335	2	2	BG	
	0.005442	0.411957	183	182	41	067	0335	2	2	BG	
	0.005442	0.411957	183	182	41	067	0335	2	2	BG	
	0.005442	0.411957	183	182	41	067	0335	2	2	BG	
	0.005442	0.411957	183	182	41	067	0335	2	2	BG	
	0.005442	0.411957	183	182	41	067	0335	2	2	BG	
	0.005442	0.411957	183	182	41	067	0335	2	2	BG	
	0.005442	0.411957	183	182	41	067	0335	2	2	BG	
	0.005442	0.411957	183	182	41	067	0335	2	2	BG	
	0.005442	0.411957	183	182	41	067	0335	2	2	BG	
	0.005442	0.411957	183	182	41	067	0335	2	2	BG	
	0.005442	0.411957	183	182	41	067	0335	2	2	BG	
	0.005442	0.411957	183	182	41	067	0335	2	2	BG	
	0.005442	0.411957	183	182	41	067	0335	2	2	BG	
	0.005442	0.411957	183	182	41	067	0335	2	2	BG	
	0.005442	0.411957	183	182	41	067	0335	2	2	BG	
	0.001979	0.189147	187	186	41	051	0071	3	3	BG	
	0.003949	0.410439	192	191	41	051	007202	1	1	BG	
	0.003949	0.410439	192	191	41	051	007202	1	1	BG	
	0.003949	0.410439	192	191	41	051	007202	1	1	BG	
	0.003949	0.410439	192	191	41	051	007202	1	1	BG	
	0.003949	0.410439	192	191	41	051	007202	1	1	BG	

sfamily_bgroups

图 3-11

3.3　本章小结

　　本章主要介绍了地图投影的操作方法。地图只有经过投影才能进行空间计算和分析。与美国广泛使用的 StatePlane 坐标系统不同，我国采用的坐标系统以 1954 北京和 1980 西安为多，使用的投影方式一般为高斯—克吕格投影。从 2008 年 7 月 1 日起，新建设的地理信息系统更多采用 2000 国家大地坐标系。在具体选择 1954 北京和 1980 西安下的投影坐标系统时，必须明确地图所在地区的中央经线和中央经线所在的分度带带号。按照高斯—克吕格投影方式，一般将地球椭球面按经差六度或三度分为六度带和三度带。一般来说，小比例尺地图多采用三度分带投影坐标，而大比例尺地图多采用六度分带投影坐标，关于如何根据不同比例的地图选择与其对应的三（六）度带参见测量学相关教程。

第4章 GIS 数据准备
——外部数据输入

4.1 概述

很多情况下，我们需要将来自 GIS 环境之外的各种类型数据转换为 GIS 数据，外部数据类型可能是包含街道地址、经纬度坐标的文本文件、GPS 数据、卫星影像、AutoCAD 的 DWG 和 DXF 格式数据、USGS 的 DLG 数据等等。这些数据在转为 GIS 矢量或栅格数据后，还需确定正确的坐标系统，这样才真正完成了数据转换与输入工作。本章介绍三种最常见的外部数据转换案例：如何将①带街道地址的统计表格和②带经纬度坐标的统计表格转换为带有正确坐标系统的空间数据，以及将③位于非标准坐标系统的 AutoCAD 文件调入 Arc-Map，并配准予通用坐标系统。

第一种常见的数据转换为地理编码任务。通过 ArcMap 认读地址信息、生成空间数据这一过程为地理编码。地理编码根据地址定位器匹配地址表，对于每个匹配成功的地址，ArcMap 都将生成一个经过地理编码的空间位置，并以矢量文件，如点的形式储存这些空间位置。用地址来存储观察对象的空间位置的做法传统且普遍，因此地理编码的方法较为常用。

第二种常见的数据转换任务是将经纬度坐标导入到 GIS 中生成空间点。民用范畴全球定位系统（GPS）技术的发展催生了越来越多的带经纬度坐标的表格。ArcMap 可以精确的将以十进制表达的经纬度坐标转换为 GIS 空间文件。经纬度不但可以表示静止事物的空间位置（譬如建筑、环境等），手持 GPS 定位仪还可以通过记录同一个观察点移动时经过的各个点的经纬度，反映交通行为和生活踪迹。这样的数据被导入 ArcMap 后，有助于测度行为踪迹、活动范围，并分析与其他空间要素的相关性。

第三种常见的数据转换也是规划师们经常需要实现的操作，即将 CAD 文件导入 GIS。这一任务的难点是将非通用坐标系统的 CAD 文件转换到通用坐标系统。转换后的数据才能与其他使用通用坐标系统的数据一起进行空间分析。通用坐标系统指公开了与其他坐标系统之间转换参数的坐标系统。国内一些特大城市譬如北京、上海、深圳等用于城市规划分析的 CAD 数据大多基于城市自己的独立坐标系统（也叫地方坐标系统）。合并分析位于两个不同坐标系统数据的最佳方案是通过投影使它们共用同一坐标系统，即地方坐标系统的数据需赋予通用坐标系统信息，或反之。一般情况下，研究者无法获得我国地方和通用坐标系统之间的转换参数，因此无法使用 0 介绍的投影技术，而只能依赖一种求取空间位置的方法，即空间校正。对地方坐标系统数据进行空间校正后，该数据被平移拉伸到通用坐标系统下。

针对以上所述三种常见情况，本章包括以下三个练习：①对含街道地址的表格数据进行地理编码，并通过标准化过程提高地理编码的成功率。该练习需时 30 分钟；②将带经纬度坐标的文本数据转换为空间点。该练习需时 20 分钟；③对 CAD 图形文件进行空间校正，并检查空间校正的准确性。该练习需时 45 分钟。

4.2　练习 1——地理编码含街道地址的表格数据

在演示地理编码街道地址的具体步骤前，我们先介绍该练习的任务背景。2005 年 8 月 29 日卡特里娜（Katrina）飓风在美国墨西哥湾沿岸登陆，重创了美国第二大海港城市新奥尔良市（New Orleans）。该市的区域位置如图 4-1 中红色线框所示，图中彩色曲线即卡特里娜（Katrina）飓风迁移路径。该区域地势较低，且因防洪堤数处决堤导致城市近 80% 的区域被洪水吞没，损失巨大。

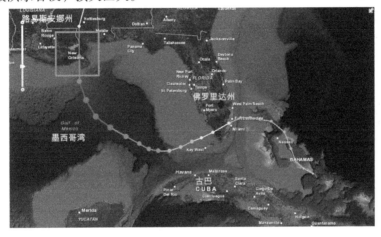

图 4-1

如图 4-2 所示，红线表示城市防洪堤位置，蓝色为城市边界，黑色旋涡为垮堤处。由于垮堤处集中于城市中部，这里是受到洪水冲击最严重的区域，也是房屋毁损最严重的区域。

图 4-2

本次练习的初始文件是灾后政府确定的需要拆除重建的住房统计表格，含地址信息。本练习需将住房拆除地点（以下简称拆除点）的地址表格导入 ArcMap，并生成空间点数据。

4.2.1 数据和任务

GIS 数据来自美国新奥尔良市政府，如下：

（1）城市街道网络形文件：streets. shp；

（2）拆除点表格文件：demolitions. dbf；

练习 1 的主要任务如下：

（1）创建地址定位器（address locator）文件 locator；

（2）标准化地址，生成 demolitions_ std. dbf；

（3）地理编码，生成形文件 demolitions. shp。

流程图 4-3 用箭头把练习 1 涉及的三项任务（矩形方框标示的内容）和每项任务生成的新文件（圆角矩形方框标示的内容）串联起来。任务 3 地理编码是练习 1 的关键步骤，要完成任务 3 需要在任务 1 创建地址定位器 locator，并在任务 2 生成标准化地址后的表格文件 demolitions_ std. dbf。地理编码的成果是一个新的形文件 demolitions. shp，即卡特里娜飓风过后新奥尔良市住房拆除点的空间位置。

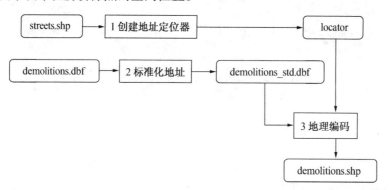

图 4-3

➤ 注意

可以在 GIS 使用的外部数据类型很多。练习 1 使用的表格为 dbf 格式，练习 2 使用的文本为 txt 格式。GIS 对外部数据有较好的兼容性，ArcMap 可直接插入后缀名为 txt、csv、xlsx 等多种格式文件。

4.2.2 练习

任务 1 创建地址定位器

➤ 步骤 创建地址定位器

地址定位器是地理数据库中用于管理要素地址信息的一个数据集，是执行地理编码的前提。地址定位器在街道网络形文件基础上生成。生成它需要用到 ArcToolbox 中的地理编码工具功能。

启动【ArcMap】，点击【标准工具条】—【添加数据】按钮，如图 4-4。

图 4-4

添加数据窗口将被打开。点击【连接到文件夹】按钮，找到本章数据所在的目录文件夹，如图 4-5。

点击街道网络形文件【streets. shp】，点击【添加】按钮，如图 4-6。

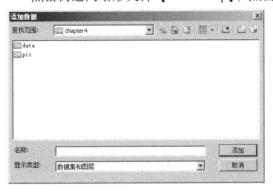

图 4-5

图 4-6

该文件已被添加至屏幕右侧，词条 streets 出现在内容列表。

在【ArcMap】的【标准】工具条中打开【ArcToolbox】。通过点击词条旁边的加号，展开【地理编码工具】，双击【创建地址定位器】，如图 4-7。

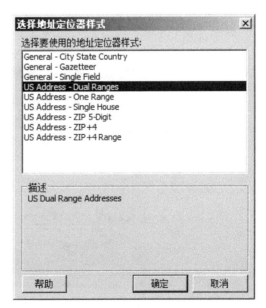

图 4-7

图 4-8

创建地址定位器窗口出现。点击第一行【地址定位器样式】旁边的【浏览】按钮，从弹出的【选择地址定位器样式】对话框中选择【US Address-Dual Ranges】，即格式为街道两边的地址，如图 4-8。

点击【确定】按钮。

streets. shp 属性表中有四条重要的属性需加入 Dual Ranges 地址定位器中，分别是 L_LADD、L_HADD、R_LADD 和 R_HADD。对 streets. shp 中的每一个对象（线段）来说，L_LADD 和 L_HADD 表示这条线段起点和终点处左侧对应的地块编号。R_LADD 和 R_HADD 表示线段右侧的地块编号。因为线段的长度足够短，这样可以保证每一个地块的编号都能找到对应的线段来表示。在之后地理编码时，软件就能根据地址名称对应找到空间上的街道名称和门牌号码，生成空间点。

在【参考数据】下拉菜单中，选择【streets】，在【角色】栏选择【Primary table】。Primary table 指定按怎样的属性名单从街道文件中提取地址定位器属性。

在【字段映射】窗口中的【别名】列为属性名单——指定字段名称，这些字段名对应 streets 文件属性表中的字段名。

＊From Left：   L_LADD

＊To Left：   L_HADD

＊From Right：   R_LADD

＊To Right：   R_HADD

Prefix Direction：   PREFIX_DIR

Prefix Type：   PREFIX_TYP

＊Street Name：   ST_NAME

Suffix Type：   SUFFIX_TYP

Suffix Direction：   SUFFIX_DIR

点击【输出地址定位器】右侧的【浏览】按钮，找到本章数据所在的目录文件夹。指定文件名为【locator】，点击【保存】按钮，如图 4-9。

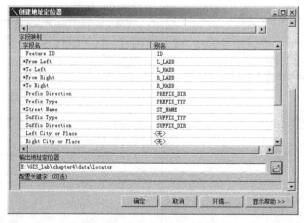

图 4-9

点击【确定】按钮，创建地址定位器。

> → 注意
>
> 在命令运行期间，不要关闭 ArcToolbox 工具面板，否则程序运行会终止。

任务 2 标准化地址

标准化地址的过程分为如下两步：①将地址信息中的各组成元素单独提取出来，在原表中生成一系列新属性列；②按美国邮政系统的地理编码命名惯例重新组合成新的地址名称，以便地址定位器 locator 识别。

➤步骤 1 提取地址信息元素

点击【标准】工具条上的【添加数据】按钮。找到本章数据所在的目录文件夹，点击文件【demolitions. dbf】。点击【添加】按钮。在【内容列表】中右键单击【demolitions】，选择【打开属性表】。该表记录了所有拆除点的地址。注意表内已含地址属性。有的地址是以 ST（街）结束，有的是以 DR（路）结束，并不完全一致。其中 N 表示 North，Ln 表示 Lane。关闭属性表。

在【ArcToolbox】窗口的【地理编码】工具中双击【标准化地址词条】。在【输入地址数据】下拉菜单中选择【demolitions】。在【输入地址字段】下拉菜单中选择【AD-DRESS】。点击【地址定位器样式】右侧的【浏览】按钮，选择地址定位器样式窗口打开。从样式名单中选择【US Address - Dual Ranges】，点击【确定】按钮。在【输出地址字段】中勾选如下四个字段：

HouseNum

PreDir

StreetName

SufType

按上述这四个字段提取出原地址文件地址字段中相应的部分（属性），这四个属性分别是门牌号、方向（东西南北）、街道名称和街道类型。点击【输出地址数据项】旁边的【浏览】按钮，找到数据目录。指定文件名为【demolitions_ std. shp】。点击【确定】按钮，如图 4-10，创建标准地址文件。

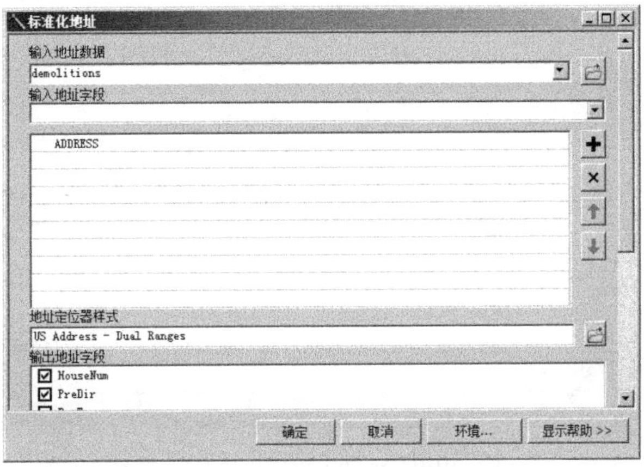

图 4-10

> ➜ 注意
>
> 确保任务1和任务2采用的都是 dual Ranges 样式，这样才能成功完成地理编码。

添加 demolitions_std 至内容列表。在【内容列表】中，右键单击【demolitions_std】选择【打开】。注意表中出现四列新增字段（属性）。ADDR_HN 栏的信息反映从 demolitions.dbf 的 ADDRESS 字段中提取出的门牌号 HouseNum。相应的 ADDR_PD、ADDR_SN 和 ADDR_ST 分别反映从 ADDRESS 字段中提取出的方向 PreDir、道路名称 StreetName 和道路属性 SufType。在新表 demolitions_std 的 ADDR_ST 项中，ST 已经被改为 St，RD 被改为 Rd 等。这四个新字段代是之后标准化地址的组成部分。下面将这些字段重新组合。

➢步骤2 生成新属性列，重新生成街道名称

在【demolitions_std】属性表中点击【表选项】—【添加字段】，新字段命名为【STD_ADDR】，【类型】为【文本】，【长度】为【50】。点击【确定】按钮。

右键单击新增字段列的首字段，选择【字段计算器】。双击【字段计算器】窗口内的字段名和逻辑运算符，如图4-11输入以下公式：

[ADDR_HN] & " " & [ADDR_PD] & " " & [ADDR_SN] & " " & [ADDR_ST]

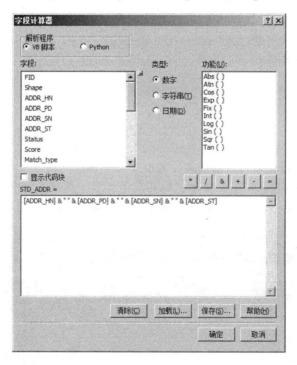

图 4-11

点击【确定】按钮。

> ➜ 注意
>
> 3533 S MIRO ST 已经变成 3533 S MIRO St，6018MORRISON ROAD 已经变成 6018MORRISON Rd。这些看似微小的变化是提高地理编码成功率的诀窍。

任务 3　地理编码

在这一步，每个地址所属的街道名称、门牌号码与任务 1 中生成的地址定位器进行比对，以生成每个文本地址的空间位置点。地理编码完成后，ArcGIS 将地址文件转为点状形文件。

➢步骤 1　初次地理编码

在【ArcToolbox】中展开【地理编码工具】，双击【批量地理编码】。确定输入表中选择的是【demolitions_std】。【输入地址定位器】中选择【locator】。在【输入地址字段】中的【别名】下拉菜单中选择【STD_ADDR】（经过标准化的地址字段）。点击【输出要素类】旁边的【浏览】按钮，找到本章数据所在的目标文件夹，确定【demolitions.shp】为新的形文件名。点击【保存】按钮，如图 4-12。

图 4-12

点击【确定】按钮，对地址进行地理编码。地理编码完成后生成一系列的点，如图 4-13。

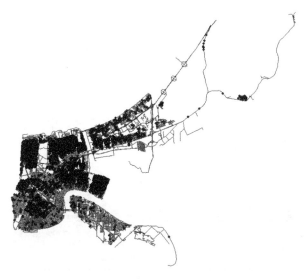

图 4-13

➢步骤 2　检查不匹配地址

在【内容列表】中右键单击形文件【demolitions】，选择【打开属性表】。注意每一排数据都有几个新的属性。其中 Status 属性有三种取值：matched（M），unmatched（U）和 tied（T）。这表示地理编码的结果（匹配、不匹配以及有多个可供匹配的位置）。属性 Score 的取值范围从 0 ~ 100，反映了地址匹配程度。属性 Side 表示匹配成功的地址（点）位于街道哪一侧。属性 Match_addr 表示匹配成功的地址完整名称。点击左上角的【表选项】按钮，选择【按属性选择】，如图 4-14 在窗口中输入以下表达式：

"Status" = 'U'

图 4-14

在【按属性选择】窗口中点击【应用】按钮。在表窗口中点击【显示所选记录】按钮，如图 4-15 只显示在第一次地理编码操作中不匹配的项。9398 项记录中有 301 不匹配。

FID	Shape *	Status	Score	Match_type	Match_addr	Side	Ref_ID	Addr_type	
6	点	U	0	A			-1		6909
21	点	U	0	A			-1		5666
26	点	U	0	A			-1		6533
28	点	U	0	A			-1		6539
30	点	U	0	A			-1		7030
35	点	U	0	A			-1		20837

图 4-15

查看 ADDRESS 字段中不匹配的街道名，譬如 ELYSIAN FLDS、GEN DIAZ、GEN EARLY、GEN HAIG、GEN OGDEN、GEN PERSHING、GEN TAYLOR 等。

➢步骤 3　修改不匹配的字段属性，重新生成地址名称

在【demolitions】的属性表中，点击【表选项】按钮，选择【按属性选择】，如图 4-16 在出现的窗口中输入以下表达式：

"ADDR_SN" ='GEN DIAZ'

点击【应用】和【关闭】按钮。在表窗口下方点击【显示所选记录】按钮。右键单击名为【ADDR_SN】的字段列的首字段，选择【字段计算器】。改变拆除点文件中街道的名称，与 streets 中街道的实际名称 ST_NAME 匹配，增加成功匹配的概率。在【字段计算器】中输入 GEN DIAZ 的新名称如下：

"GENERAL DIAZ"

点击【确定】按钮，如图 4-17。

图 4-16　　　　　　　　　　　　　　　图 4-17

右键点击属性表中名为【STD_ADDR】的字段列的首字段，选择【字段计算器】。双击【字段计算器】窗口中相应的字段名和运算符号，输入以下表达式：

［ADDR_HN］& " " & ［ADDR_PD］& " " & ［ADDR_SN］& " " & ［ADDR_ST］

点击【确定】按钮。

右键单击属性表中名为【ARC_Street】的字段列的首字段，选择【字段计算器】。在字段列表中双击【STD_ADDR】，如图 4-18 生成以下表达式：

［STD_ADDR］

点击【确定】按钮。关闭属性表。

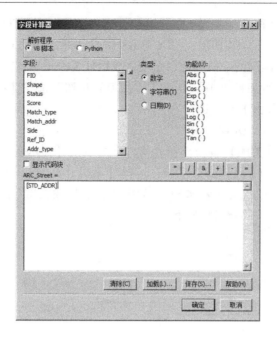

图 4-18

> **➜ 注意**
>
> 这里需要对几个字段重新赋值：对街道名 ADDR_SN 重新赋值，改变部分街道名称，与 street 文件的街道名称匹配；对地址名 STD_ADDR 重新赋值，反映街道名称变化；将 STD_ADDR 的值赋给 ARC_STREET。ARC_STREET 是完成地理编码后生成的 demolitions 形文件属性表中的字段名。重新匹配地址时需要从这个字段读取地址信息，而此时已经更新的地址信息保存在 STD_ADDR 中，所以需要把 STD_ADDR 的值赋给 ARC_STREET。

➢步骤 4　重新匹配地址

双击【ArcToolbox】—【地理编码工具】—【重新匹配地址】。在【输入要素类】项中选择【demolitions】。点击【Where 子句（可选）】字段旁边的按钮。确定【查询构建器】窗口下方的表达式如下：

"Status" = ' U '

点击【确定】按钮，如图 4-19 执行重新匹配地址操作。

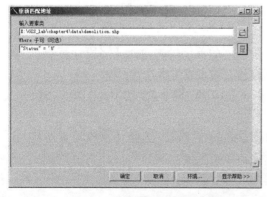

图 4-19

从【demolitions】的属性表中再次点击【表选项】按钮，选择【按属性选择】，如图 4-20 输入以下表达式：

"Status" = ' U '

在【按属性选择】窗口中点击【应用】和【关闭】按钮。点击表窗口中的【显示所选记录】按钮，显示第二次地理编码中不匹配的项。发现 9398 条记录中只有 187 项记录不匹配。更改 GENERAL DIAZ ST 的街道名称改善了匹配程度。关闭属性表。

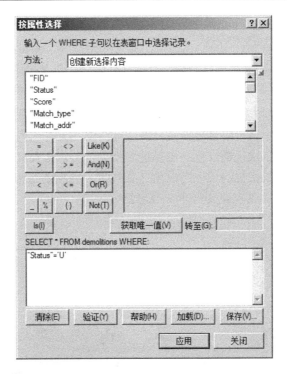

图 4-20

> **→　注意**
>
> 　很多时候即使重新命名地址，还是无法找出一些地址名称的空间位置，这其中的原因很多（如参考数据过时、地址错误等）。Ratcliffe 建议点数据的最小匹配率为 85%。本次实验操作已经获得超过 98% 的匹配率，说明地址编码操作成功。

demolitions. shp 表示飓风过后新奥尔良市住房拆除点的空间位置，如图 4-21。

图 4-21

➡　**注意**

在这里，我们并不需要为新生成的 demolitions. shp 指定坐标系统，demolitions 已经位于正确的投影坐标系统。地址定位器 locator 是基于已经被指定了正确的投影坐标系统的 streets 生成的。地理编码完成后，locator 已把正确的投影坐标系统传递给 demolitions. shp。

图 4-22 是新奥尔良市人口密度示意图，蓝色线框和黑色旋涡仍然分别表示城市边界和垮堤处。黑色色块表示该市临近墨西哥湾的一处泻湖。大红色色块表示人口最稠密的地区，然后人口从密到疏依次是橘红色、橙黄色和米黄色。对比人口示意图和刚刚生成的拆除点图，可以看出人口最密集的城市西南角（大红色）毁损情况相对较轻，人口较稠密的西北区域（橘红色）毁损情况更为严重。练习结束。

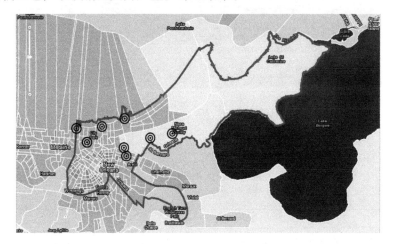

图 4-22

4.3　练习2——经纬度坐标文本数据转化为空间点

卡特里娜飓风过后，新奥尔良市积极开展了灾后重建工作。重建的建设许可点都分布在哪里呢？练习2获取了建设许可点的经纬度坐标文本文件，需在 ArcMap 生成空间点。本练习结束部分呈现练习1生成的拆除点和练习2生成的建设许可点，通过对比飓风过后新奥尔良市住房拆除点和建设许可点的相对位置，可了解灾害后果和应对行动之间的对应关系。第4章的练习部分会详细介绍如何生成这张专题地图。

4.3.1　数据和任务

练习2主要用到四个形文件：

（1）建设许可点文本文件：permits. txt；

（2）拆除点形文件 demolitions. shp；

（3）街区边界形文件：neighborhoods. shp；

（4）街道网络形文件：streets. shp。

练习2的主要任务如下：

（1）添加 XY 数据，生成事件源文件 permits. txt 个事件；

（2）将事件源文件转为形文件 permits_project.shp；

（3）用专题地图表现练习 1 和练习 2 生成的数据。

流程图 4-23 用箭头把练习 2 涉及的三项任务（矩形方框标示的内容）和每项任务生成的新文件（圆角矩形方框标示的内容）串联起来。生成的新形文件 permits_project.shp 表示飓风过后新奥尔良市建设许可点的空间位置。本练习还将生成一张专题地图表达拆除点和建设许可点的相对位置。

图 4-23

4.3.2 练习

任务 1　添加 XY 数据

➤步骤 1　将 txt 文件输入 ArcMap

新奥尔良政府提供了建筑许可点的经纬度坐标文本。打开【ArcMap】，从【主菜单】中选择【文件】—【添加数据】—【添加 XY 数据】。点击【从地图中选择一个表或浏览到另一个表】旁边的【浏览】按钮，找到本章数据所在的目标文件夹。选择文件【permits.txt】，点击【添加】按钮。【X 字段】选择【LONGITUDE（经度）】，【Y 字段】选择【LATITUDE（纬度）】，该顺序不可颠倒，如图 4-24。

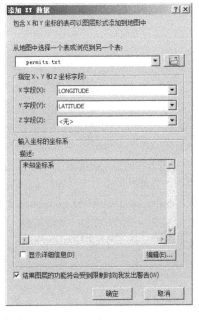

图 4-24　　　　　　　　　　　　　　　　　　图 4-25

➢步骤2 选择合适的地理坐标系统

点击【编辑】按钮，空间参考属性窗口出现。点击【导入】按钮，选择【demolitions. shp】点击【添加】和【确定】按钮，如图 4-25。

在窗口【添加 XY 数据】中点击【确定】按钮，在出现的【表没有 Object-ID 字段】对话框中，点击【确定】。点击导入按钮表示将导入外部文件的坐标系统信息，将其赋给 permits. txt。

任务 2 将事件源文件转为形文件

➢步骤 导出数据

在【内容列表】中右键单击【permits. txt 个事件】文件，选择【数据】—【导出数据】。第一项选择【所有要素】。点击选项【输出要素类】旁边的【浏览】按钮，找到本章数据所在的目录文件夹，以【permits. shp】作为文件名，【保存类型】选择【shapefile】。点击【确定】按钮，将导出的数据添加到 ArcMap 中，如图 4-26。

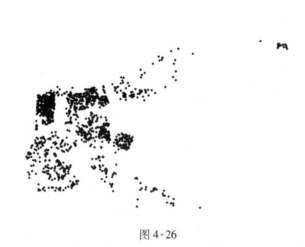

图 4-26

> ➔ 注意
>
> （1）个事件是 ArcGIS 软件对单词 event 的中文翻译。个事件的文件类型是事件源，是通过输入 x/y 坐标获得形文件的过渡文件。如果 txt 文件使用的是 ArcGIS 软件不支持的字段形式，ArcGIS 软件无法把 txt 文件转为事件源文件，从而无法往下生成形文件。当经纬度以度分秒的形式出现时，即为不支持字段形式。这时需要在 txt 文件中先将度分秒转换为十进制。互联网上有可以免费为用户进行单位转换的网站，以下网络链接是其中之一，http：//transition. fcc. gov/mb/audio/bickel/DDDMMSS-decimal. html。
>
> （2）txt 字段名称中某些字符可能不受支持，如短划线、空格和括号等。添加 XY 数据前，应先编辑字段名称删除这些字符。

任务 3 生成专题地图

本任务生成专题地图来表现飓风过后新奥尔良市住房拆除点和建设许可点的相对位置，使人们了解灾害后果与应对行动之间的对应关系。在制作专题地图时，我们选取放大新奥尔良市三处受灾地区，它们分别是 A 小树林（Little Woods）、B 杰特列（Gentilly）和 C 老欧若拉（Old Aurora）。如图 4-27 可以看出 B 杰特列拆除点和发放建设许可证的点均最多，A 小树林次之。C 老欧若拉地区因为遭受洪水侵袭破坏最小，拆除点和建设许可点均最少。练习结束。

某市获拆迁许可地块和获建设许可地块空间位置对比

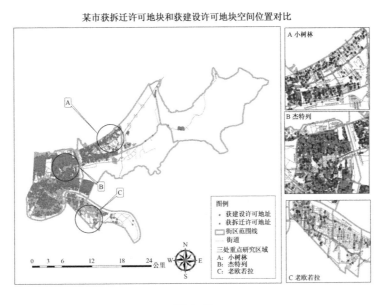

图 4-27

4.4　练习 3——空间校正基于地方坐标系统的 CAD 图形

本练习主要介绍如何将使用地方坐标系统的 CAD 文件进行空间校正，赋予北京 1954 投影坐标系统，再投影转换至 Google Earth 使用的世界大地测量系统 WGS1984，从而可检验空间校正的效果。

4.4.1　数据和任务

练习 3 使用的城市干道 CAD 数据来自深圳市城市规划局，参照点表格文件由作者根据 Google Earth 提供的参照点经纬度创建。

（1）城市干道 CAD 文件：roads. dwg；

（2）参照点表格文件：rf_points. xlsx。

练习 3 的主要任务如下：

（1）将 CAD 文件转换为形文件；

（2）创建参照点文件并导入 ArcMap；

（3）对参照点文件定义投影坐标系统；

（4）空间校正；

（5）校验空间校正的效果。

流程图4-28用箭头把练习3涉及的五项任务（矩形方框标示的内容）和每项任务生成的新文件（圆角矩形方框标示的内容）串联起来。任务4空间校正是练习3的关键任务。要完成任务4不但需要制作一个参照点文件，还需要把参照点文件进行投影，以适应roads. shp所采用的坐标系统。流程图的最终成果是生成一个kmz格式的Google earth文件，这个文件可输入Google earth，用来检验空间校正的准确程度。

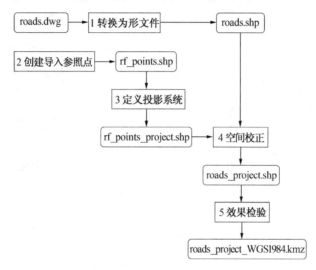

图4-28

4.4.2 练习

任务1 将CAD文件转换为形文件

➤步骤 在将CAD文件添加到ArcMap

打开【ArcMap】，在【标准】工具栏点击【添加】数据，打开名为【roads. dwg】的cad文件。Arcmap会出现"添加的数据源缺少空间参考信息，虽然可以在Arcmap中绘制这些数据，但不能投影"的提示，点击【确定】，如图4-29。

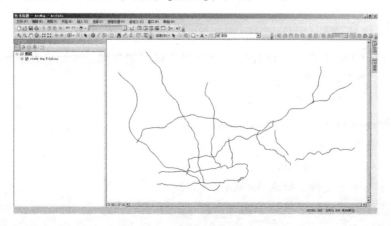

图4-29

　　在【内容列表】中点击【road. dwg Group Layer】词条前面的加号，展开词条。右键点击【road. dwg Polyline】选择【数据】—【导出数据】。在出现的导出数据对话框中将【输出要素类】的名称命名为【roads】。点击【确定】按钮，如图4-30。在出现的【是否要将导出的数据添加到地图图层中】对话框中选择【是】。在【内容列表】中右键点击【roads. dwg Group Layer】词条，选择【移除】。

图 4 - 30

　　右键点击【roads】，选择【属性】—【源】，坐标系显示未定义。

任务2　创建参照点文件并导入 ArcMap

　　该城市干道 CAD 文件，使用的是深圳独立坐标系统（地方坐标系统）。在缺乏转换参数的情况下，可使用空间校正将地方坐标系统插入通用坐标系统，即在一个已知坐标系统的地图里获取几个参照点，然后将 CAD 图校准到这几个参照点的位置上。

　　通常来说，可在 Google earth 软件中获取参照点。这是因为我们不仅知道 Google earth 使用的坐标系统类型是 GCS_WGS_1984，而且 Google earth 提供的卫星影像有助于判断参照点的具体位置，这些参照点可跟 CAD 图上的点一一对应。创建完参照点后把每个参照点的经纬度值输入 xlsx 文件，并将该 xlsx 文件导入到 ArcMap 中用于空间校正。

　　➢步骤1　创建参照点

　　未安装 Google earth 软件的用户请根据以下网络链接下载 Google earth：

　　http：//www. google. com/earth/index. html

　　打开【Google earth】，找到 CAD 地图所在的地区（深圳市）。点击黄色图钉按钮，创建与 CAD 文件一一对应的 7 个参照点。为避免读者因为对研究范围不熟悉导致无法顺利找到这些参照点，本书附带的光盘中提供了已经制作完成的参照点 xlsx 文件。

　　在视窗左侧右键点击名为【Untitled Placemark】的词条，选择【Rename】，将这 7 个名为 Untitled Placemark 的词条改名，改后的名称分别为【Placemark1】、【Placemark2】、【Placemark3】、【Placemark4】、【Placemark5】、【Placemark6】和【Placemark7】，如图4-31。

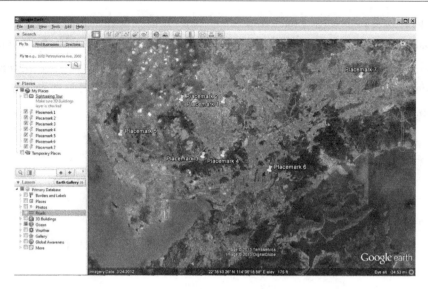

图 4-31

创建一个名为 rf_points. xlsx 的参照点文件。记下 Placemark1 的经（Longitude）纬（Latitude）度坐标。右键点击【Placemark1】选择【Properties】，打开 Google earth – Edit Placemark 对话框，如图 4-32。在 rf_points. xlsx 中记录它的经纬度。

图 4-32

对另外 6 个参照点进行同样操作，在 rf_points. xlsx 中记下它们的经纬度坐标。

➜ 注意

在 Google earth 上对道路网进行采样时，不能根据 Google earth 自带的 Roads 图层（左下角的图层对话框中）获取参照点，必须根据卫星图片上的道路来选取合适的参照点。

➤步骤 2 经纬度单位转换

GIS 软件无法识别以度分秒为单位的经纬度，需转换为十进制方式。打开度分秒转十进制网站 http：//transition. fcc. gov/mb/audio/bickel/DDDMMSS-decimal. html

将 7 个参照点的度分秒经纬度按先纬度后经度的方式输入对话框中，点击【Convert to Decimal】按钮，得到以十进制表达的经纬度，如图 4-33。

Enter Degrees Minutes Seconds latitude:	22	41	13.53
Enter Degrees Minutes Seconds longitude:	113	58	9.22

Convert to Decimal   Clear Values

Results: Latitude: 22.687092   Longitude: 113.969228

图 4-33

本练习将原始和转换后的经纬度都输入 rf_points. xlsx，如图 4-34，以方便日后查验。

	A	B	C	D	E
1	ID	Lon1	Lat1	Lon2	Lat2
2	1	113°58'9.22"E	22°41'13.53"N	113.969228	22.68709
3	2	114° 2'55.66"E	22°41'0.19"N	114.048794	22.68339
4	3	114° 0'35.20"E	22°35'24.94"N	114.009778	22.59026
5	4	114° 2'54.61"E	22°35'32.77"N	114.048503	22.59244
6	5	113°51'6.68"E	22°37'40.26"N	113.851856	22.62785
7	6	114° 8'13.61"E	22°34'1.70"N	114.137114	22.56714
8	7	114°18'33.78"E	22°43'38.97"N	114.309383	22.72749

图 4-34

> ➜　注意
>
> 　在 rf_points. xlsx 首行先创建名为 Lon 和 Lat 的字段名，方便 ArcMap 软件识别。这里 Lon1 和 Lat1 表示以度分秒单位表示的经纬度，Lon2 和 Lat2 表示以十进制表示的经纬度。

➤步骤 3　将参照点文件导入 ArcMap

打开【ArcMap】。在【标准】工具条中点击【添加数据】图标，添加【rf_points】。在选择添加数据表格时，选择【Sheet1 $】，如图 4-35。

在【主菜单】中点击【文件】—【添加数据】—【添加 XY 数据】，打开添加 XY 数据窗口。确认【X 字段】和【Y 字段】栏分别选择【Lon2】和【Lat2】，如图 4-36。

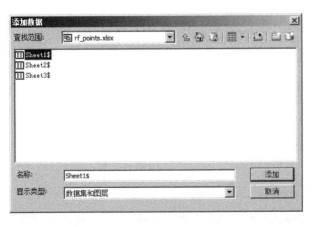

图 4-35　　　　　　　　　　　　　　　　图 4-36

点击【确定】按钮，在出现的【表没有 Object-ID 字段】对话框中点击【确定】。这时，内容列表中将出现一个新生成的事件源文件，它的名称是 Sheet1 $ 个事件。右键点击【Sheet1 $ 个事件】，选择【数据】—【导出数据】，在出现的导出数据对话框中，将输出形文件名命名为【rf_points】。并将该文件导入 ArcMap。移除内容列表中的 rf_points $ 表格文件和 Sheet1 $ 个事件文件。

任务 3　定义投影系统

空间校正应在同一坐标系内进行。参照点文件 rf_points 使用的是 WGS_1984 地理坐标系统，而深圳市使用的独立坐标系统是以高斯—克吕格 3 度分隔带北京 1954 基准面为投影之后的一个变形。因此，需把参照点文件 rf_points. shp 投影到高斯—克吕格 3 度分隔带北京 1954 基准面。

➤步骤 1　定义地理坐标系统

为缺少坐标系统信息的 rf_points. shp 定义它使用的坐标系统。

在【ArcToolbox】中点击【数据管理工具】—【投影和变换】—【定义投影】，打开定义投影窗口。在【输入数据集或要素类】栏选择【rf_points】，在【坐标系】栏点击【浏览】图标，打开空间参考属性窗口。点击选择【Geographic Coordinate Systems】—【World】—【WGS1984. prj】。点击【确定】，如图 4-37 执行定义投影操作。

➤步骤 2　投影到投影坐标系统

在【ArcToolbox】中点击【数据管理工具】—【投影和变换】—【要素】—【投影】，打开投影窗口。在【输入数据集或要素类栏】中选择【rf_points】，在【输出数据集或要素类栏】中点击【浏览】图标，将新生成的文件命名为【rf_points_project】。在【输出坐标系】栏点击【浏览】图标，打开空间参考属性窗口。点击【选择】—【Projected Coordinate Systems】—【Gauss Kruger】—【Beijing 1954】—【Beijing 1954 3 Degree GK CM 114E】。在【地理坐标变换】中选择【Beijing_1954_TO_WGS_1984_3】。点击【确定】，如图 4-38 执行投影操作。

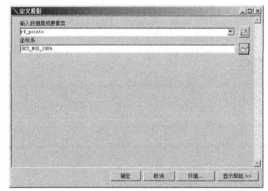

图 4-37

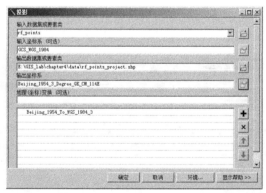

图 4-38

➜　注意

与之前执行投影不同的是，这里需要选择合适的地理坐标变换参数。这是因为输入和输出坐标系统使用的基准面不同。一个是 WGS1984，另一个是 Beijing_1954。在可以选择的 6 个地理转换（变换）参数中，浙江省、福建省、江西省、湖北省、湖南省、广东省、广西壮族自治区、海南省、贵州省、云南省、香港和澳门特别行政区，台湾省等这 12 个地区适合使用的转换参数是 Beijing_1954_TO_WGS_1984_3。

➢步骤 1　空间校正

在工具栏右键点击任一处地方，在出现的工具条选项列表中勾选【编辑器】和【空间校正】两项。编辑器和空间校正这两个工具条出现在主菜单下方。在【工具】条，点击全图按钮，可以看到参照点和城市干道相距很远。

在【编辑器】工具条中点击【编辑器】—【开始编辑】，在视窗的右侧出现【创建要素】对话框。点击【roads】，使其处于被选中状态。在【空间校正】工具条中点击【空间校正】—【设置校正数据】，选中要校正的输入对话框出现。点选【以下图层中的所有要素】。点击【确定】按钮。在【校正方法】中选择【变换】—【相似】。在【空间校正】工具条点击【新建位移连接】，找到 roads 地图上对应的点，将其与 rf_ points_ project 的对应点联系起来，如图 4-39。

图 4-39

　　↪　注意

　　（1）在一对一连接时，应将 roads 的点作为起点，rf_ points_ project 的点作为终点。在捕捉点时，可以通过交替使用【选择缩放至图层】（右键点击文件 rf_ points_ project 或 roads）和【工具栏】的【全图】，完成视窗切换。

　　（2）相似变换可以缩放、旋转和平移数据。如果要保持要素的相对形状，应优先选择该种变换方式。

　　（3）空间校正既包括空间位置的转移，又包括空间尺寸的缩放。被校正后的图形已经被"扭曲"，几何属性被破坏，不能对其进行反复校正。

在【空间校正】工具条中点击【空间校正】—【校正】，这时 roads 文件消失。这说明空间校正完成。在【编辑器】工具条中点击【编辑器】—【停止编辑】。在出现的【保存】对话框，点击【是】，保存编辑结果。

右键点击【roads】文件，选择【缩放至图层】。这时的 roads 文件已经被空间校正，但只通过目测并不知道空间校正的效果。

➢步骤 2　更改图层属性

将空间校正过的文件导出为 kmz 文件，在 Google earth 中检验它是否位于正确的位置。为了增强 roads 文件元素在 Google earth 中的可识别性，还需要更改 roads 的属性。

在【内容列表】，双击【roads】下面的线段符号，打开符号选择器对话框。在【颜色】中选择【红】色，在【宽度】中选择【3】。

任务5 检验空间校正的效果

在 Google earth 下验证 roads 必须将其转为 Google earth 使用的地理坐标系统 WGS_ 1984。有关定义投影与投影的相关内容，可参见第 3 章。

➢步骤1 定义投影坐标系统

在【内容列表】中右键点击 roads，选择【数据】—【导出数据】。将新生成的形文件命名为【roads_project】。在【ArcToolbox】中点击【数据管理工具】—【投影和变换】—【定义投影】，打开定义投影窗口。在【输入数据集或要素类】栏选择【roads_ project】，在坐标系栏点击【浏览】图标，打开空间参考属性窗口。点击【选择】—【Projected Coordinate Systems】—【Gauss Kruger】—【Beijing 1954】—【Beijing 1954 3 Degree GK CM 114E】。点击【确定】，执行定义投影操作。

➢步骤2 投影坐标系统转为地理坐标系统

在【ArcToolbox】中点击【数据管理工具】—【投影和变换】—【要素】—【投影】，打开投影窗口。在【输入数据集或要素类】栏选择【roads_project】，在【输出数据集或要素类】栏点击浏览图标，将新生成的文件命名为【roads_project_WGS1984】。在【输出坐标系】栏点击【浏览】图标，打开空间参考属性窗口。点击【选择】—【Geographic Coordinate Systems】—【World】—【WGS1984.prj】。在【地理坐标变换】中选择【Beijing_1954_TO_WGS_1984_3】。点击【确定】，执行投影操作。

➢步骤3 输出为 KML

在【ArcToolBox】中点击【转换工具】—【转为 KML】—【图层转 KML】。在【图层转 KML】对话框中在【图层】中选择【roads_project】，在【输出文件】中将输出数据命名为【roads_project_WGS1984】，【图层输出比例】中输入【1】。如图 4-40 执行图层转 KML 操作。

➢步骤4 在 Google Earth 中校验

进入【Google earth】，选择【File】—【Open】，打开刚刚创建的【roads_project_ WGS1984.kmz】文件。

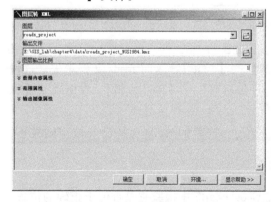

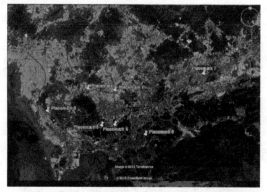

图 4-40   图 4-41

如图 4-41，可以看到在仅仅插入 7 个参考点的情况下，经过空间校正的主要干道 kml 文件较好地呼应了 Google earth 卫星图像中的道路形制。查看局部细节如图 4-42，发现校正后的主干道仍然与卫星影像图重叠较好。

图 4-42

　　如果有兴趣，读者可作对比：把 cad 文件转换为形文件后，不经空间校正处理便直接导出为 kmz 文件并导入 Google earth，则发现 Google earth 无法识别该文件的空间位置。

　　➤步骤 5　指定空间坐标系

　　尽管已按 Google earth 使用的 GCS_WGS_1984 坐标系统调整了 roads 所在的坐标系统，但是这一点 ArcMap 并不"知情"。我们需要"告知" ArcMap 软件 roads 现在使用的是 GCS_WGS_1984。

　　在【ArcMap】中打开【ArcToolBox】—【数据管理工具】—【投影和变换】—【要素】—【定义投影】，打开定义投影对话框。在【输入数据集或要素类】中选择【roads】，在【坐标系】中点击【浏览】按钮，打开空间参考属性对话框。点击【选择】—【Geographic Coordinate Systems】—【World】—【WGS1984. prj】，完成定义投影。

　　至此，本练习成功地把 CAD 文件输入 ArcMap 软件，并把它校正到我们知道的投影坐标系统。

> ➔　注意
>
> 　　（1）空间校正可能需要进行反复校正，是一项枯燥乏味的工作。有时需要增加参照点的数目，或者调整参照点的位置。调整参照点位置后意味着参照点的经纬度发生变化，因此 excel 表格的相应内容也需要一并进行调整。
>
> 　　（2）空间校正是在无法获得元数据情况下的权宜方案，在有坐标系统元数据的情况下，优先使用元数据提供的坐标系统信息。
>
> 　　（3）本练习对 CAD 文件进行空间校正时，在 Google earth 中获取参照点，这只是获取参照点的方法之一。使用 Google earth 获取参照点的好处是不求助任何其他使用通用坐标系统的数据。如果已有基于该城市通用坐标系统的其他矢量文件甚至栅格文件，只要方便从其他文件中找到与 CAD 共同的空间点，也可以用这些文件直接提取参照点。

4.5　本章小结

　　GIS 软件可以接收的外部数据类型很多，在输入不同类型数据时遇到的具体问题也不尽相同。本章介绍了如何解决最常见的三种数据输入问题，分别是通过地理编码将地址名称转换为空间点、将经纬度坐标转换为空间点、利用现有空间数据把地方坐标下的 CAD 道路文件插入通用坐标系统。

地理编码能空间化带地址地名的传统统计表格，但是由于各方面原因（地址标准化不到位、地址改变等），即使人们可以多次优化地址名以提高地理编码的成功率，但地理编码的准确率难以达到百分之百。目前，在中国要顺利进行地理编码还存在非常多的障碍，还须建立地名、路名、楼名和门址等数据库，理顺地名地址与空间坐标之间的对应关系。2006 年以来，国家测绘局已先后批准 24 个省、直辖市、自治区的 41 个城市（区）成为"数字城市地理空间框架建设"试点，这些举措必将推动我国地理编码工作的开展。

另外，随着 GPS 技术更广泛的应用，大量经纬度信息给空间分析创造了更为有利的条件。近期来看，根据经纬度生成空间数据是地理编码技术尚未成熟时很重要的替代方式。

再次，我国很多城市的空间面貌还处于日新月异的变化中，GIS 软件仍然非常倚重像 CAD 这样的快速制图软件，从而反映最新情况的城市地图。实现 CAD 文件在不同坐标系统下的切换是规划师进行 GIS 实际操作中很重要的内容。

第5章 制作专题地图

5.1 概述

地图是用户与 GIS 软件对话的界面，也是表达空间要素的沟通手段。通过 GIS 软件人们可以浏览、查询、分析地图，并生成新的地图元素保存查询分析的结果。生成的地图可以插入到文本报告和演示系统中。按绘制目的，地图可分两种：参照地图和专题地图。参照地图展示一些常见的空间元素，譬如空间边界、交通网络、地形等高线等，它反映地理空间的总体面貌。专题地图也叫作特殊用途地图，它是对某一主题元素空间分布的描述。本章练习部分介绍如何创建专题地图。

制作专题地图的难点常常在于如何完整、有效、美观地表达地理空间信息。信息完整是制作专题地图最基本的要求，即地图需包含以下要素：地图表达主体、地图标题、图例、指北针、比例尺、数据来源、制作者、制作时间等。比例尺是地图元素中很重要的组成部分，也是生成地图元素中的一个难点。"GIS 数据准备——投影与空间连接"一章已经提及正确的投影才能保证准确的地图比例尺尺度。另外，如果地图使用了错误的坐标单位，比例尺显示的单位也会发生错误。

地图的有效性可从元素符号、图面色彩等方面进行加强。如果需要反映地理空间的值或类型的差异，则可通过图表（饼图、条形图等）等符号强化组成成分的不同以及值的相对高低等。在色彩表现方面应注意不同色相、纯度的颜色与表达意图之间的内在联系。除了遵循地图所属城市制图委员会对颜色等的统一规定外，还要注意以下几条通用原则：①鲜亮的颜色适合表达年代较近、人类活动密度高的现象，反之暗淡的颜色适合表达年代较久远、人类活动密度低的现象。例如，人们习惯用暖色系（如大红、玫红）表达经济社会活动密集的功能如商业、公共设施；冷色系（褐、紫）代表活动不活跃或可能带来污染、噪声的功能，譬如工业、旧村、市政基础设施等；如果使用一个色系的多种颜色来表达不同年代的同一主题元素，应对较为晚近年代的元素使用纯度较高的颜色，对较为久远年代的元素使用纯度较低的颜色。②人们习惯用大自然色代表与自然元素有共通之处的现象，譬如蓝色代表流动的元素（譬如水体或公路街道）、绿色代表各种类型的植被等。③图面中的主旨元素尽量使用纯度高的色彩，辅助元素使用纯度低的色，另一种突出主旨的方式是对主旨和辅助元素采用互补色系，譬如橘和蓝、绿和红、紫和黄等。

图面美观除了在元素、颜色搭配方面突出重点外，还要体现平衡和饱满。如果地图主体部分比较空，可通过调整其他地图元素（如指北针、图例、图纸说明等）丰富图面效果。

本章练习在上一章"GIS 数据准备——外部数据输入"基础上介绍如何生成专题地图，展现飓风灾害过后受损房屋拆除点和建设许可点的相对位置。练习需时约45分钟。

5.2 练习

5.2.1 数据和任务

本章练习用到的数据是上一章练习 1 和 2 完成后生成的数据，分别表示卡特里娜飓风过后新奥尔良市拆除点和建设许可点的空间位置：

（1）拆除点形文件：demolitions. shp；

（2）建设许可点形文件：constructions. shp；

（3）城市街道网络形文件：streets. shp；

（4）街区范围线形文件：neighborhoods. shp。

本章练习的主要任务如下：

（1）调整地图单位和属性参数；

（2）调整布图；

（3）插入地图元素。

5.2.2 练习任务

任务1 调整地图单位和属性参数

➤步骤1 调整地图单位

在【ArcMap】的【标准】工具栏中点击【添加】按钮，将 4 个形文件【demolitions. shp】、【constructions. shp】、【streets. shp】和【neighborhoods. shp】添加至 ArcMap。在【内容列表】中右键点击【图层】，选择【属性】，打开属性对话框，点击【常规】标签，可以看到地图单位显示为英尺，如图 5-1。

这是由 4 个形文件选用的同一套投影系统决定的。为适应我国读者习惯的地图单位，将【显示】单位调整为【千米】，如图 5-2。

图 5-1   图 5-2

➤步骤2 调整属性参数

将 4 个形文件【demolitions. shp】、【constructions. shp】、【streets. shp】和【neighborhoods. shp】的名称修改为【获建设许可地址】、【获拆除许可地址】、【街道和街区范围线】。在【内容列表】中，点击任一词条，使其处于高亮状态，再在高亮处点击该词条，可以对其名称进行修改。在【内容列表】的图层内拖拽图层，保证这 4 个形文件的排列顺序从上至下分别是：【获建设许可地址】、【获拆除许可地址】、【街区范围线】和【街道】。

双击【获建设许可地址】图层下的点，打开符号选择器对话框。在【颜色】中选择【玫红】，在【大小】中选择【10】，如图 5-3。

打开【获拆除许可地址】图层的【符号选择器】对话框。在【颜色】中选择【深灰】色，在【大小】中选择【10】。打开【街道范围线】的【符号选择器】对话框。在【填充颜色】中选择【无】色，在【轮廓宽度】中选择【6】，在【轮廓颜色】中选择【灰】色。打开【街道】的【符号选择器】对话框。在【颜色】中选择【灰】色，在【宽度】中选择【1】。

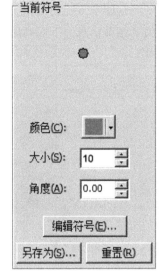

任务 2　调整布图

➤步骤 1　调入标准图框

在【主菜单】中右键点击任一位置，打开工具条列表。勾选【布局】，【布局】工具条出现，如图 5-4。在【布局】工具条中点击【更改布局】按钮，打开选择模版对话框。

在【选择模板】对话框中选择【Landscape ModernInset. mxd】，如图 5-5。点击【Next】和【Finish】按钮，完成模板选择。

图 5-3

图 5-4

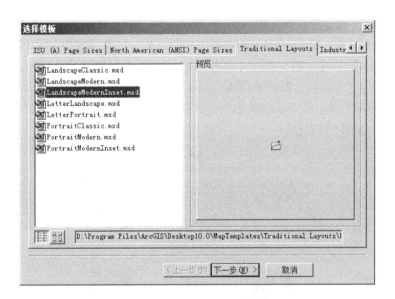

图 5-5

◆　注意

这时，ArcMap 已经从数据视图切换至布局视图。只有在布局视图中才能插入地图元素。另一种切换方式是在【主菜单】点击【视图】—【布局视图】。但是这种切换方式不会要求操作者选择 ArcMap 自带的标准布局模板。

➤步骤2 调整图框布局

从图5-6可以看出，虽然左侧大图可以看清楚该市拆除和建设许可的全貌，但是却损失了细节信息。下面利用右侧的小图框选取三个城市局部进行放大。

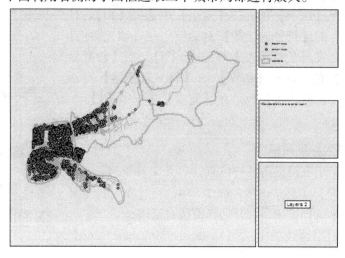

图5-6

在【内容列表】中选取【图层】下面的所有4个形文件，使其处于高亮状态。将其拖至【Layers2】内。该操作将4个形文件复制到【Layers2】中。可以看到右下方的小图框内出现了这4个形文件，删除另外两个小图框以及这两个小图框中的文本框与图例。

在【ArcMap】的【工具条】中点击【选择元素】按钮。点击小图框，右键选择【属性】，打开属性对话框。点击【大小和位置】，在【大小】的【宽度】和【高度】中，确认值分别为【4.8】和【4.5】。点击小图框，右键选择【复制】，在小图框旁边的空白处右键点击【粘贴】，创建一个新的小图框。再如此操作一次，再创建一个小图框。

点击视图的参考线，将出现的绿色参考线挪至适当位置，并根据参考线调整三个小图框的相对位置，如图5-7。

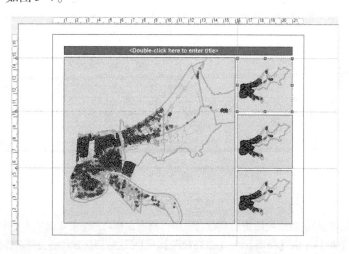

图5-7

这时在内容列表中将出现 4 个图层。根据位置，这 4 个图层（图框）分别命名为【左】、【右上】、【右中】和【右下】。

➤步骤3　放大局部

在【内容列表】中右键点击【右上】，选择【激活】。在【工具栏】点击【放大】按钮（注意不是点击布局工具条的放大按钮），找到需要被放大的位置。在【标准】工具条的【比例尺】对话框，输入【68000】。这时，新奥尔良市的小树林地区将以 1∶68000 的比例被放大。对其他两个需要进行放大的地区（杰特列和老欧若拉）地区进行同样操作。获得三个被放大的局部，如图 5-8。

> ➡　注意
> 由于读者对示范地图具体位置不熟悉，可能无法找到三个被放大的局部。但是这不影响练习的继续进行。读者可根据自己的喜好任意选取希望放大的局部。

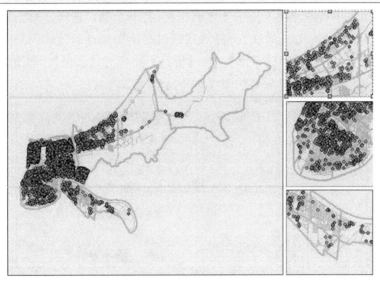

图 5-8

任务 3　插入地图元素

➤步骤1　加入图例

在【主菜单】中点击【插入】—【图例】，打开图例向导对话框。点击【Next】按钮，在下一个对话框中将图例标题的【大小】改为【28】。

点击两次【Next】按钮，点击【Finish】，关闭图例向导对话框。生成的图例出现在视图中。如果想要调整图例文字的大小，右键点击生成的图例，选择【属性】，打开属性对话框。点击【项目】—【符号】，打开符号选择器。点击【确定】。点击【OK】，关闭属性对话框，获得的图例如图 5-9。

图例
◆ 获建设许可地址
◇ 获拆迁许可地址
▢ 街区范围线
— 街道

图 5-9

→ 注意

（1）虽然我们并未改变符号选择器内的参数，但是因为点击符号操作已经默认对图例中的所有文字（包括图例标题本身）采用统一样式，在点击 OK 关闭属性对话框后，所有图例文字说明的大小已经跟图例标题本身大小一致（值为 28）。

（2）如果想调整图例中色块及文字说明的上下叠放顺序，可以直接在内容列表中点选想要调整顺序的图层，将其拖至理想位置。这时图例中色块及文字说明的顺序会相应跟着调整。如果要改变图例中的文字内容，也可以在内容列表中进行调整，图例中的文字内容也会相应跟着调整。

（3）如果希望对图例中的色块及文本说明进行个别调整，可以在图例上右键选择【转换为图形】—【取消分组】，即可对色块和文本说明进行独立操作。完成对个别色块和文本说明的调整后，可以点选需要集结成组的色块和文字说明，右键选择【组】，这时被选择的色块和文字说明重新组合成一个整体。

➢步骤 2　加入比例尺和指北针

在【主菜单】中点击【插入】—【比例尺】，打开比例尺选择器对话框。选择【Alternating Scale Bar 1】。点击【属性】，打开比例尺对话框。点击【比例】和【单位】标签，在【主刻度单位】中选择【千米】，在【标注】中填写【公里】，如图 5-10。

点击【格式】标签，在【字号】中选择【24】，如图 5-11。

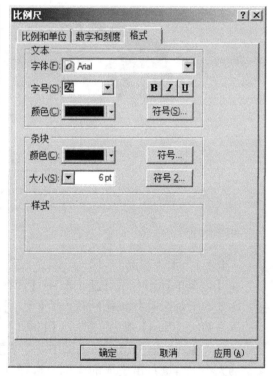

图 5-10　　　　　　　　　　　　　　　　图 5-11

点击【确定】，关闭比例尺选择器对话框。

在【主菜单】中点击【插入】—【指北针】，打开指北针选择器对话框。选择【ESRI North 7】。点击【属性】，打开指北针对话框。在【常规】中将【大小】指定为

【200】，点击【OK】按钮，关闭指北针对话框。点击【确定】按钮，关闭指北针选择器对话框。

➢步骤 3　加入图名、索引号和其他文字说明

双击视图上方的【< double-click here to enter title >】，打开属性窗口。在【文本】框中，输入【某市获拆除许可地块和获建设许可地块空间位置对比】，如图 5-12。

点击【更改符号】按钮，打开符号选择器对话框。在【颜色】中选择【黑】色。点击【确定】，关闭符号选择器对话框。点击【OK】，关闭属性窗口。

在【主菜单】点击【插入】—【文本】，插入文本字符【A】。双击字符【A】，打开属性对话框。点击【更改符号】按钮，打开符号选择器对话框。往下拖动该对话框的滚动条，选择【Banner Text，Rounded】。点击该对话框右侧的【编辑符号】按钮，打开编辑器对话框，如图 5-13。

图 5-12

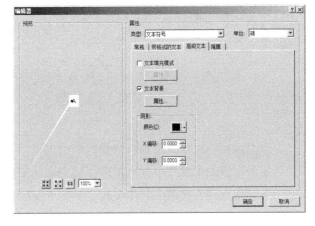

图 5-13

点击【高级文本】—【文本背景】—【属性】按钮，打开编辑器的【气球注释】面板，如图 5-14。

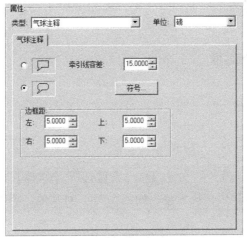

图 5-14

在【气球注释】面板中点击【符号】按钮，打开符号选择器对话框。在该对话框中，【填充颜色】选择【无】，【轮廓宽度】选择【1】。点击【确定】，关闭符号选择器对话框。点击【确定】，关闭气球注释面板。回到符号选择器对话框，确认【当前符号】的【大小】为【24】。点击【确认】按钮，关闭符号选择器对话框。点击【OK】，关闭属性对话框。

点击生成的文本【A】，在【主菜单】选择【编辑】—【复制】，在【主菜单】中选择【编辑】—【粘贴】。生成一个新的文本 A。双击该新生成的【A】，在出现的【属性】对话框的文本栏，将【A】改为【B】。点击【OK】按钮，关闭属性对话框。再次对 A 复制粘贴，生成一个新的文本，将 A 改为 C。调整 A、B、C 的位置，分别索引左侧图框（主图框）的小树林、杰特列和老欧若拉三处。

右键点击任一工具栏，在出现的工具列表中勾选【绘图】工具条，如图 5-15。出现的【绘图】工具条中，点击【矩形】按钮，在视图中绘制一个矩形。双击该矩形，在出现的【属性】对话框中，将【填充颜色】改为【无】颜色，点击【OK】按钮，关闭属性对话框。

图 5-15

把图例和一些文字说明布置在该矩形框内，如图 5-16。

还可在绘图工具条中点击矩形按钮旁边的下拉按钮，选择圆形，在图中绘制三个圆形显示三处重点研究区域的具体位置，如图 5-17。

图例
- **获建设许可地址**
- **获拆迁许可地址**
□ **街区范围线**
— **街道**

三处重点研究区域
A：小树林
B：杰特列
C：老欧若拉

图 5-16

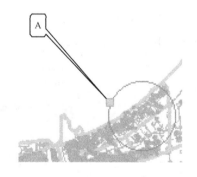

图 5-17

点击任一图框（左/右上/右中/右下），右键选择【属性】，打开属性对话框。点击【框架】标签，在【背景】中选择无色，如图 5-18。对其他三个图框及深蓝色标题栏执行同样操作。

完成上述操作后，调整图例、比例尺和指北针的位置。可插入文本表示右上、右中和右下三个小图框分别放大的区域名称。本练习还插入文本说明数据来源、绘制者和绘制日期。本书其他各章地图将省略数据来源、绘制者和绘制日期这三个元素，如图5-19。

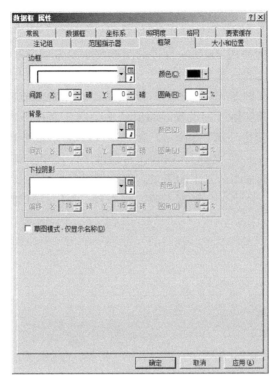

图 5-18

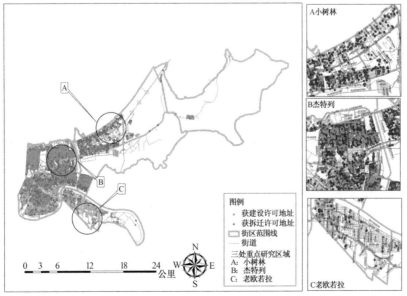

图 5-19

5.3 本章小结

　　本章练习介绍了如何使用 ArcMap 自带的图框展示要素的空间位置。制作专题地图是为了完整、有效、美观地表达地理空间信息，这是展示城市空间分析成果的重要步骤。

　　表现空间信息具有多种方式。接下来的第 3 篇第 6 章会使用饼图展示按地理单元内不同属性的组成比例，以及如何通过设置区间值对比主题要素在不同地理空间上值的差异。另外第 7 章"城市土地变化分析"和第 11 章"开发潜力分析及 3D 表现"还会讲述如何利用卫星影像图和 ArcScene 生成的 3D 图制作专题地图。再次强调，不管采取何种表达方式，信息完整是制作专题地图最基本的要求，即地图需包含以下要素：地图表达主体、地图标题、图例、指北针、比例尺、数据来源、制作者、制作时间等。

第3篇

GIS与城市基础特征分析

本篇为 GIS 与城市基础特征分析，介绍 GIS 如何辅助人口经济分析、城市土地变化分析和地形分析。

第6章　人口经济分析

第7章　城市土地变化分析

第8章　地形分析

第6章 人口经济分析

6.1 概述

    人口和经济分析是城市空间分析中最基础的环节之一。人口和经济的总体规模、结构组成决定城市未来发展规模，也是估算未来居住、零售、办公空间需求、工业生产空间、开放空间需求的基础。规划部门需要进行总体层面的人口和经济分析，从而指导城市总体规划、分区规划以及各专项规划的编制。公共政策制定者不仅需要了解市域范围人口经济的总体规模和结构，还需要进一步掌握分区、街道甚至街坊层面的数据，以满足精细化城市管理的要求。目前来看，我国大部分城市的公开经济及人口数据还只是细化到区级层面。本书第1篇第2章已经提到，发达国家如美国在经济、人口方面的数据已全面细化到街区层面。不仅如此，这些数据已可免费共享，个人可以从联邦统计局网站以及州政府网站进行下载。这些政府网站提供的人口经济数据类型非常丰富，包括人口特征、产业经济构成和分布、教育、住房、收入及贫困状况等多个方面（详见第1篇第2章的介绍）。举例来说，图6-1是根据美国州政府提供的公共数据而制作的芝加哥市五大主要产业就业人口密度分布图。该图反映的是每平方公里制造、办公、公共管理和服务、零售和娱乐业这五大产业每平方公里就业数，即就业人口密度。从图中可知，公共管理和服务业的就业人口较平均地分布于全市，其他四种产业的就业人口主要分布在城市的北部。与很多其他蔓延的西方城市类似，芝加哥也在经历城市中心就业岗位流失的考验，但中心地区（城市西侧中部）仍然是各产业就业密度最高的地区。在城市规划过程中，了解这些产业分布信息有助于合理分配城市资源，针对不同产业需求提供不同的配套设施。

    为增加读者对发达国家公共数据库的直观认识，本章练习1介绍美国人口数据和分析单元空间边界文件数据的下载方法，以及连接人口数据和空间边界文件的方法。练习2探讨如何实现不同空间单元（如人口普查小区、交通分析小区）之间的人口信息转换。练习1、2各需时约60分钟。

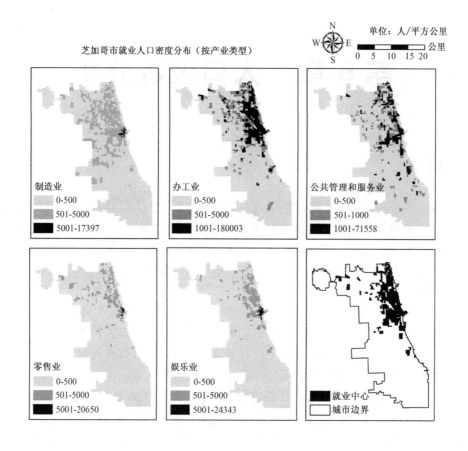

图 6-1

6.2 练习1——人口现状分析

练习1的任务是掌握美国加州（California）圣比拿迪卢（San Bernadino）郡 Ontario 市统计片区单元层面的人口种族构成情况。在美国城市里，种族构成是城市规划过程中需要分析的一项内容，因其影响住房密度、教育医疗设施等指标的制定。练习1需完成以下几步任务：首先，了解美国种族信息和空间单元形文件的获取方式；其次，了解如何将表格信息和空间地图关联起来，即把人口统计表和空间单元形文件通过公用属性（即 ID 字段）连接起来。如果社会经济属性表及空间单元的属性表具有公共字段，连接操作则非常简单。如果两个表格之间不存在公共字段名，或者其中一个属性表的公共字段名只有部分与另外一个表格的公共字段重合，就需要在操作过程中创建或者修改公共字段。

6.2.1 数据和步骤

练习1主要用到以下几种数据：

（1）种族表格数据：SanBernardino_Race. xlsx；

（2）统计片区数据：tl_2010_06071_tract10. shp；

（3）地方边界数据：tl_2010_06_place10. shp。

下面详细介绍如何从美国联邦统计局网站下载上述三种数据。

练习 1 的主要任务如下：

（1）下载种族数据：aff_download. zip；

（2）下载统计片区和地方形文件：tl_2010_06071_tract10. zip 和 tl_2010_06_place10. zip；

（3）将种族数据连接到统计片区数据；

（4）从统计片区数据中提取 Ontario 市范围内的统计片区；

（5）输出专题地图。

流程图 6-2 用箭头把练习 1 涉及的五项任务（矩形方框标示的内容）和每项任务生成的新文件（圆角矩形方框标示的内容）串联起来。任务 3 连接操作是练习 3 的关键任务。要完成任务 3 需要先到相关网站下载种族表格数据和空间边界形文件。流程图的最终成果是生成一个名为 tract_Ontario 的形文件，它包含的种族信息是专题地图想要表现的主要内容。

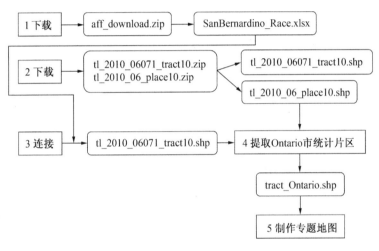

图 6-2

6.2.2 练习

任务 1 下载人口数据

➤步骤 1 下载人口数据

从美国联邦统计局 FactFinder 网站，下载和准备 California 州 San Bernadino 郡的人口种族数据。打开浏览器，如图 6-3 登录网站如下：

http：//factfinder2. census. gov/faces/nav/jsf/pages/searchresults. xhtml？refresh = t

点击网页左边的【Topics（age，income，year，dataset…）】链接，Select Topics 对话框出现，如图 6-4。可选择的数据包括了人口、住房、产业等。此练习以人口种族信息为例。若有兴趣，读者还可自行下载住房、产业等数据进行分析。

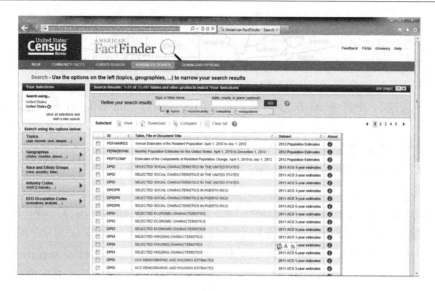

图 6-3

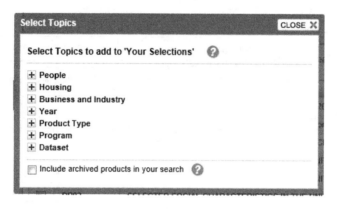

图 6-4

在【Select Topics】对话框中展开【Program】词条，点击【Decennial Census】。在【Select Topics】对话框中展开【Year】词条点击【2010】，点击【Select Topics】对话框右上角的【CLOSE X】按钮，关闭 Select Topics 对话框。

在视图左侧的 Geographies 选项中，选择空间范围。点击【Geographies（states，counties，places…）】按钮，Select Geographies 对话框出现。在【Select a geographic type】中选择【Census Tract-140】，在【State】中选择【California】，在【County】中选择【San Bernardino】，在【Select one or more geographic areas and click Add to Your Selections】中选择【All Census Tracts within San Bernardino County，California】，然后点击下方的【ADD TO YOUR SELECTIONS】按钮，如图 6-5。这段操作选择了圣比拿迪卢郡里的所有人口普查小区。

点击【Select Geographies】对话框右上角的【CLOSE X】按钮，关闭 Select Geographies 对话框。在视图中部的【Refine your search results】后面的第一个空格处键入【P3：

RACE】，点击【GO】按钮，如图 6-6。即选择种族信息。

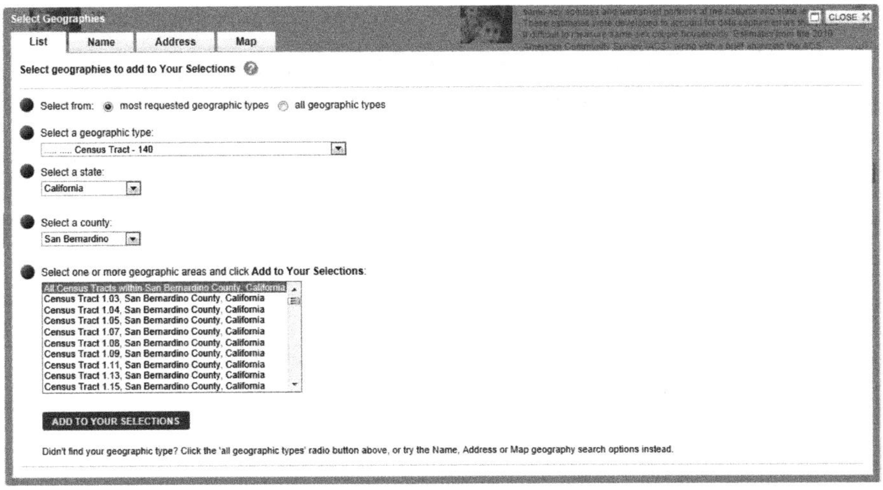

图 6-5

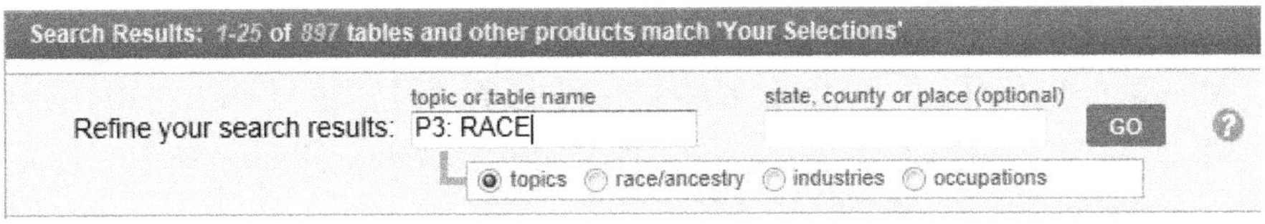

图 6-6

P3：RACE 词条出现在列表中，如图 6-7。

图 6-7

　　勾选【P3 RACE】前面的检验栏，点击下方【Download】按钮，把数据 aff_down-load. zip 下载到指定的目录。

　　➤步骤 2　完善人口数据

　　解压刚刚下载的数据包后得到 4 个文件。其中 DEC_10_SF1_P3_with_ann. csv 是数据表格，DEC_10_SF1_P3_metadata. csv 解释数据表格的字段名代表的含义。在【Microsoft Excel】中打开【DEC_10_SF1_P3_with_ann. csv】，第一行是字段名。如果字段名中包含点符号会给 ArcGIS 输入带来问题，所以，需把【GEO. id】改为【GEOid】，【GEO. id2】改为【GEOid2】，【GEO. display-label】改为【GEOdispalylabel】。接下来重命名字段名

【DEC_10_SF1_P3_with_ann. csv】中的【D001】-【D008】字段。从【DEC_10_SF1_P3_metadata. csv】文件中，可了解 D001-D008 代表的意义。基于此信息，在 DEC_10_SF1_P3_with_ann. csv 中分别把这八个字段重命名为【TotPop】、【White】、【Black】、【AmIndian】、【Asian】、【Islander】、【Other】和【TwoMore】，如图 6-8。这八个字段分别表示总人口、白色人种、黑色人种、印第安人种、黄色人种、岛屿人种、其他人种和混血人种。

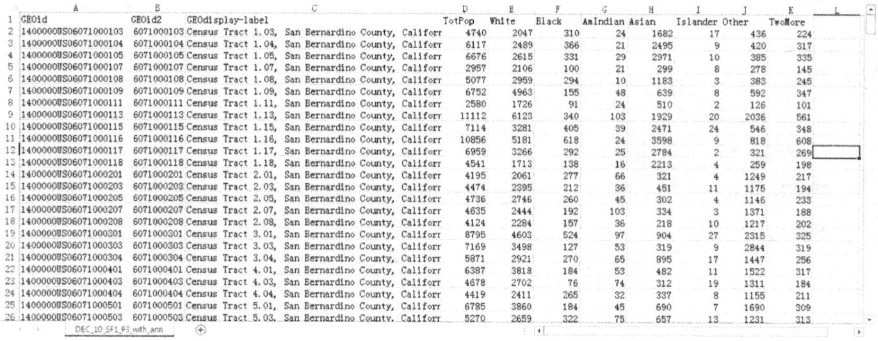

GEOid	GEOid2	GEOdisplay-label	TotPop	White	Black	AmIndian	Asian	Islander	Other	TwoMore
1400000US06071000103	6071000103	Census Tract 1.03, San Bernardino County, Califorr	4740	2047	310	24	1682	17	436	224
1400000US06071000104	6071000104	Census Tract 1.04, San Bernardino County, Califorr	6117	2489	366	21	2495	9	420	317
1400000US06071000105	6071000105	Census Tract 1.05, San Bernardino County, Califorr	6676	2615	331	29	2971	10	385	335
1400000US06071000107	6071000107	Census Tract 1.07, San Bernardino County, Califorr	2957	2106	100	21	299	8	278	145
1400000US06071000108	6071000108	Census Tract 1.08, San Bernardino County, Califorr	5077	2959	294	10	1183	3	383	245
1400000US06071000109	6071000109	Census Tract 1.09, San Bernardino County, Califorr	6752	4963	155	48	639	8	592	347
1400000US06071000111	6071000111	Census Tract 1.11, San Bernardino County, Califorr	2580	1726	91	24	510	2	126	101
1400000US06071000113	6071000113	Census Tract 1.13, San Bernardino County, Califorr	11112	6123	340	103	1929	20	2036	561
1400000US06071000115	6071000115	Census Tract 1.15, San Bernardino County, Califorr	7114	3281	405	39	2471	24	546	348
1400000US06071000116	6071000116	Census Tract 1.16, San Bernardino County, Califorr	10856	5181	618	24	3598	9	818	608
1400000US06071000117	6071000117	Census Tract 1.17, San Bernardino County, Califorr	6959	3266	292	25	2784	2	321	269
1400000US06071000118	6071000118	Census Tract 1.18, San Bernardino County, Califorr	4541	1713	138	16	2213	4	259	198
1400000US06071000201	6071000201	Census Tract 2.01, San Bernardino County, Califorr	4195	2061	277	66	321	4	1249	217
1400000US06071000203	6071000203	Census Tract 2.03, San Bernardino County, Califorr	4474	2395	212	36	451	11	1175	194
1400000US06071000205	6071000205	Census Tract 2.05, San Bernardino County, Califorr	4736	2746	260	45	302	4	1146	233
1400000US06071000207	6071000207	Census Tract 2.07, San Bernardino County, Califorr	4635	2444	192	103	334	3	1371	188
1400000US06071000208	6071000208	Census Tract 2.08, San Bernardino County, Califorr	4124	2284	157	36	218	10	1217	202
1400000US06071000301	6071000301	Census Tract 3.01, San Bernardino County, Califorr	8795	4603	524	97	904	27	2315	325
1400000US06071000303	6071000303	Census Tract 3.03, San Bernardino County, Califorr	7169	3498	127	53	319	9	2844	319
1400000US06071000304	6071000304	Census Tract 3.04, San Bernardino County, Califorr	5871	2921	270	65	895	17	1447	256
1400000US06071000401	6071000401	Census Tract 4.01, San Bernardino County, Califorr	6387	3818	184	53	482	11	1522	317
1400000US06071000403	6071000403	Census Tract 4.03, San Bernardino County, Califorr	4678	2702	76	74	312	19	1311	184
1400000US06071000404	6071000404	Census Tract 4.04, San Bernardino County, Califorr	4419	2411	265	32	337	8	1155	211
1400000US06071000501	6071000501	Census Tract 5.01, San Bernardino County, Califorr	6785	3860	184	45	690	7	1690	309
1400000US06071000503	6071000503	Census Tract 5.03, San Bernardino County, Califorr	5270	2659	322	75	657	13	1231	313

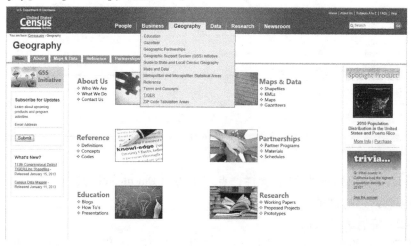

图 6-8

在【Microsoft Excel】中点击【文件】—【另存为】，将【DEC_10_SF1_P3_withann. csv】另存为以【xlsx】为后缀名的文件【SanBernardino_Race. xlsx】。

任务 2　从美国联邦统计局下载空间边界数据

➢步骤 1　下载统计片区空间边界数据

打开美国联邦统计局网站地理信息页面 http：//www. census. gov/geo/。点击页面上方的【Geography】—【TIGER】，如图 6-9。

图 6-9

浏览 TIGER 数据，如图 6-10。TIGER 是 Topologically Integrated Geographic Encoding and Referencing 的简写，是联邦统计局为方便开展空间统计建立的关于地理编码和拓扑空

间参考的大型数据库。

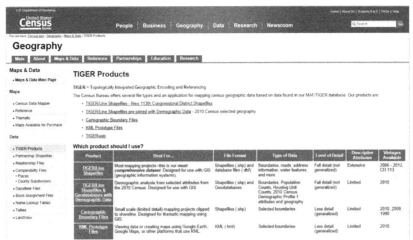

图 6-10

在该页面的【Which product should I use】下方，点击【TIGER/Line Shapefiles】链接，在下一页面选择【2010】，如图 6-11。

图 6-11

点击下方的【Downloads】，在出现的【Download by File Type】选项中选择【Web Interface】，如图 6-12。

在【Select a layer type】下方选择【Census Tracts】，点击【Submit】按钮。在下一页面的【Census Tract（2010）】下方选择【California】，点击【Submit】按钮。在下一页选择【San Bernardino County】，点击【Download】按钮，下载名为 tl_2010_06071_tract10. zip 的压缩包并解压。

➤步骤 2　下载地方空间单元数据

接下来下载地方空间单元形文件，目的是从地方空间单元文件中提取 Ontario 市的空间范围，之后我们会根据这一范围提取出属于 Ontario 市的统计片区。回到选择 Census Tracts 的页面，这次在【Select a layer type】下面选择【Places】，点击【submit】按钮。在下一页面，在【Place（2010）】下面选择【California】。点击【Download】按钮，下载名为 tl_2010_06_place10. zip 的压缩包并解压。

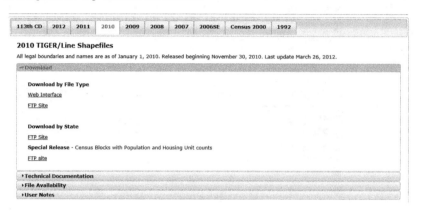

图 6-12

任务3 将种族数据连接到统计片区数据

现在已经获得了从美国联邦统计局下载的 Excel 格式的种族数据表格，以及统计片区和地方边界的形文件。下一步将种族数据表格与地方形文件属性表连接起来。

➢步骤1 创建公共字段

打开 ArcCatalog 预览下载的统计片区和地方文件。在【ArcCatalog】视窗左侧的【目录树】下，找到两个空间边界文件。点击【tl_2010_06071_tract10. shp】，点击视窗右侧的【预览】标签，浏览该文件的地理空间属性。然后在视窗右下方的【预览】中选择【表】，浏览该文件的表格属性。其中字段 GEOID10 代表的是每个统计片区的唯一标识符（11 位字节的字符串，譬如 06071009908），如图 6-13。

	Shape	STATEFP10	COUNTYFP10	TRACTCE10	GEOID10	NAME10	NAMELSAD1
	面	06	071	009908	06071009908	99.08	Census Tract 99.08
	面	06	071	009910	06071009910	99.10	Census Tract 99.10
	面	06	071	009118	06071009118	91.18	Census Tract 91.18
	面	06	071	009911	06071009911	99.11	Census Tract 99.11
	面	06	071	009906	06071009906	99.06	Census Tract 99.06
	面	06	071	009108	06071009108	91.08	Census Tract 91.08

图 6-13

SanBernardino_Race. xlsx 中有一个字段名为 GEOid2，它的字节数是 10 位，如图6-14。

	GEOid	GEOid2	GEOdisplay_label	TotP
▶	1400000US06071000103	6071000103	Census Tract 1.03, San Bernardino County,	
	1400000US06071000104	6071000104	Census Tract 1.04, San Bernardino County,	
	1400000US06071000105	6071000105	Census Tract 1.05, San Bernardino County,	
	1400000US06071000107	6071000107	Census Tract 1.07, San Bernardino County,	
	1400000US06071000108	6071000108	Census Tract 1.08, San Bernardino County,	
	1400000US06071000109	6071000109	Census Tract 1.09, San Bernardino County,	

图 6-14

要实现两个表之间的连接，我们需要把 GEODID10 的字符长度缩短，即去掉每个编号最前面的 0。在【ArcCatalog】的标准工具条中点击【ArcMap】按钮，从 ArcCatalog 中打开 ArcMap。在【ArcMap】的【标准】工具条中点击【添加数据】按钮，添加【tl_2010_06071_tract10. shp】和【tl_2010_06_place10. shp】。在内容列表右键点击【tl_2010_06071_tract10】选择打开属性表。点击【表选项】—【添加字段】，将新生成的字段命名为【NewGEOID10】，字段属性为【双精度】。【精度】和【比例】都为【0】，如图 6-15。

点击新生成的【NewGEOID10】，右键选择【字段计算器】打开字段计算器对话框。双击字段内的【GEOID10】，GEOID10 出现在 NewGEOID10 = 框内，如图 6-16。点击【确定】按钮，关闭字段计算器对话框。

图 6-15

图 6-16

这时新生成的 NewGEOID10 字段获得了 GEOID10 后 10 位值。读者可思考为何此操作能获取 GEOID10 后 10 位值。NewGEOID10 将作为与 SanBernardino_Race. xlsx 连接的公用字段。

➢步骤 2　执行连接

在【ArcMap】的【标准】工具条中点击【添加数据】按钮，找到 SanBernardino_Race. xlsx 所在文件夹。双击【SanBernardino_Race. xlsx】—【DEC_10_SF1_P3_with_annMYM】，如图 6-17 添加种族数据统计表。

在【内容列表】右键点击【tl_2010_06071_tract10】，选择【连接和关联】—【连接】，打开连接数据对话框。在【要将哪些内容连接到该图层】中选择【表的连

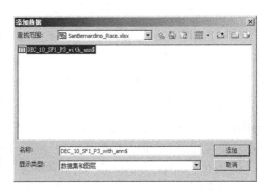

图 6-17

接属性】。【在选择该图层中连接将基于的字段】中选择【NewGEOID10】,【在选择要连接到此图层的表,或者从磁盘加载表】中选择【DEC_10_SF1_P3_with_ann $】。在【选择此表中要作为连接基础的字段】中选择【GEOid2】,点击【确定】按钮,如图 6-18,执行连接操作。

再次打开【tl_2010_06071_tract10】的属性表,描述种族情况的字段已经被连接到该属性表内。

➤步骤 提取 Ontario 市内统计片区

在【内容列表】中右键点击【tl_2010_06_place10】选择【打开属性表】。点击【表属性】按钮,选择【按属性选择】,打开按属性选择对话框。如图 6-19 在对话框中输入如下表达式:

"NAME10" = 'Ontario'

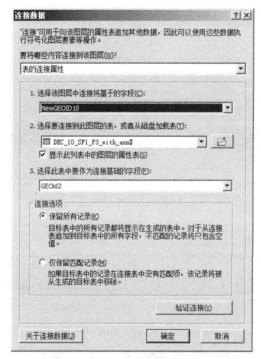

图 6-18

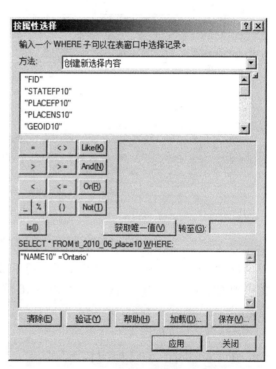

图 6-19

在【主菜单】中点击【选择】—【缩放至所选要素】,查看 Ontario 市的空间边界。在【主菜单】中点击【选择】—【按位置选择】,打开按位置选择对话框。在【选择方法】中选择【从以下图层中选择要素】。在【目标图层】中勾选【tl_2010_06071_tract10】,在【源图层】中选择【tl_2010_06_place10】。在【空间选择方法】中选择【目标图层要素的质心在源图层要素内】,点击【确定】执行操作。在【内容列表】中右键点击【tl_2010_06071_tract10】选择【数据】—【导出数据】,打开导出数据对话框。在【导出】中选择【所选要素】,在【输出要素类】中点击右侧的【浏览】按钮,找到储存文件的位置,将新生成的形文件命名为【tract_Ontario】,如图 6-20。

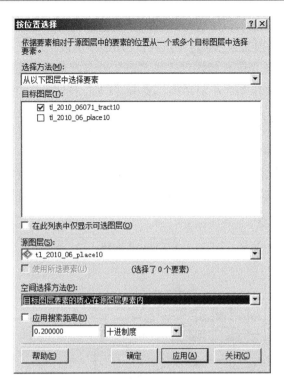

图 6-20

任务 5 输出专题地图

在【内容列表】中选择【tract_Ontario】，将其重命名为【人口统计单元】。右键单击 tract_Ontario，选择【属性】—【符号系统】。在窗口的左上角点击【图表】—【饼图】。在【字段选择】列表中点击选择每一个种族名称，使用箭头将其移动到右边，如图6-21。

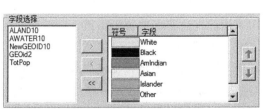

图 6-21　　　　　　　　　　　　　　　　　图 6-22

在【背景】和【配色方案】中分别为背景色和主题选择合适的颜色。点击【大小】按钮，打开饼图大小对话框。在【变化类型】中选择【使用字段更改大小】，并选择【TotPop】，如图6-22，这样每个统计片区单元内饼图的大小可以反映该单元内总人口规模。

点击【确定】，关闭饼图大小对话框。点击【OK】按钮，关闭图层属性对话框，将种族信息反映到地图中。在【内容列表】中将【White】改为【白色人种】，【Black】改为【黑色人种】，【AmIndian】改为【印第安人种】，【Asian】改为【亚洲人种】，【Islander】改为【岛屿人种】，【Other】改为【其他人种】，【TwoMore】改为【混血人种】。

在【主菜单】中点击【视图】—【布局视图】，切换到布局模式插入图例、比例尺、指北针、标题等地图元素。也可以点击布图工具条的更改布局按钮，通过选择合适模版进入布局模式，如图6-23。

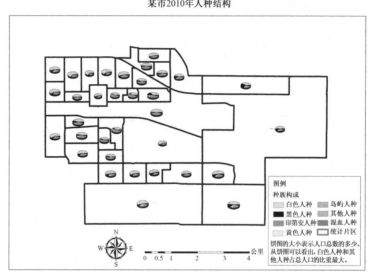

图 6-23

从【主菜单】中选择【文件】—【导出地图】，将地图以【jpg】格式导出。

6.3　练习2——不同空间单元的人口信息转换

练习2的任务是进行空间单元之间的换算。在规划分析中，经常需要将一组空间单元的数据赋到另一组空间单元上。例如，我国城市常用的人口普查单位为街道，而城市交通调研会以交通小区为单元进行。本练习需将某城市人口普查区的人口数据赋予交通小区，从而得到每个交通小区的人口总数。这两种空间单元在空间上不是完全包含关系，而是部分重叠关系。如图6-24左图所示，叠加地图（如左图虚线所示）会把被叠加地图（如左图细实线所示）的A1、A2、A3和A4分隔成更细小的格网（图6-24右图粗实线所示）。借助 ArcMap 提供的叠加分析功能，只需要在对话框中指定被叠加图层、叠加图层，Arc-Map 就会生成一个新图层。新图层延续被叠加图层的外沿线，但反映叠加后的空间单元数。叠加的对象有两种，一种是要素（点、线或面），另一种是栅格。本章叠加的对象是面要素。

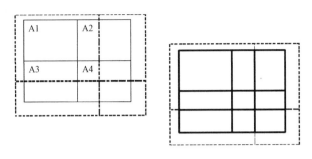

图 6-24

6.3.1　数据和步骤

练习 2 主要用到以下几种数据：

（1）交通小区的空间边界形文件（不含人口数据）：tazs.shp；

（2）人口普查区的空间边界形文件（含人口数据）：tracts.shp。

练习 2 的主要任务如下：

（1）数据准备（调整图层属性）；

（2）将人口普查区人口数据分配给交通小区；

（3）输出专题地图。

流程图 6-25 用箭头把练习 2 涉及的三项任务（矩形方框标示的内容）和每项任务生成的新文件（圆角矩形方框标示的内容）串联起来。任务 2 值分配是本练习的关键步骤。要完成任务 2 需要先通过叠加分析生成一个新的形文件 taz_tracts，根据人口数量的空间分布假定（均质分布）计算这个文件中每个新的空间单元的人口，然后按交通小区单元汇总。流程图的最终成果体现在交通小区形文件 taz.shp 的属性表中，taz.shp 属性表中的人口数量信息是专题地图想要表达的主要内容。

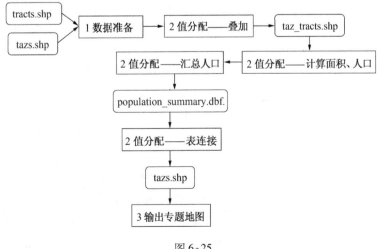

图 6-25

6.3.2 练习

➤步骤 调整图层属性

启动【ArcMap】，从【新建文档】对话框中选择【空白地图】。在【标准】工具条中点击【添加数据】按钮，找到数据集所在的目标文件夹。选择交通小区【tazs. shp】和人口普查小区【tracts. shp】两个文件并点击【添加】按钮。在【内容列表】中双击【tracts】和【tazs】的颜色块，在出现的【符号选择器】窗口中，在【填充颜色】中选择【无颜色】。在【轮廓颜色】中分别给【tracts】和【tazs】设置不同的颜色。检查发现这两种空间单元的边界并不完全重叠，如图 6-26。

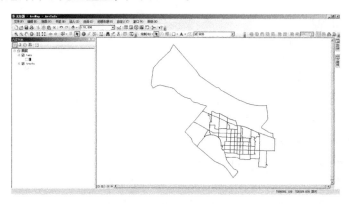

图 6-26

➤步骤1 叠加操作

图 6-27

在【ArcToolBox】中展开【分析工具】—【叠加分析】。接下来双击【相交】，在【输入要素】下拉菜单中依次选择【tazs】和【tracts】。然后指定【tazs_tracts. shp】作为【输出要素类】的输出文件名称，在【连接属性】下拉菜单中选择【ALL】，同时在【输出类型】下拉菜单中选择【INPUT】，如图 6-27。

点击【确定】按钮，执行相交操作。

打开新生成的形文件 tazs_tracts 的属性表，该表中包含两个输入图层的属性。其中

FID_tazs 反映的是 tazs 文件属性表中的 FID 项的值。可以看到，叠加操作完成后一个交通分析区被分解为若干个，所以 FID_tazs 列中会出现多行共用同一 FID_tazs 值的情况，显示它们是同一个交通分析区的组成部分。新生成的 taz_tracts 由 68 个多边形组成。

> ➔ 注意

（1）新形文件中的属性 AREA 不反应相交操作后面积的变化。需要更新该属性，以准确反映新生成的 68 个多边形的面积。

（2）本练习假设 tract 中的人口平均分布于空间各处。如果人口分布极其不平衡，则需要借助其他更复杂的方法，如最近邻重心赋值法、面积权重法等。

➤ 步骤 2　计算叠加后新多边形的面积

右键点击【AREA】，点击【计算几何】。在出现的【计算几何】对话框中，选择【是】。在出现的【计算几何】对话框中，在【单位】中，选择【平方英尺 US［平方英尺］】，点击【确定】，如图 6-28。

点击【确定】按钮。

➤ 步骤 3　计算每个新多边形人口

现在根据每个多边形面积占初始 tracts 形文件中多边形总面积的比例，计算 tazs_tracts 中每个多边形的人口数。在【内容列表】中右键点击【tazs_tracts】选择【打开属性表】。单击【表选项】—【添加字段】按钮，添加新的字段，名为【NewPop】，【类型】选择【浮点型】，【精度】选择【12】，【比例】选择【4】，如图 6-29。

图 6-28　　　　　　　　　　　　　　　　图 6-29

在新字段列【NewPop】的首字段上右键选择【字段计算器】。如图 6-30 在【NewPop =】栏的文本框中通过手动输入或通过双击字段名和运算符号键入以下表达式：

［AREA］／［AREA_1］ ＊［POP00］

其中，AREA_1 记录的是每个 tract 多边形的面积。POP00 记录的是每个 tract 多边形内的人口数。点击【确定】按钮得到"NewPop"的属性值，该值是由多边形面积之比（tazs 和 tracts 之比）乘以 tract 属性表中每一栏中相应的人口数得到。这是基于人口为平均分布的假设。

现在已经求出 tazs_tracts 中每一个相交多边形的人口。下面需要计算每个交通小区的总人口。为此需要利用 FID_tazs 对人口进行汇总统计，所有 FID_tazs 值一样的 tazs_tracts 多边形的人口将被加和。

➤步骤4 创建汇总表汇总人口

在【属性表】中右键单击【FID_tazs】栏的首字段，然后选择【汇总】。在【选择要汇总的字段】中选择【FID_tazs】。在【选择一个或多个要包括在输出表中的汇总统计】中展开【NewPop】，单击【总和】。在【指定输出表】中指定【population_summary】作为输出表的名称，【保存类型】选择【dBASE】表，将该文件与其他形文件保存在同一目录文件夹中，如图6-31。

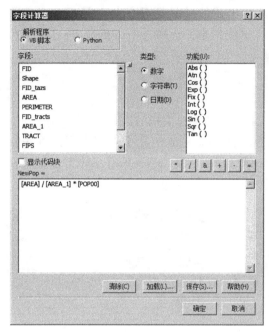

图6-30

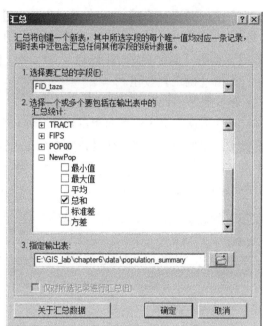

图6-31

点击【确定】按钮，执行这次统计操作。在弹出的【汇总已完成】窗口中选择【是】，将结果表添加到地图中。打开新生成的表如图6-32所示。

OID	FID_tazs	Count_FID_tazs	Sum_NewPop
0	0	3	7019.342
1	1	3	5593.9665
2	2	2	1848.9483
3	3	5	9929.6787
4	4	4	4156.1221
5	5	4	11487.1496
6	6	4	10385.9914
7	7	2	1576.1764
8	8	2	974.264
9	9	3	3958.31
10	10	4	6990.4171

图6-32

➤步骤 5　关联汇总表和交通小区属性表

在【内容列表】中右键点击【tazs】，选择【连接和关联】—【连接】。在【要将哪些内容连接到该图层】中选择【表的连接属性】。在【选择该图层中连接将基于的字段】中选择【FID】。在【选择要连接到此图层的表，或者从磁盘加载表】中选择【population_summary】，在【选择此表中要作为连接基础的字段】中选择【FID_tazs】。点击【确定】按钮，执行【关联】。在出现的【创建索引】对话框中，选择【是】，如图 6-33。

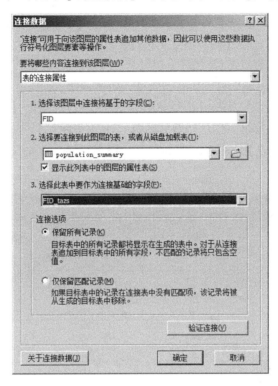

图 6-33

在【内容列表】中右键点击【tazs】，点击【打开属性表】，打开属性表查看人口信息，如图 6-34。

FID	Shape *	AREA	PERIMETER	OID	FID_tazs *	Count_FID_tazs	Sum_NewPop
0	面	12410542.6445	17012.99475	0	0	3	2232.5091
1	面	12239675.62302	15674.19245	1	1	3	2030.7511
2	面	8652001.25921	12921.41754	2	2	2	935.0971
3	面	10377625.82185	17155.44179	3	3	5	2344.4163
4	面	5888897.29093	11434.22818	4	4	4	1345.3979
5	面	14935106.67471	19371.83306	5	5	4	3755.1534
6	面	11047282.44591	13780.29748	6	6	4	2623.7144
7	面	3489864.96075	8112.16765	7	7	1	788.1344
8	面	2157150.73236	6664.37221	8	8	2	485.5451
9	面	5229340.84876	10402.78235	9	9	3	1338.3464
10	面	8801907.4466	12583.57688	10	10	4	2293.486

图 6-34

在【布局】工具条中点击【更改布局】按钮，打开选择模板对话框。点击【Portrait-ModernInset. mxd】，选择【Next】和【finish】。

专题地图中我们希望表现的是人口密度。右键点击 tazs，选择【打开属性表】。右键点击【AREA】，点击【计算几何】。在【属性】中选择【面积】，在【单位】中选择【平方千米】，点击【确定】，执行面积计算操作。右键点击【tazs】，选择【属性】，打开图层属性对话框。点击【符号系统】，在【显示】中选择【数量】—【分级色彩】，在【值】中选择【Sum_NewPop】，在【归一化】中选择【AREA】。在【标注】中点击右键选择【格式化标注】，打开数值格式对话框。

由于人口数不可能出现小数位，故需要将人口值取整。

在【数值】—【取整】中将【小数位数】设为【0】。点击【确定】，关闭数值格式对话框。点击【分类】按钮，打开分类对话框。在【中断值】中根据自己的需要选择合适的中断值。点击【确定】，关闭分类对话框，如图 6-35。点击【确定】，关闭图层属性对话框。

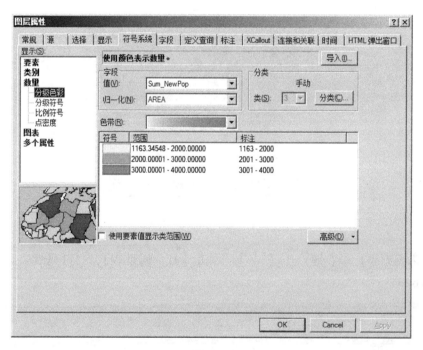

图 6-35

如果希望在图例中增加交通小区的边框线，可以在【内容列表】复制粘贴【交通小区】图层，右键新生成的【交通小区】图层，选择【属性】打开图层属性对话框。在【显示】中选择【要素】，双击【符号】中的色块，打开符号选择器对话框，改【填充颜色】为【无】色。如果想要增加叠加示意图时只需要将交通小区和人口普查区等图层复制粘贴到其他的 Layers 中，并通过放大缩小调整元素在示意图中的位置。在【主菜单】—【插入】下面，插入图例、比例尺和指北针，如图 6-36 所示。

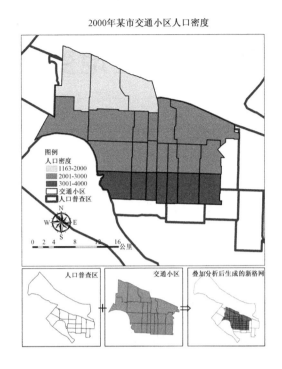

图 6-36

从生成的主题地图图 6-36 可以看出该市人口密度高的交通小区集中在城市南部。

6.4　本章小结

GIS 是将人口经济数据落实到空间单元的有力工具。本章介绍了美国官方网上人口经济数据库及相关分析，并解决在准备人口经济分析过程中最常遇到的两类问题：将表格属性连接到对应的空间单元，以及不同空间单元之间的属性值换算。需要强调的是，数据的可获得性是进行人口经济分析的基础。我国城市正在完善人口经济数据库的建立工作。2008 年由国家统计局主持开通了国家统计数据库，为进行城市空间分析提供了更加准确、详细的基础数据。除各城市统计部门在官方网站上发布的人口经济统计表格数据之外，一些非营利组织和社会科学研究机构也开始提供越来越翔实的人口经济数据，如世界银行发布的中国人口数据（http：//data. worldbank. org/country/china），中科院地理科学与资源研究所提供的人地系统主题数据库（http：//www. data. ac. cn/）等。城市空间分析者应该充分利用这些资源以便更好地开展各种类型的基础分析。

第7章 城市土地变化分析

7.1 概述

城市空间分析需要了解城市土地的变化状况，从而有助于对未来发展趋势作出判断。具体来说，对城市过去的用地规模、功能分析有助于了解城市空间结构的演变，并掌握各层次规划的实施效果。基于过去城市土地演变规律，对未来城市发展方向、速度和规模的预测有利于指导公共市政基础设施建设，加强城市规划导向作用，遏制城市无序蔓延。

矢量和栅格数据都可以用来分析城市土地变化。矢量数据的点、线、面可以用来表现各种空间元素，例如，点可以表示居住点、就业点、商业点，线表示道路，面表示地块以及湖泊等环境元素。不同年份矢量元素在数目、面积、距离、空间位置以及属性值的差异可以说明空间元素的变化情况，如市政道路延伸、环境资源退化等。

栅格遥感数据也可用来分析城市土地变化，如分析地貌特征的变化。遥感数据的产生依赖对电磁波敏感的遥感器，在不接触目标物的条件下探测目标物，并获取其反射、辐射或散射的电磁波信息（如电场、磁场、电磁波、地震波等信息）。在提取、判定、加工处理、分析之后获取信息。遥感器接收不同类型的电磁波，从而体现为遥感影像图上不同颜色的斑块，可反映不同类型地物。应用 GIS 分析工具，可将斑块（地貌元素）进行分类，如分为城市化和非城市化地区，也可细分为河流湖泊、绿色植被、景观资源、交通状况、建筑、受污染区、受灾区等多个子类。一般来说，购买遥感数据花费较高，因此，人们更倾向使用那些对公众开放的免费遥感数据，如地球资源卫星 LANDSAT 数据。美国地质勘测库已公布 LANDSAT 历年卫星影像图的下载方式（http：//glovis. usgs. gov/），这些数据可用于分析包括中国在内全球各区域的地貌特征。LANDSAT 深受欢迎，不仅在于其提供免费遥感数据，还因为这些数据含过去 30 年的信息。但是这些免费下载的遥感数据都存在分辨率不高的问题。在进行总体规划、详细规划层面城市变更分析以及进行建设动态监管时需要的精度（分辨率）分别需要达到 5～10、2～5 和 0.6～2 米，但免费下载的数据精度常常只能达到 20～30 米。随着 IKONOS（1/4 米）、Quickbird（2.4/2.8 米）和 SPOT5（2.5/5/10 米）等更多高精度遥感卫星的出现，高分辨率遥感影像数据越来越多。IKO-NOS 卫星的数据能提供 1 米分辨率的遥感地图，其精度相当于 1∶2400 的地图，非常适合辅助土地变更调查等微观层面的城市管理工作。最近 SPOT5 开始免费提供一些历史数据。不过一般来说，要获取高精度遥感影像需要支付较高的费用。

本章练习介绍应用 GIS 来分析城市土地利用变化。练习 1 介绍基于矢量数据的城市变迁案例，考察美国波特兰（Portland）大都市部分区域的居住地块建设及空间分布情况。练习 2 介绍基于栅格数据的城市变迁案例，考察广东省东部城市化地区的扩张情况。练习 1 需时约 45 分钟，练习 2 需时约 90 分钟。

7.2 练习1——基于矢量数据的城市变迁分析

很多城市的发展经验表明在城市发展、扩张过程中，居住用地的扩张速度最快、占地最多。城市居住用地的扩张需要公共设施和商业设施的配套发展，因此，了解居住用地的扩张趋势对城市规划管理来说有着积极的参考意义。练习1分析美国城市中独户式住宅地块的空间分布及演变情况。美国的独户式住宅对应国内所指的独栋别墅。对绝大多数美国城市化地区来说，独户式住宅是最普遍的居住用地类型。练习1的空间范围限定在波特兰大都市区位于华郡的部分。本练习考察的华郡位于波特兰大都市区中，该都市区跨四个郡，分别是克拉卡（Clark）郡、华郡、马尔诺马（Multnomah）郡和克兰克马（Clacka-ma）郡。美国的郡类似于我国县的概念，郡内大部分区域为农田、林地和其他开放空间。只有获得开发许可后才转为城市用地譬如居住、工业等。本章用到的宗地文件来自波特兰市土地与不动产信息管理部门。宗地文件包含丰富的地块属性信息，包括用地现状功能、功能转换时间、用地的市场估价等。

7.2.1 数据和步骤

本练习只关注波特兰大都市区位于华郡范围内的独户式住宅用地，因此要通过按位置和属性选择的方式提取位于该地区内的独户式住宅用地。在输出专题地图时，如果需要一些特征元素如高速公路作为空间参考，也需要在道路网文件中提取出高速公路。

练习1主要用到以下几种数据：

（1）波特兰大都市区郡边界形文件：counties.shp；

（2）波特兰大都市区市边界形文件：cities.shp；

（3）街道网络形文件：streets.shp；

（4）波特兰大都市区宗地边界形文件：taxlots.shp；

（5）高速公路形文件：hwy.shp；

（6）波特兰大都市区宗地质心形文件：tl_centroids.shp；

（7）俄勒冈州大都市区范围线形文件：metropolitan.shp。

郡市边界形文件的数据来源是美国联邦统计局，其他文件来自波特兰大都市区规划管理委员会以及城市土地与不动产信息管理部门。宗地是地籍的最小单元，是指以权属界线组成的封闭地块。在本练习中宗地和地块是两个含义可以互换的称谓。宗地边界形文件包括住宅用地的空间位置和面积，宗地质心形文件记录了住宅用地开发建设的年代。该信息（开发建设年代信息）是表现用地变迁情况所用到的核心数据。

练习1的主要任务如下：

（1）浏览数据；

（2）提取位于华郡内的地块；

（3）提取位于华郡内的独户式住宅地块；

（4）将宗地质心文件中的建设年份属性连接到宗地文件；

（5）输出专题地图。

流程图7-1用箭头把练习1涉及的五项任务（矩形方框标示的内容）和每项任务生成的

新文件（圆角矩形方框标示的内容）串联起来。washington_sfr. shp 是专题地图重点表现的图层，该图层表示位于华郡内的独户式住宅地块。要使 washington_sfr 获得建设年份信息，需要在任务 4 中通过连接操作将 tl_centroids. shp 的建设年份信息赋给 washington_sfr. shp。

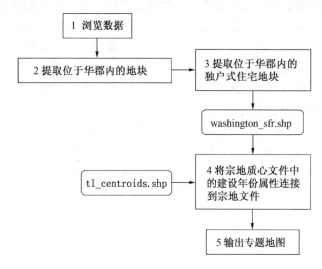

图 7-1

7.2.2 练习

任务1 浏览数据

➢步骤1 熟悉数据空间信息

首先熟悉练习1的研究范围等空间信息。在【ArcMap】的【标准】工具栏中点击【添加】按钮，或者在【主菜单】中选择【文件】—【添加数据】—【添加数据】。找到练习1数据集所在的目录。用光标选择【tl_centroids. shp】、【streets. shp】、【taxlots. shp】、【counties. shp】和【cities. shp】，点击【添加】按钮。

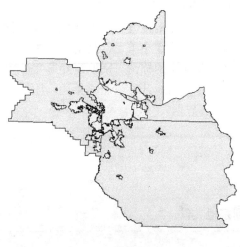

图 7-2

ArcMap 的内容列表上显示了添加进来的各数据集，并按名称排列。自上而下这些数据集分别代表宗地质心、街道网络、宗地边界、城市边界和郡边界。

在【内容列表】中取消勾选宗地质心【tl_centroids. shp】、街道网络【streets. shp】和宗地【taxlots. shp】前面的检验栏，关闭这三个文件。在内容列表中左键单击城市边界 cities. shp，拖动城市边界 cities. shp 至郡边界 counties. shp 上方。可以看到城市边界、郡边界，如图 7-2。

➢步骤2 按城市名称表现城市图层

右键点击【内容列表】中的城市边界文件【cities】，选择【属性】。图层属性窗口出现。

在【符号系统】标签中选择【类别】—【唯一值】。在【值字段】中选择【CITYNAME】。CITYNAME 是城市边界文件 cities 属性表中的一个属性,记录波特兰大都市区内各市名称。点击【添加所有值】按钮,然后点击【确定】按钮,如图 7-3。

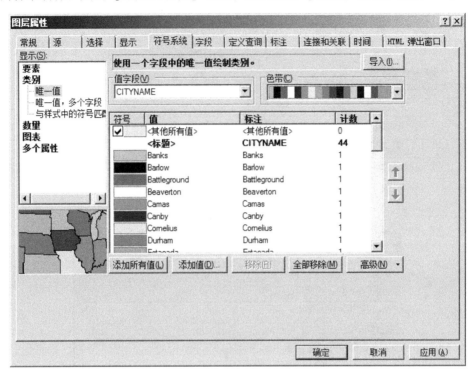

图 7-3

在【工具】栏中点击【识别】工具按钮(蓝色背景上一个白色的‘i’),如图 7-4。点击显示窗口西北角的郡,这是华盛顿(Washington)郡,它是接下来的关注点。

图 7-4

任务 2　提取位于华郡内的地块

右键点击【内容列表】中的【counties】,选择【打开属性表】。用光标点选【Washington Co.】那一行前面的灰色小矩形块,注意显示视窗有一个多边形被高亮,如图 7-5。

在【主菜单】中选择【选择】—【按位置选择】。在【按位置选择】窗口中在第一个下拉栏中选择【从以下图层中选择要素】,点击宗地地块【taxlots】旁边的检验栏,在【源图层】下拉栏选择【counties】,勾选【使用所选要素】旁边的检验栏。在【空间选择方法】下拉栏中选择【目标图层要素完全位于源图层要素范围内】,如图 7-6。点击【确定】按钮。操作完成后,所有位于 Washington 郡边界内的 152425 块宗地被选中。

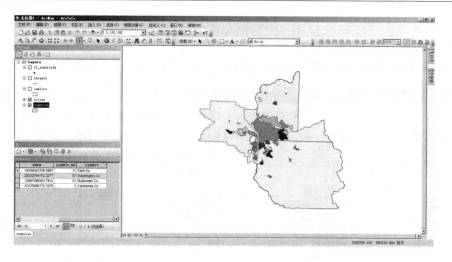

图 7-5

按位置选择

依据要素相对于源图层中的要素的位置从一个或多个目标图层中选择要素。

选择方法(M):

从以下图层中选择要素

目标图层(T):

- ☐ tl_centroids
- ☐ streets
- ☑ taxlots
- ☐ cities
- ☐ counties

☐ 在此列表中仅显示可选图层(O)

源图层(S):

◇ counties

☑ 使用所选要素(U)　　　(选择了 1 个要素)

空间选择方法(P):

目标图层要素完全位于源图层要素范围内

☐ 应用搜索距离(D)

60000.000000　英尺

帮助(E)　　确定　　应用(A)　　关闭(C)

图 7-6

任务 2 已经选择了 Washington 郡内的宗地。现在继续将选择对象缩小到独户式住宅宗地。在【主菜单】中选择【选择】—【按属性选择】。在【按属性选择】窗口中，在【图层】中选择【taxlots】，在【方法】中选择【从当前选择内容中选择】。双击【方法】栏下方属性表中的【LANDUSE】，点击【等于】号，点击【获取唯一值】按钮。在新出现的列表中，双击【'SFR'】（注意属性名称需用双引号，所赋属性值需用单引号），如图 7-7。点击【确定】按钮，执行操作。

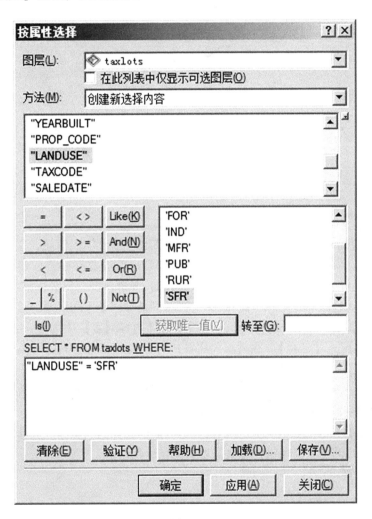

图 7-7

右键点击【taxlots】，打开【属性表】，现在只选择 106638 项记录。为保存选择的结果，将所选的宗地输出为一个新的形文件。右键点击【内容列表】中的【taxlots】，选择【数据】—【导出数据】。确认选择【导出】下拉栏中的【所选要素】，用【浏览】按钮找到本章数据所在的位置。用【washington_sfr.shp】作为新创建的文件名称，如图 7-8。

点击【是】，将新创建的文件添加到 ArcMap 中。

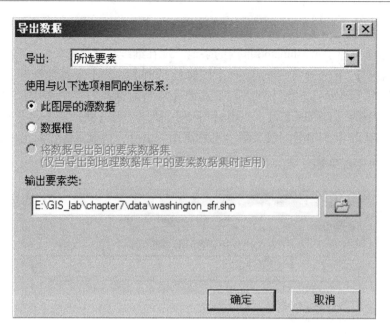

图 7-8

宗地边界文件 taxlots 的属性表中不包含每块宗地的建设年代信息,宗地质心文件 tl_centroids 中包含这项信息,因此宗地边界文件需到宗地质心文件中提取建设年代信息。下一项任务是把 tl_centroids 数据集的属性与新创建的 washington_sfr 数据集的属性连接起来。

我们可以发现这两个形文件均有 TLID,为宗地 ID 即区分不同宗地的标识符。TLID 是两个形文件的共同属性,可用来进行关联。右键点击【内容列表】中的【washington_sfr】,选择【连接和关联】—【连接】。在【要将哪些内容连接到该图层下拉栏】中选择【表的连接属性】,在【选择该图层中连接将基于的字段下拉栏】中选择【TLID】。在【选择要连接到此图层的表,或者从磁盘加载表下拉栏】中选择【tl_centroids】,在【选择此表中要作为连接基础的字段下拉栏】中选择【TLID】,如图 7-9。

点击【确定】按钮,在出现的【创建索引对话框】中选【是】,执行关联操作。关联成功后,taxlots 的属性表中也包含每块宗地的建设年代信息。

任务 5 输出专题地图

➤步骤 1 提取高速公路

上面的步骤已经把 tl_centroids 和 washington_sfr 数据集中的属性关联起来。接下来从街道网络文件中提取主要的高速公路。在【工具】栏中【选择】下拉菜单中,点击【清除所选要素】。从【主菜单】中选择【选择】—【按属性选择】。在【按属性选择】窗口中,在【图层】中选择【streets】,在【方法】中选择【创建新选择内容】。双击【方法】栏下方属性表中的【FTYPE】,点击【等于】号,点击【获取唯一值】按钮。在新出现的列表中,双击【' HWY '】(注意属性名称用双引号括起来,属性值用单引号括起来),如图 7-10。点击【确定】按钮,执行操作。

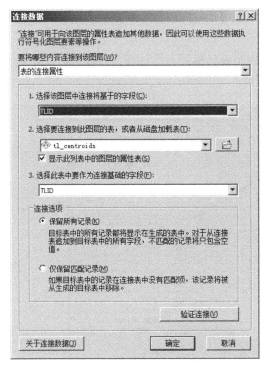
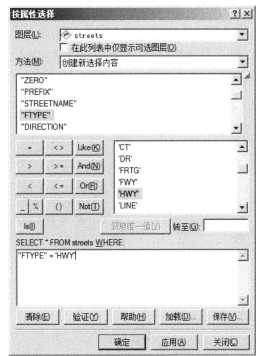

图 7-9   图 7-10

为保存选择的结果，将所选的高速公路输出为一个新的形文件。右键点击【内容列表】中的【streets】，选择【数据】—【导出数据】。确认【导出】下拉栏中选择【所选要素】，点击【输出要素类】右侧的【浏览】按钮找到本章数据所在的位置。用【freeways. shp】作为新创建的文件名称，如图 7-11。

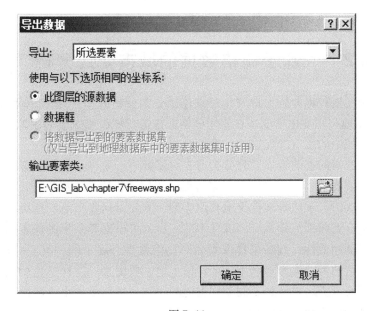

图 7-11

点击【是】，将新创建的形文件添加到 ArcMap 中。

➤步骤2 输出专题地图

参见第2篇第4章的处理方式，将地图切换至布局视图，添加图例、指北针、比例尺等地图元素，以图像格式保存该地图，如图7-12。

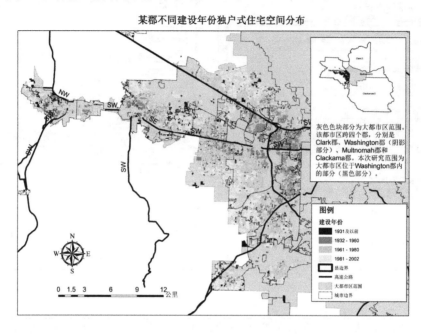

图 7-12

该地图反映的是 2002 年之前建成的独户式住宅用地的空间分布情况。可以看出离高速公路近的地方独户式住宅建成年份早，最新建成的独户式住宅更多分布在远离高速公路的地方。总体而言，越是新建的住宅越远离城市中心区域。

7.3 练习2——基于栅格数据的城市变迁分析

练习2使用栅格数据分析土地变化，具体任务为分析我国广东省东部城市从1994到2000间的城市土地利用变化情况。在使用栅格影像进行城市或区域的用地变迁分析时，首先需要对研究区域中的所有像元进行（多元）分类。多元分类有两种——监督分类和非监督分类，练习2介绍的是前者。监督分类首先对要素进行采样。譬如，如果研究区域中有一片城市地区，就要创建一个采样面（多边形）提取栅格影像中属于城市地区的像元。如果研究区域还有农田、水域等其他土地利用类型，需要对这些土地利用类型一一创建采样面。这些面的集合就叫训练样本。训练样本完成后，可根据其采集的像素属性对比与栅格影像中所有像元的相似性，判断采样像素和对比像素是否属于同一类。对比工作完成后，可将同一类的像素归为一类土地利用，如城市土地、农田等。这样产生的结果即为监督分类的成果。分析者可进一步计算不同类别土地利用类型的面积大小、变化趋势等。

在练习2处理栅格数据时用到了 ArcGIS 的 Spatial Analyst 扩展工具。这是一项非常强大的空间建模与分析工具。

7.3.1 数据和步骤

练习 2 主要用到以下几种数据：

（1）1994 年卫星影像栅格文件：tm94_tm00_0720. img；

（2）2000 年卫星影像栅格文件：tm00_tm05_0720. img。

卫星影像栅格文件来自美国地球资源卫星 LANDSAT 拍摄的遥感照片。LANDSAT 每隔半个月扫描一次地球表面，通过 7 个波段捕捉地貌数据，精度是 30 米，每个图像单元格代表地表约 180 平方公里的区域。

练习 2 的主要任务如下：

（1）创建基于 1994 年遥感数据的训练样本；

（2）创建基于 1994 年遥感数据的特征文件，分类影像；

（3）创建基于 2000 年遥感数据的训练样本；

（4）创建只反映城市化/非城市化地貌的训练样本；

（5）创建只反映城市化/非城市化地貌的特征文件，分类影像；

（6）计算 1994 年到 2000 年城市化变化率；

（7）输出专题地图。

流程图 7-13 用箭头把练习 2 涉及的七项任务（矩形方框标示的内容）和每项任务生成的新文件（圆角矩形方框标示的内容）串联起来。任务 1~3 演示如何对所有土地利用类型进行分类。从任务 4 开始，通过合并属性值，创建新的训练样本和特征文件，将 5 种土地利用类型合并为城市化和非城市化两种。任务 6 在任务 5 生成的新影像基础上计算城市化变化率。

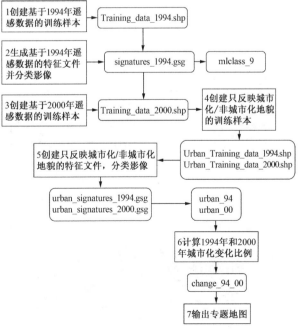

图 7-13

7.3.2 练习

下面将从遥感影像中提取出五种土地利用类型，分别是水域（water）、不透水层（urban）、森林（forest）、裸露土壤（bare soil）和稀疏植被（herbaceous）。从不同类型地表发出的不同波段的反射光波被遥感仪器捕捉后会体现为遥感影像图上的不同颜色。譬如水域会在遥感影像图上显现为蓝色、不透水层会显示为浅蓝色等。我们会使用 GIS 功能将遥感影像图上这些不同类型用地一一识别出来。

任务 1 创建基于 1994 年遥感数据的训练样本

对卫星影像进行分类管理之前必须生成和编辑训练样本。训练的意思是使该文件可以识别每一种土地利用和覆被的类型。训练样本的类型可以是栅格，也可以是矢量。本练习创建的是矢量训练样本。

➤ 步骤 1 创建训练样本文件

启动【ArcCatalog】，找到卫星影像文件所在的目录文件夹。在【主菜单】中选择【文件】—【新建】—【Shapefile】。在【创建新 Shapefile】窗口，确定新文件名称为【Training_data_1994】，【要素类型】为【面】。点击【编辑】—【导入】。用光标选择【tm94_tm00_0720.jpg】，点击【添加】按钮。将栅格影像的坐标系统信息赋给新创建的训练样本形文件，如图 7-14。

> ➤ 注意
> 如果在选择新建 shapefile 的时候下拉栏为灰色，可能是由于没有指定新 shapefile 的保存路径。解决方法是在主菜单选择文件—连接到文件夹，指定保存路径。

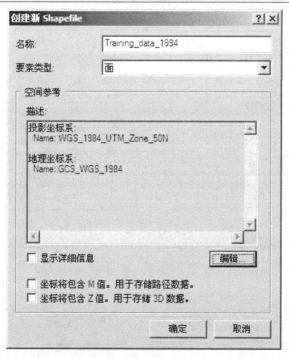

图 7-14

在【空间参考属性】窗口点击【OK】按钮。在【创建新 Shapefile】窗口点击【确定】按钮。关闭【ArcCatalog】。

➢步骤 2　在 1994 年训练样本中创建新字段（属性）

启动【ArcMap】。点击【标准】工具条的【添加数据】按钮，找到数据集所在的目录文件夹。添加【Training_data_1994.shp】（在主菜单选择文件—添加数据—添加数据）。右键点击该形文件，选择【打开属性表】，查看属性。新创建的形文件中并没有记录（行）。

点击【表选项】按钮，选择【添加字段】。确定新字段的【名称】为【Classname】，【类型】为【文本】，【长度】为【12】，点击【确定】按钮。关闭属性表。

➢步骤 3　调整图层属性

在【内容列表】中双击【Training_data_1994.shp】词条下面的颜色块，【符号选择器】对话框出现。在【填充颜色】中选择【无】颜色，在【轮廓宽度】中将值设定为【2】，在【轮廓颜色】中选择【浅蓝】。

在【标准】工具条中点击【添加数据】按钮，找到数据集所在的目录文件夹。用光标选择【tm94_tm00_0720.img】，点击【添加】按钮。

在【内容列表】中右键点击需要分类的卫星影像【tm94_tm00_0720.img】，选择【属性】。在【图层属性】窗口中点击【符号系统】标签，按如下方式修改波段，以 RGB 合成方式绘制栅格。

红色：Layer_4

绿色：Layer_3

蓝色：Layer_2

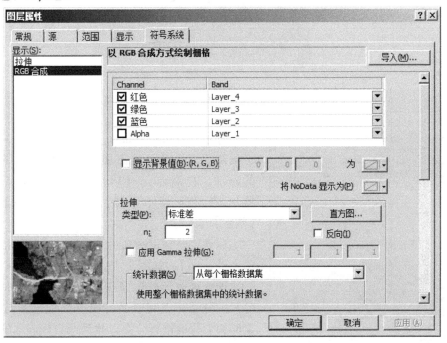

图 7-15

如图7-15，点击【确定】按钮。关闭【图层属性】对话框。

> ➜ 注意
>
> RGB合成方式允许以红、绿、蓝合成方式组合通过波段。这种合成波段使植被显示为红色，城市地区显示为蓝绿色，土壤显示为黑色到浅褐色，雪和云团显示为白色或者浅蓝绿色，针叶树显示为比阔叶树更深的红色。总的来讲，深红色表示的是阔叶或较为稠密的植被，浅红色表示的是草原或者稀疏的植被，浅蓝色表示的是人口密集区（不透水层）。

➢步骤4　在训练样本文件中对代表水的像素采样

右键点击任一工具条，选择【编辑器】。点击【编辑器】—【开始编辑】。这时屏幕右侧会弹出一个【创建要素】状态框，并显示 Training_data_1994 词条。放大至卫星影像的一处蓝黑色。点击【创建要素】栏的【Training_data_1994】，使这一图层处于被选中状态，光标变成一个十字架符号，用它创建一个多边形，该多边形只包括了水那部分的像素。在选择了多边形的最后一个点后，双击完成该多边形，如图7-16。

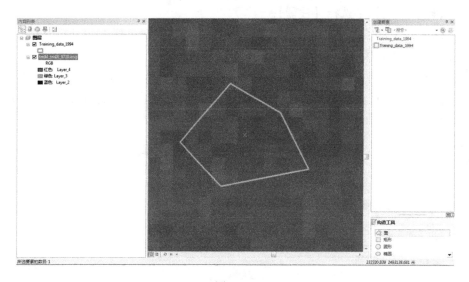

图 7-16

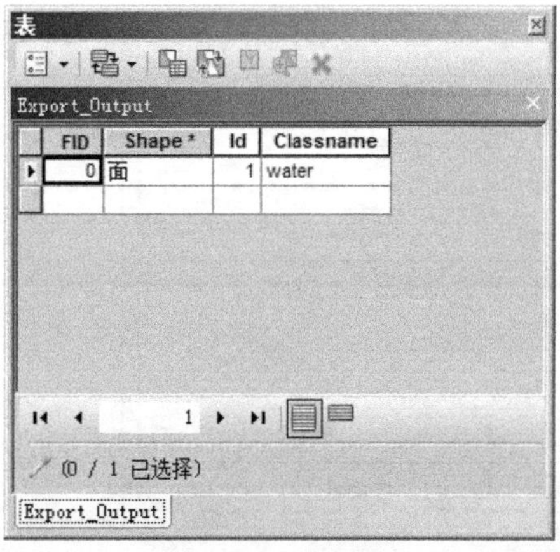

打开【Training_data_1994】的属性表，注意一条新的记录已经被添加给多边形。选择新添加的记录，右键点击【Id】项，选择【字段计算器】。在【字段计算器】窗口输入【1】，点击【确定】按钮。

双击这条新记录在【Classname】列的空字段，输入【water】，如图7-17。关闭表属性对话框。

这个多边形框取了卫星影像中代表水的一组像素。分类管理完成后，根据其他像素与这些像素的相似程度进行分类，找到所有代表水的像素。

➢步骤5　在训练样本文件中对代表不透水层

图 7-17

的像素采样

在【内容列表】中右键单击【tm94_ tm00_0720. img】，选择【缩放至图层】。运用工具条上的【放大】按钮，放大看图像中的其中一个浅蓝色区域。像素显示为浅蓝色和白色的一般代表不透水层即城市化地区。点击【创建要素】栏的【Training_ data_ 1994】，使其处于被选中状态，光标变成一个十字架符号，用它创建一个多边形，该多边形只包括不透水层的像素。双击完成该多边形，如图 7-18。

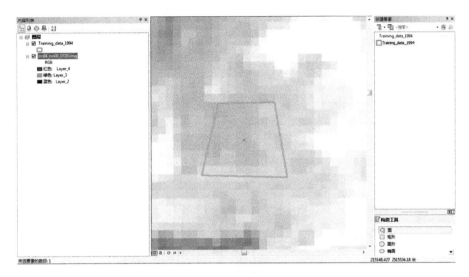

图 7-18

打开【Training_data_1994】的属性表，此时又添加了一项新记录，在新添加的记录【Id】项内输入【2】，在【Classname】项内输入【urban】。

➤步骤6　在训练样本文件中对代表森林的像素采样

在【内容列表】中右键单击【tm94_ tm00_0720. img】，选择【缩放至图层】。使用工具条上的【放大】按钮，放大看影像中深红色的其中一块。显示为深红色的像素一般代表的是森林。右键点击【创建要素】栏的【Training_ data_1994】，使其处于被选中状态，光标变成一个十字架符号，用它创建一个多边形，该多边形只包括了森林那部分的像素。双击完成该多边形，如图 7-19。

打开【Training_data_1994】的属性表，此时又添加了一项新记录。在新添加的记录的 Id 项内输入【3】，在【Classname】项内输入【forest】。

➤步骤7　在训练样本文件中对代表裸露土壤的像素采样

在【内容列表】中右键单击【tm94_ tm00_0720. img】，选择【缩放至图层】。使用工具条上的【放大】按钮，显示为深或浅褐色的像素一般代表的是裸露土壤。右键点击【创建要素】栏的【Training_ data_1994】，使其处于被选中状态，光标变成一个十字架符号，用它创建一个多边形，该多边形只包括了裸露土壤那部分的像素。双击完成该多边形，如图 7-20。

打开【Training_data_1994】的属性表，此时又添加了一项新记录。在新添加的记录

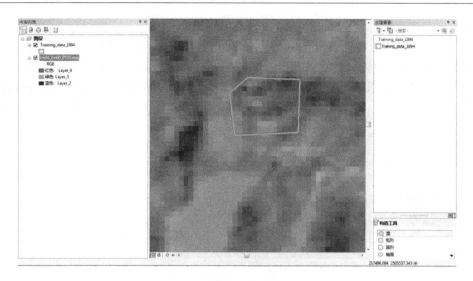

图 7-19

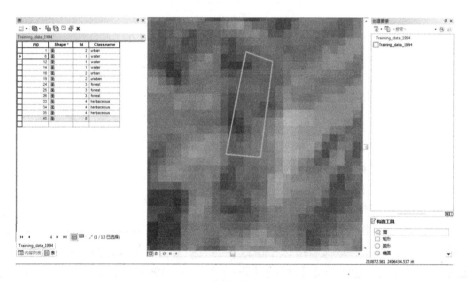

图 7-20

的【Id】项内输入【4】，在【Classname】项内输入【bare soil】。

➤步骤 8 在训练样本文件中对代表稀疏植被的像素采样

在【内容列表】中右键单击【tm94_tm00_0720.img】，选择【缩放至图层】。使用工具条上的【放大】按钮，放大看影像中浅红或粉色的其中一块。显示为浅红或粉色的像素一般代表的是稀疏植被和草地。右键点击【创建要素】栏的【Training_data_1994】，使其处于被选中状态，光标变成一个十字架符号，用它创建一个多边形，该多边形只包括稀疏植被和草地那部分的像素。双击完成该多边形，如图 7-21。点击【编辑器】工具条的【编辑工具】按钮，完成操作。

打开形文件【Training_data_1994】属性表，此时又添加了一项新记录。在新添加的记录的【Id】项输入【5】，在【Classname】项内输入【herbaceous】。

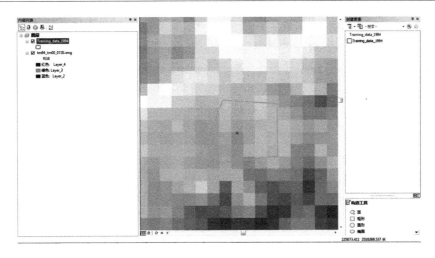

图 7-21

点击【编辑器】—【停止编辑】，选择【是】，保存编辑内容。

现在已经建立了一个基本的训练数据集。每一个多边形代表了一种需要加以分析的土地覆被类型。

> ➔　注意
>
> 建立训练数据集要注意两点：
>
> （1）用于分类影像的像元/素个数至少应该为波段个数再加 1。LANDSAT 卫星数据来自 7 个波段，因此每次分类操作时，框选的像元数应该大于等于 8 个。当放大影像栅格的时候，可以看到一个个正方形的方格。每一个方格就是一个像元（像素点），如图 7-22。
>
>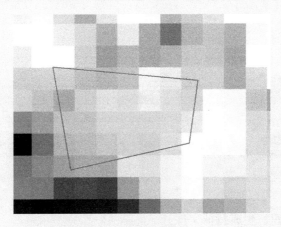
>
> 图 7-22
>
> 如图 7-22 所示，蓝色的边框框选住了超过 20 个像素（像素通常会作为像元的同义词使用。像元和像素都是指栅格数据中的最小信息单位。像素是图像元素的简称，通常用于描述影像，而像元则通常用于描述栅格数据）。
>
> （2）训练样本应该对每种土地覆被类型重复采样，这些样本应该尽可能在图像范围内均匀分布。

重复以上操作，在训练数据形文件中为 5 种土地覆被类型（水域、不透水层、森林、裸露土壤和稀疏植被）中的每一种再创建另外两个多边形（样本）。

完成后，点击【编辑器】—【停止编辑】，选择【是】，保存编辑内容。此时 Training_data_1994 应该包含 15 个词条。5 种土地覆被类型中，每一种土地覆被类型下有 3 个多边形（样本）。

任务 2　创建基于 1994 年遥感数据的特征文件并分类影像

接下来的任务是根据训练样本形文件和卫星影像生成一个特征文件，进行分类管理。特征文件由 Training_data_1994 生成，相当于一份特征统计摘要。然后 GIS 软件把卫星栅格图片的每个像素与特征文件各个分类进行比对，根据比对的相似性结果，对每个像素指定相应的土地覆被类型。

➢步骤 1　创建特征文件

启动【ArcToolbox】。在【主菜单】中选择【自定义】—【扩展模块】。如果【Spatial Analyst】检验栏没有被勾选，勾选它。关闭【扩展模块】窗口。在【ArcToolbox】窗口中展开【Spatial Analyst 工具】—【多元分析】。双击【创建特征】，在【输入栅格波段】中选择【tm94_tm00_0720. img】。在【输入栅格数据或要素样本数据】中选择【Training_data_1994. shp】。【样本字段（可选）】选择【Id】。点击【输入特征】文件右侧的【浏览】按钮，找到存放本练习数据的目录文件夹，指定【signatures_1994. gsg】为文件名称，如图 7-23。

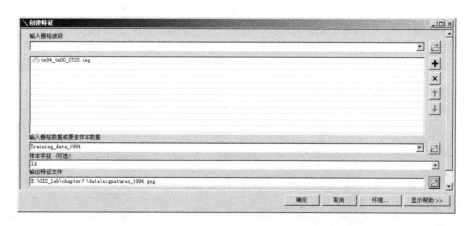

图 7-23

点击【确定】按钮，生成特征文件。

➢步骤 2　指定统计方法，输出分类栅格

双击【Spatial Analyst 工具】—【多元分析】—【最大似然法分类】。在【输入栅格波段】中选择【tm94_tm00_0720. img】，在【输入特征文件】中，选择【signatures_1994. gsg】。点击【输出分类的栅格数据】右侧的【浏览】按钮，找到存放本章数据的目录文件夹，指定文件名为【mlclass_94】，如图 7-24。

接受其他的默认值，点击【确定】按钮，运行分类管理。

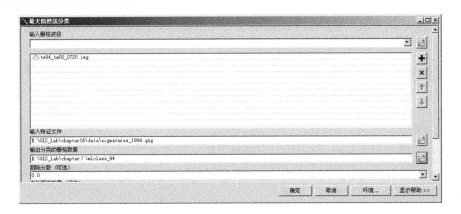

图 7-24

➤步骤 3　将 Training_data_1994 的地貌类型字段 Classname 连接到 mlclass_94

在【内容列表】中右键点击【mlclass_94】，选择【连接和关联】—【连接】。在【要将哪些内容连接到该图层下拉菜单】中选择【表的连接属性】，在【选择该图层中连接将基于的字段】中选择【VALUE】。在【选择要连接到次图层的表，或者从磁盘加载表】中选择【Training_data_1994】，在【选择此表中要作为连接基础的字段】中选择【Id】，如图 7-25。

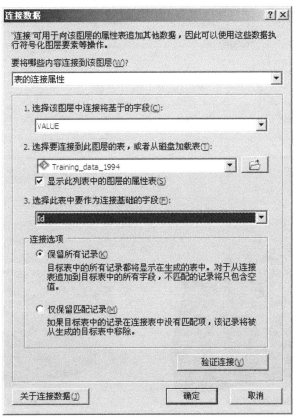

图 7-25

点击【确定】按钮，执行关联。在出现的【创建索引】对话框中选择【是】。

➤步骤4 改变图层属性

在【内容列表】中右键点击【mlclass_94】，选择【属性】，打开【图层属性】对话框。点击【符号系统】标签。在【值字段】下拉菜单，选择【Training_data_1994. Classname】，如图7-26改变色块颜色如下：

water：深蓝

urban：浅蓝

forest：红色

bare soil：橘色

herbaceous：浅绿

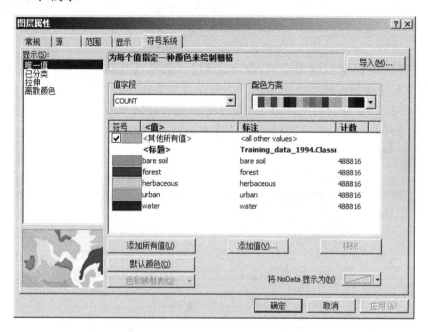

图 7-26

点击【确定】按钮。

mlclass94栅格图

卫星影像图

图 7-27

→ 注意

通过打开、关闭 mlclass_94 数据集，将它与卫星影像进行对比，如图 7-27。通过目测方式评估分类的精确性。通常分类过程可能产生的问题出在如何区分以下三组土地覆被类型：城市化地区与水域、城市化地区与裸露土壤以及森林和草木。

针对如何改进分类，有以下办法：（1）对有疑问的土地覆被类型增加样本数；（2）从已有的 training 数据形文件中删除可能会导致采样出现问题的样本；（3）利用贝叶斯分类法，创建先验概率文本文件，优化分类方法。

任务3　创建基于 2000 年遥感数据的训练样本

接下来为 2000 年研究范围内的 LANDSAT 影像创建训练数据文件，比较 1994 年和 2000 年的城市地区地貌的变化情况。

➤步骤1　创建训练样本

启动【ArcCatalog】，找到卫星影像所在的目录文件夹。从【主菜单】中选择【文件】—【新建】—【Shapefile】。在【创建 Shapefile】窗口中指定新的形文件的名称为【Training_data_2000】，【要素类型】为面。点击【编辑】—【导入】。找到将要分类的卫星影像【tm00_tm05_0720.img】，用光标选择它，点击【添加】按钮。将卫星影像的坐标系统信息赋给新创建的训练样本形文件。点击【OK】按钮关闭空间参考属性窗口，点击【创建 New Shape 文件】窗口的【确定】按钮。关闭 ArcCatalog。

➤步骤2　为训练样本创建新字段（属性）

从【ArcMap】中点击【添加数据】按钮，找到数据集所在的目录文件夹。添加【Training_data_2000.shp】。右键点击该文件，选择【打开属性表】，熟悉其中的内容。注意新建的形文件没有记录。点击【表选项】按钮，选择【添加字段】。指定新字段的【名称】为【Classname】，【类型】为【文本】，【长度】为【12】，点击【确定】按钮。关闭属性表。

➤步骤3　调整图层属性

在【内容列表】中双击【Training_data_2000.shp】词条下面的颜色块，【符号选择器】对话框出现。在【填充颜色】中选择【无】颜色，在【轮廓宽度】中将值设定为【2】，在【轮廓颜色】中选择【深蓝】。

点击【添加数据】按钮，找到数据集存放的目录文件夹。用光标选择【tm00_tm05_0720.img】，点击【添加】按钮。

在【内容列表】中右键点击【tm00_tm05_0720.img】，选择【属性】，打开【图层属性】窗口。点击【符号系统】标签，修改波段的频道如下：

红色：Layer_4

绿色：Layer_3

蓝色：Layer_2

点击【OK】按钮。

➤步骤4　在训练样本文件中继续对各类型地貌采样

在开始编辑的时候，确认是在对 Training_data_2000 而不是 Training_data_1994 进行操作。如果【创建要素面板内】未出现 Training_data_2000，需要暂时从控制面板中移除 Training_data_1994，再对 Training_data_2000 开始编辑。

图 7-28

在【编辑器】工具条，点击【编辑器】—【开始编辑】。弹出开始编辑对话框。

如图 7-28 在右侧【创建要素】面板内，点击【Training_data_2000】，注意光标变成十字架状，参照任务 1 步骤 4 到步骤 8，像对 1994 年卫星影像采样一样对 2000 年卫星影像 tm00_tm05_0720.img 进行采样。

在对 tm00_tm05_0720.img 建立训练样本时，对每种用地分类至少采集三个样本。采样完成后，选择【编辑器】工具条的【停止编辑】，完成并保存操作。

任务4 创建只反映城市化/非城市化地貌的训练样本集

➤ 步骤 1 创建基于 1994 年遥感数据只反映城市化/非城市化地貌的训练样本集

在【内容列表】中右键点击【Training_data_1994】，选择【数据】，然后选择【导出数据】。点击【输出要素类】右侧的【浏览】按钮，找到本章其他数据集所在的目录文件夹。指定输出形文件名称为【Urban_Training_data_1994.shp】，点击【确定】按钮。点击【是】，将新创建的形文件添加到内容列表中。在【内容列表】中右键点击【Urban_Training_data_1994】，选择【打开属性表】。点击【表选项】按钮，选择【按属性选择】。如图 7-29 输入以下查询，选择 Classname 不等于 urban 的所有项。

" Classname " < > ' urban '

图 7-29

在属性表中，右键点击【Id】字段的首字段，选择【字段计算器】。在【字段计算器】窗口中输入【0】，点击【确定】按钮，关闭字段计算器对话框。点击【表选项】按钮，选择【清除所选内容】。通过上述步骤对训练数据集进行了调整，使它只包括两种土地覆被分类：城市和非城市。关闭属性表。

➢步骤2 创建基于2000年遥感数据只反映城市化/非城市化地貌的训练样本集

在【内容列表】中右键点击【Training_data_2000】，选择【数据】，然后选择【导出数据】。点击【输出要素类】右侧的浏览按钮，找到本章其他数据集所在的目录文件夹。指定输出形文件名称为【Urban_Training_data_2000.shp】，点击【确定】按钮。点击【是】，将新创建的形文件添加到内容列表中。在【内容列表】中右键点击【Urban_Training_data_2000】，选择【打开属性表】。点击【表选项】按钮，选择【按属性选择】。输入以下查询，选择 Classname 不等于 urban 的所有项，点击【应用】按钮。

"Classname" < >'urban'

在属性表中，右键点击【Id】字段的首字段，选择【字段计算器】。在【字段计算器】窗口中输入 0，点击【确定】按钮，关闭字段计算器对话框。点击【表选项】按钮，选择【清除所选内容】。通过上述步骤对训练数据集进行了调整，使它只包括两种土地覆被分类：城市和非城市。关闭属性表。

任务5 创建只反映城市化/非城市化地貌的特征文件，分类影像

➢步骤1 创建1994年特征文件

打开【ArcToolbox】。在【主菜单】中，选择【自定义】—【扩展模块】，确保勾选【Spatial Analyst】检验栏。关闭扩展模块窗口。在【ArcToolbox】窗口中展开【Spatial Analyst 工具】—【多元分析】。双击【创建特征】，在【输入栅格波段】中选择【tm94_tm00_0720.img】。在【输入栅格数据或要素样本数据】中选择【Urban_Training_data_1994.shp】。【样本字段】选择【Id】。点击【输出特征文件】右侧的【浏览】按钮，找到本章数据所在的文件夹，指定【urban_signatures_1994.gsg】为文件名称。点击【确定】按钮，创建特征文件。

> **◆ 注意**
> 在生成新的特征文件以及接下来按最大似然法进行分类时要注意两个问题。一是确保没有错误地先选取了任何多边形，这可以通过点击标准工具条的取消选择按钮实现。二是确保纳入特征文件计算和最大似然法计算的相关图层都已经打开。否则最大似然法计算生成的栅格将出现错误。

➢步骤2 生成掩膜文件 mask_94

下面首先生成一个掩膜文件 mask_94，以便在后续步骤中除去城市化栅格周边的背景栅格。

在【标准】工具条中点击【添加数据】，找到本章数据所在的文件夹，双击【tm94_tm00_0720.jpg】，如图7-30看到如下波段列表。

点击【Layer_1】，选择【添加】按钮。在【ArcToolbox】中选择【Spatial Analyst 工具】—【地图代数】—【栅格计算器】。在栅格计算器窗口，输入如下表达式：

Con（"tm94_tm00_0720.img-Layer_1" >0，1）

在【输出栅格】中将新生成的文件命名为【mask_94】，如图7-31。

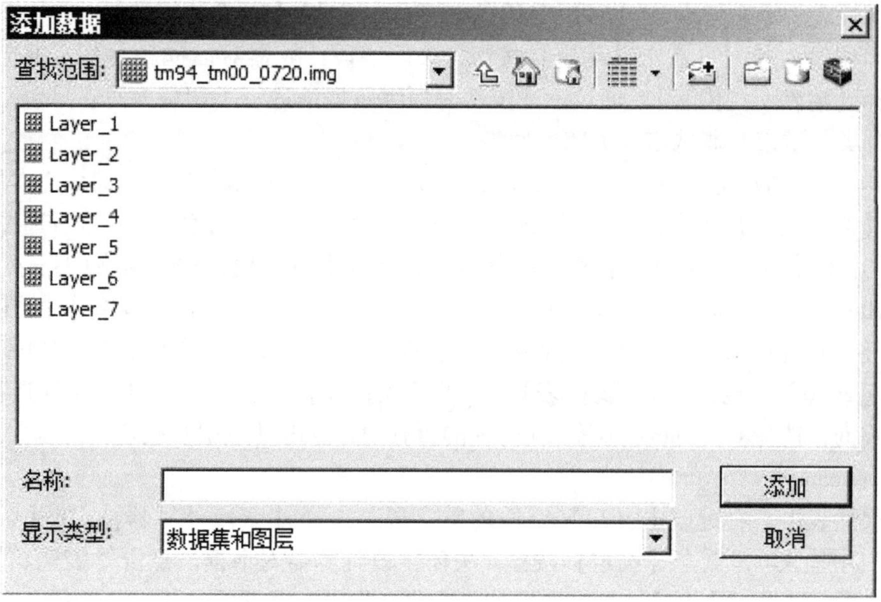

图 7-30

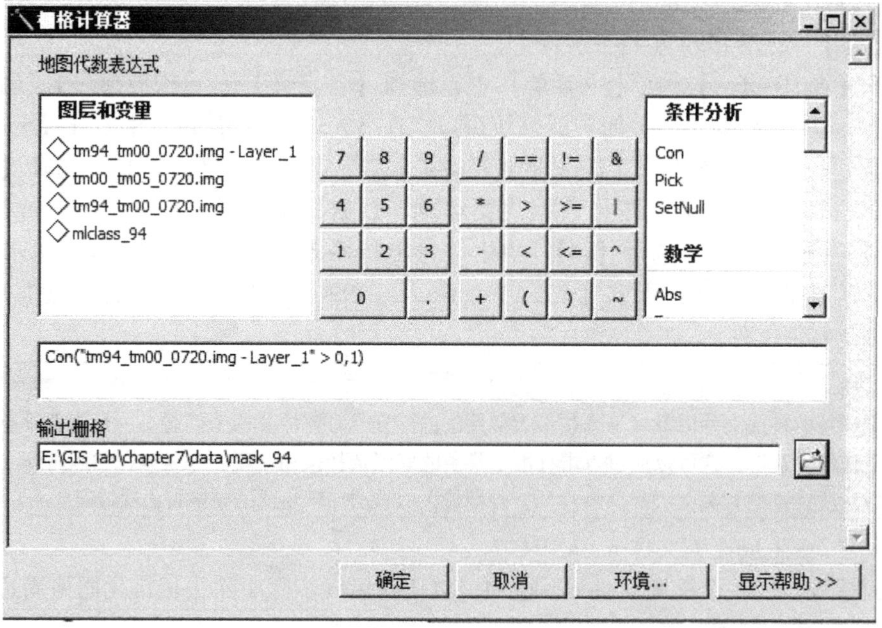

图 7-31

> 步骤 3 分类 1994 年栅格数据

双击【Spatial Analyst 工具】中的【多元分析】—【最大似然法分类】。在【输入栅格波段】中选择【tm94_tm00_0720.img】，在【输入特征文件】中选择【urban_signatures_1994.gsg】。点击【输出分类的栅格数据】右侧的【浏览】按钮，找到本章数据所在的文件夹，指定文件名称为【urban_94】。

点击【环境】按钮，在出现的环境设置对话框中，点击【栅格分析】，在【掩膜】中选择【mask_94】。点击【确定】，关闭环境设置对话框，如图 7-32。点击【确定】，执行栅格计算。

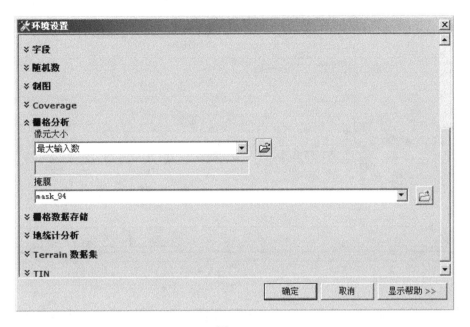

图 7-32

接受其他的默认选项，点击【确定】按钮，执行分类管理。

> ➤ **注意**
>
> 如果最大似然法分类生成的栅格与图 7-33 有较大差异，应重新计算特征文件和运用最大似然法进行分类。但是在重新计算前，应删除文件所在的文件夹内的 info 文件和 log 日志，确保重新操作顺利进行。

➢步骤 4 更改 1994 年栅格图层属性

在【内容列表】中右键点击新生成的【urban_94】，选择【属性】，然后点击【符号系统】标签。右键点击值为【0】的色块，选择【移除值】，删除【值】为【0】的词条，将【值】为【2】的词条的色块颜色改为【绿】色，如图 7-34。

点击【OK】按钮，关闭图层属性对话框。

通过打开关闭 urban_94 栅格数据集，以目测方式将其与下方的卫星影像进行对比。如果属于水域的部分错被归为城市这一类，需要修改训练样本，重新生成特征文件，再次执行最大似然法操作。

➢步骤 5 创建 2000 年特征文件

图 7-33

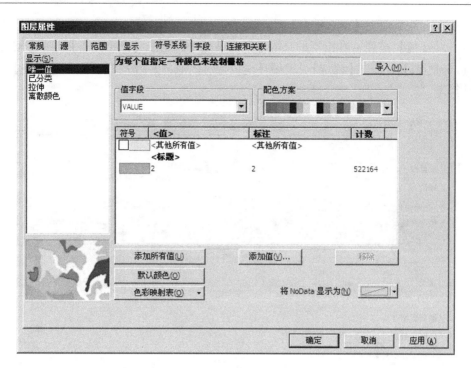

图 7-34

双击【ArcToolbox】—【Spatial Analyst 工具】—【多元分析】—【创建特征】,在【输入栅格波段】中选择【tm00_tm05_0720.img】。在【输入栅格数据或要素样本数据】中选择【Urban_Training_data_2000.shp】,【样本字段】选择【Id】。点击【输出特征文件】右侧的【浏览】按钮,找到本章数据所在的文件夹,指定文件名称为【urban_signatures_2000.gsg】。点击【确定】按钮,创建特征文件。

➤步骤6 分类2000年栅格数据

点击【Spatial Analyst 工具】—【多元分析】—【最大似然法分类】。在【输入栅格波段】中选择【tm00_tm05_0720.img】,在【输入特征文件】中选择【urban_signatures_2000.gsg】。点击【输出分类的栅格数据】右侧的【浏览】按钮,找到本章数据所在的文件夹,指定文件名称为【urban_00】。

点击【环境】按钮,在出现的环境设置对话框中,点击【栅格分析】,在【掩膜】中选择【mask_94】。点击【确定】,关闭环境设置对话框。点击【确定】,执行栅格计算。

接受其他的默认选项,点击【确定】按钮,执行分类管理,生成结果如图7-35。

➤步骤7 更改2000年栅格图层属性

在【内容列表】中右键点击【urban_00】,选择【属性】,然后点击【符号系统】标签。删除【值】为【0】的词条,将【值】为【2】的词条的色块改为【红】色。在【内容列表】中调整两个栅格数据集的位置,让 urban_94 放置在 urban 00 上面。绿色区域表示的是1994年被划分为城市的地区,红色区域表示的是2000年被划分为城市的地区,如图7-36。使用【放大】和【平移】工具,浏览分类管理的结果。1994到2000年城市增长区分布在哪?

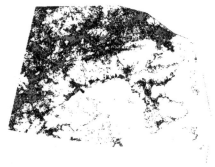

图 7-35	图 7-36

➡ 注意

操作中可能会出现因为中间操作步骤出错（譬如因为未取消选择某些多边形导致生成不正确的特征文件）导致即使特征文件已经更新，仍然无法生成正确的分类栅格文件的现象。可以通过删除练习文件夹中的中间文件（info 文件夹、log 文件）并重启机器解决该问题。

任务 6 计算 1994 年和 2000 年城市化变化比例

练习 2 的最后一项任务是定量评估研究范围内 2000 年新增城市化地区面积占 1994 年城市化地区面积的百分比。下面通过生成一个名为 change_94_00 的栅格文件表示新增城市化地区。变化百分比就是用 change_94_00 除以 urban_94 得到的值。为了得到 change_94_00 还必须先生成一个名为 composite_00 的中间文件。

➤步骤 1 生成中间文件 composite_00

选择【自定义】—【扩展模块】，确认勾选了【Spatial Analyst】检验栏。在【Spatial Analyst 工具】中，选择【地图代数】—【栅格计算器】。在【栅格计算器】窗口输入以下表达式，将【输出栅格】命名为【composite_00】，如图 7-37。

$$Con((\text{"urban\_94"} == 2) | (\text{"urban\_00"} == 2), 1, 0)$$

图 7-37

图 7-38

创建一个合并数据集（1994 年的城市栅格像元加上 2000 年的城市栅格像元），如图 7-38。该语句的意思是对于新生成的栅格文件中的某一个特定的像元来说，如果这个位置对应的 urban_94 和 urban_00 中有任何一个像元被赋值 2，那么新生成栅格文件中的这个像元将被赋值 1，否则将被赋值 0。

选择【属性】，然后点击【符号系统】标签。删除【值】为【0】的词条。

> ➜ **注意**
> 城市化地区的变化可能存在两种情况。一种是城市化地区的新增，另一种是城市化地区的减少（即减缩城市）。如图 7-39，其中 D 表示 1994 年为城市化地区但 2000 年复原为非城市化地区的部分。94 表示 1994 年为城市化地区，2000 年仍为城市化地区的部分。N 表示 1994 年为非城市化地区，2000 年转变为城市化地区。可以看出 urban_94 的城市化地区为 D + 94 的部分。urban_00 的城市化地区为 94 + N 的部分。
>
>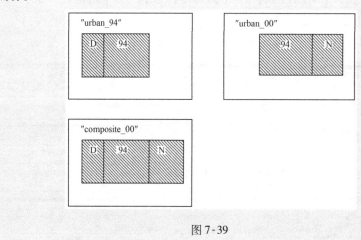
>
> 图 7-39

从 composite_00 的生成公式 Con（（"urban_94" ==2）|（"urban_00" ==2），1，0）可以看出，composite_00 中阴影部分表示"composite_00" ==1 的区域，也就是两个年份栅格影像中任何一年为城市化地区的区域。

➤步骤2　生成表示新增城市化地区的栅格 change_94_00

在【Spatial Analyst 工具】中选择【地图代数】—【栅格计算器】。在【栅格计算器】窗口输入以下表达式，将输出栅格命名为【change_94_00】，如图 7-40。

Con（（"composite_00" == 1）&（"urban_94" == 0），1）

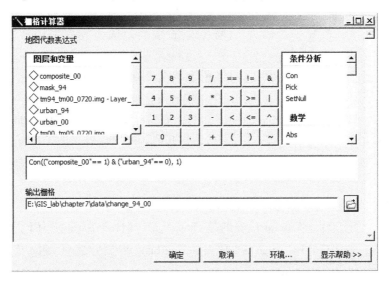

图 7-40

对表达式 Con（（"composite_00" == 1）&（"urban_94" == 0），1）来说，"composite_00" == 1 的部分等于 D + 94 + N 的部分（阴影部分），"urban_94" == 0 的部分等于除 D 和 94 之外的部分（阴影部分）。当取这两者交集时，得到将是 N 部分，即"change_94_00" == 1 的部分。

　注意

在本练习的研究区域，将城市化地区复原为非城市化地区的可能性非常小，本章对城市地区的变化的定义为新增的城市化地区，而非用新增的城市化地区减去已复原为非城市化地区剩余的部分。图 7-41 表达了 change_94_00 包含的空间范围。

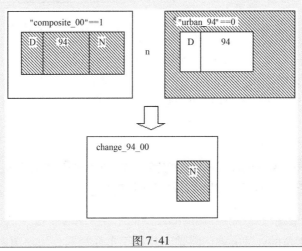

图 7-41

点击【确定】按钮，创建完成该数据集（1994 年还不是但 2000 年已转变为城市化地区的像元）。在【内容列表】中，右键点击【change_94_00】，选择【属性】，点击【符号系统】标签。删除【值】为【0】的词条，改【值】为【1】的色块为【红】色。通过打开关闭 change_94_00 图层（勾选/取消勾选内容列表中该项前面的检验栏）目测结果，将这个图层与 urban_94 进行比较。红色为截至 2000 年新增的城市化地区，绿色为 1994 年城市化地区，如图 7-42。

图 7-42

分别右键点击【urban_94】和【change_94_00】，打开两者的属性表，记录像元数（value 为 2 的那一行 count 项对应的值），根据以下公式计算研究范围 1994 年与 2000 年城市化区域面积变化率：

变化百分比 = ((change_94_00cell count) / (urban_94 cell count)) * 100

其中 change_94_00 cell count 代表的是 change_94 属性表中 value 为 1 的那一行对应的 count 值 450059，如图 7-43。urban_94 代表的是 urban_94 属性表中 value 为 2 的那一行对应的 count 值 522158，如图 7-44。

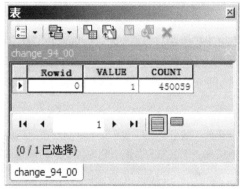

图 7-43   图 7-44

所以最后的变化百分比 = 450059/522158 = 86.2%。也就是说 2000 年城市化地区在 1994 年基础上增加了 86%。当然，因为制作训练样本时存在的个体差异性，不同操作者得到的 change_94_00 和 urban_94 的栅格数会有一定差异，最后测算得到的变化百分比也会有一定差异。

> ➤ 注意
> 如果无法打开 urban_94 或者 change_94_00 的属性表，在内容列表右键点击上述文件，选择属性，在出现的构建栅格属性表中选是。ArcMap 将再次生成属性表。

任务 7 输出专题地图

参见第 2 篇第 4 章的处理方式，将地图切换至布局视图，添加图例、指北针、比例尺等地图元素，以图像格式保存该地图，如图 7‑45。读者还可在互联网上索引道路底图，添加到布局中（在工具条点击添加数据按钮旁边的箭头，选择添加底图）。

可以看出从 1994 到 2000 年，广东省南部城市化发展规模大，1994 年已存在的城市化地区主要集中在主要交通干道两侧，2000 年城市化地区开始向交通干道的腹地延伸。

广东省南部1994~2000年城市化土地变化

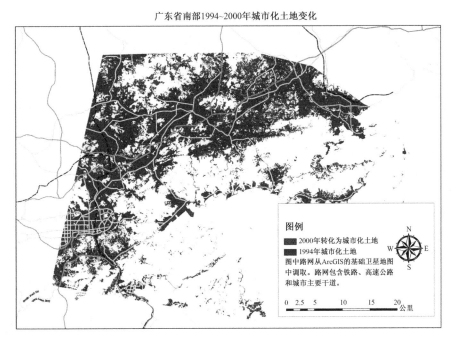

图 7‑45

7.4　本章小结

城市空间分析的一项重要任务为关注城市及区域土地使用的变迁。开展城市土地使用变更分析不仅能够帮助规划研究者认识土地利用类型的变化规律，还能加强城市管理者对城市用地的控制，进一步达到土地资源集约发展的目标。因此，研究土地变迁状况是促进城市可持续发展的一项重要分析内容。

本章通过两个练习介绍了如何使用矢量和栅格数据进行城市变迁分析。比较来说，矢量数据表达城市要素变化的优势是检索准确度高，可以准确定位感兴趣的元素及其属性。栅格数据的优点是能够提供更多的信息量，但在使用栅格数据进行用地分类时容易产生归类错误，需要精益求精的调整分类方法才能获得比较满意的效果。

第8章 地形分析

8.1 概述

了解城市与区域的地形地貌是规划城市功能布局的基础分析之一。我国地势西高东低，海岸线长，河流湖泊众多，山区面积广大，很多城市有非常独特的地形地貌。即使在一些地势相对平坦的东部城市，由于快速城市化耗尽了最适宜建设的平地，对坡地、山地、临海区域进行开发的需求日趋强烈。如何使人们的工作居住地与周边山体、丘陵在使用功能和整体风貌上协调一致，如何了解工作居住地面临的地形灾害风险，这都是城市规划非常重视的课题。城市规划迫切需要借助更先进的技术手段，使人们能更准确深刻的认识用地建设条件。GIS 地形分析正是可以用来应对这些难题的工具。

GIS 地形分析需要三维表面数据（也称三维模型数据），该数据把栅格或矢量数据按照一定的算法集结起来，使其反映不同点在 X、Y、Z 值的变化。地形分析最常用到的栅格表面数据是数字高程模型（Digital Elevation Model，DEM）数据。DEM 是用有序数值矩阵来表达地面高程的数据结构。这种连续表面的制图表达形式能够较为客观真实地再现地形地貌。DEM 源数据可以直接在野外通过全站仪、GPS 或激光测距仪器进行测量而获得，也可以间接从航空影像或者遥感图像以及现有地形图中获得。人们可以非常方便地利用 ArcGIS 的表面分析功能，对 DEM 数据进行表面特征如坡度、坡向、等高线等信息的提取，进而在土地评价、水文分析、视域分析等方面广泛应用这些信息。具体的例子包括城市土地建设适宜性分析或在古镇保护性城市设计过程中进行视域分析等。

美国地质勘探局（U. S. Geological Survey，USGS）及一些公共网站（如美国地理社区网站，http：//www. gisdatadepot. com/dem）免费提供全球表面数据。读者还可以在我国中国科学院计算机网络信息中心免费下载海量遥感数据资料，网址如下：http：//www. gscloud. cn/。应指出的是，DEM 数据可有多种存储格式类型。其中，空间数据转换标准（Spatial Data Transfer Standard，SDTS）是常用的 DEM 存储格式，该格式旨在以一种不丢失任何信息的兼容格式传输数字地理空间数据。将 SDTS 数据转入 GIS 进行地形分析前，最好将其转换为 ArcGIS 软件的通用存储格式，即格网格式。

不规则三角网（Triangular Irregular Network，TIN）是另一种常用于地形分析的表面数据，它在矢量数据的基础上把节点两两连接形成三角型网络。节点、边以及这两者形成的三角面共同组成表面，以此表达坡度、坡向等地形信息。与 DEM 相比，TIN 更适合以高精度表达小区域的地形变化。TIN 的典型应用案例为工程测算填挖方计算。

本章首先介绍如何将栅格数据转换为 TIN 数据，并根据生成的 TIN 分析高程、坡向和坡度等地形信息，以及如何使用表面分析工具中的坡度工具，将栅格数据转换为连续坡度数据。一般来说，与用 3D 分析工具基于 TIN 生成的坡度图不同，用表面分析工具生成的坡度更能真实反映坡度的渐变状况。本章小结中还介绍了如何结合 TIN 高程和建筑底图，了解哪些滨海建筑容易遭受海平面上升威胁。练习大约需 45 分钟。

8.2 练习

8.2.1 数据和步骤

本章的主要任务如下：
（1）根据 DEM 数据集生成 TIN；
（2）生成 TIN 高程、坡向和坡度；
（3）生成 DEM 连续坡度；
（4）海平面上升与建筑风险分析；
（5）输出专题地图。

本章主要用到以下几种数据：
（1）DEM 文件：1015CATD. DDF；
（2）街区边界形文件：blocks. shp。

DEM 文件从美国地理社区网站获取，边界形文件从美国联邦统计局下载。读者也可下载所感兴趣地区的 DEM 数据，按照本章步骤完成分析任务。

流程图 8-1 用箭头把本章涉及的四项任务（矩形方框标示的内容）和每项任务生成的新文件（圆角矩形方框标示的内容）串联起来。1015CATD. DDF 数字高程数据既是生成 DEM 连续坡度的原始数据，也是生成 TIN 的原始数据。

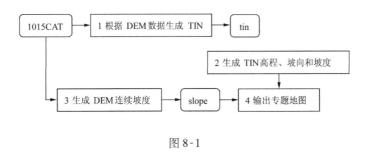

图 8-1

8.2.2 练习

任务 1　根据 DEM 数据集生成 TIN

不规则三角网非常适合表达三维情景下对象的表面。下面用数字高程模型数据生成不规则三角网，表现高程、坡向和坡度。

➤步骤 1　调用 3D Analyst 扩展模块

在【ArcMap】的【主菜单】中点击【自定义】—【扩展模块】，如图 8-2。

确认【3D Analyst】检验栏被勾选，激活 3D Analyst 功能，如图 8-3，点击关闭。

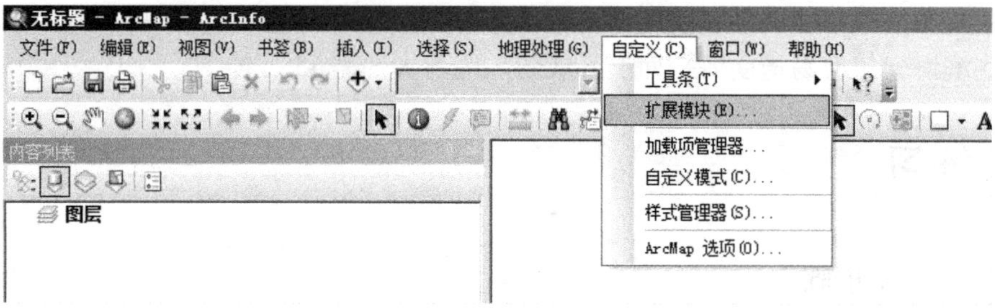

图 8-2

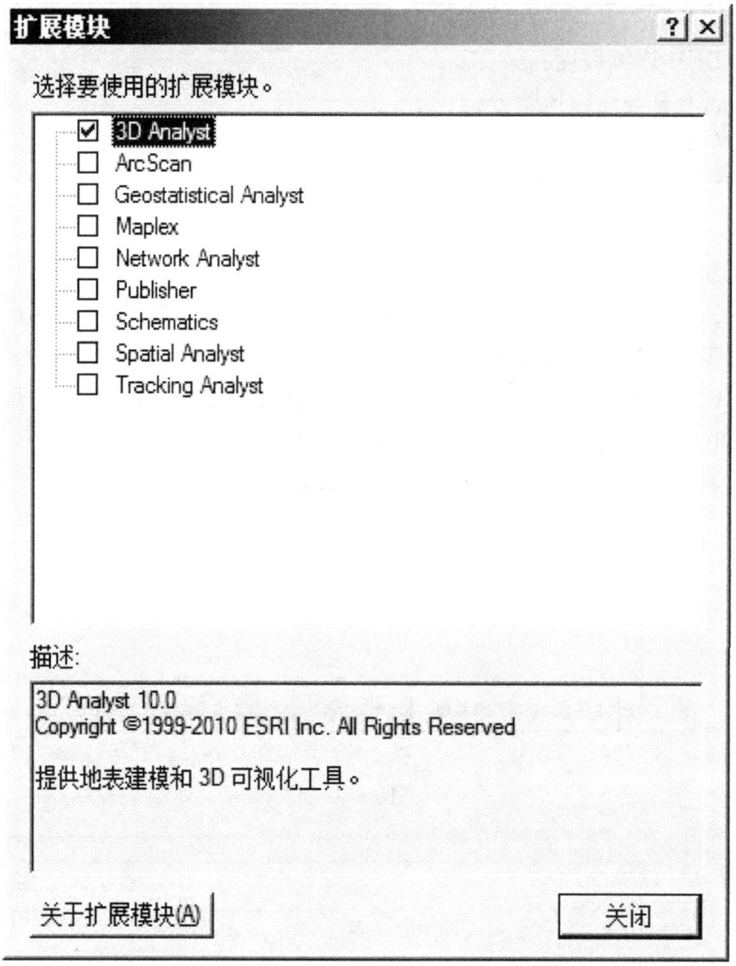

图 8-3

➢步骤2 栅格转 TIN

在【ArcToolbox】工具箱中点击【转换工具】—【转为栅格】—【栅格转其他格式（批量）】，如图 8-4。

在【输入栅格】对话框中点击输入栅格右侧的浏览按钮，选择【1015CATD. DDF】，

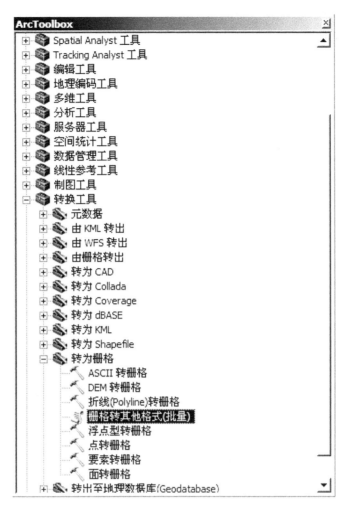

图 8-4

指定【输出工作空间】。【在栅格数据格式（可选）】下拉菜单中选择格网格式【GRID】，如图 8-5。点击【确定】，执行格式转换操作。

点击【添加数据】按钮，添加生成的 DEM 数据【1015catd】到 Arcmap。

点击【3D Analyst 工具】—【转换】—【由栅格转出】—【栅格转 TIN】，如图 8-6。打开【栅格转 TIN】对话框。

在【栅格转 TIN】对话框中点击【输入栅格】右侧的【浏览】按钮，选择【1015catd】，在【输出 TIN】项指定输出路径并确定输出名称为【tin】，接受【Z 容差】项的默认值，如图 8-7。点击【确定】按钮。

任务 2　生成 TIN 高程、坡向和坡度

➤步骤 1　生成高程

使用不规则三角网的符号系统功能生成高程。在【内容列表】中右键点击【tin】，选择【属性】—【符号系统】—【显示】—【高程】。根据显示的需要，使用【色带】和【分类】按钮调整高程颜色和分类，如图 8-8。

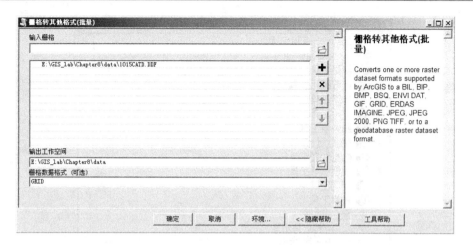

图 8-5

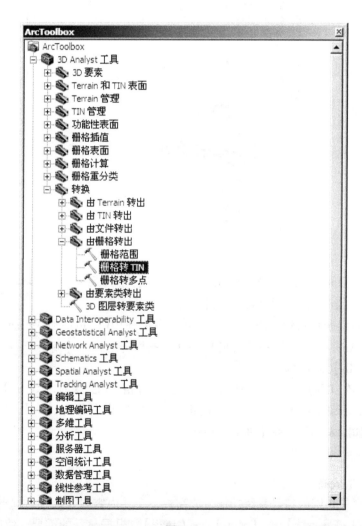

图 8-6

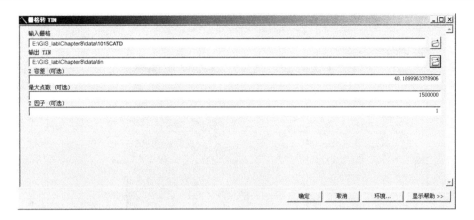

图 8-7

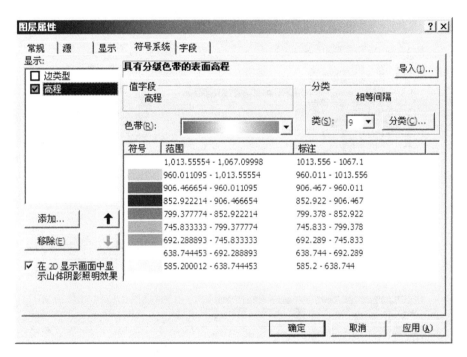

图 8-8

点击【确定】按钮查看生成的高程图，如图 8-9。

➢步骤 2　生成坡向

使用符号系统功能生成坡向。在【内容列表】中右键点击【tin】，选择【属性】—【符号系统】标签。在【显示】栏下方取消勾选【边类型】和【高程】检验栏。点击【添加】按钮，选择【具有分级色带的表面坡向】，如图 8-10。点击【添加】按钮。

点击【清除】按钮，点击【图层属性】窗口的【OK】按钮。不规则三角网的各个面呈现出不同颜色，表明它们朝着不同的方向，如图 8-11。总的来说，南向能接受到更多直射的太阳光。

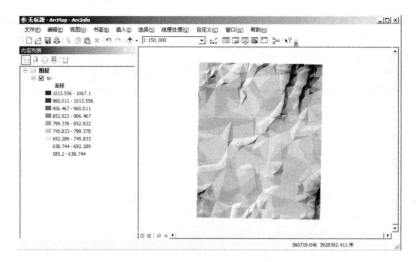

图 8-9

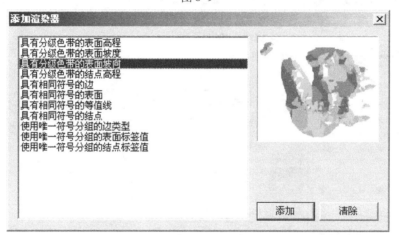

图 8-10

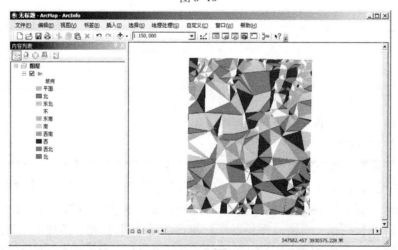

图 8-11

➢步骤 3　生成坡度

在【内容列表】中右键点击【tin】，然后选择【属性】。点击【符号系统】标签，在【显示】标签下取消勾选【坡向】检验栏。点击【添加】按钮，选择【具有分级色带的表面坡度】，如图 8-12。点击【添加】按钮。

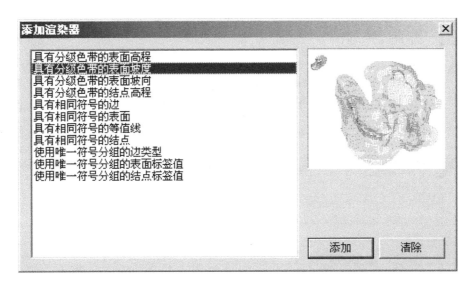

图 8-12

点击【清除】按钮，点击【图层属性】窗口的【确定】按钮。不规则三角网的各个面呈现出不同颜色，表明不同的坡度。如果该地区开发规范指定大于等于 15％的坡度为工业用地不适建地区的话，图 8-13 右上和右下角的部分不适宜建设工业区。

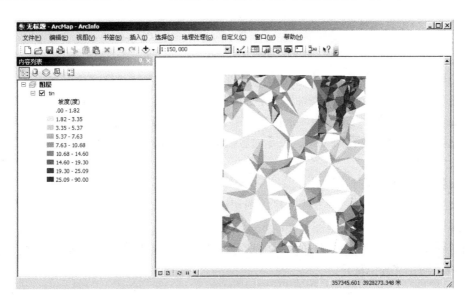

图 8-13

任务 3 生成 DEM 连续坡度

跟 TIN 图不同的是，连续变化高程图更能反映坡度值的细微变化情况。表现这种连续变化需要用到 ArcGIS 表面分析工具中的坡度工具。想象一个 3 乘以 3 的矩形方格，中心方格是需要计算连续坡度的象元，周边 8 个象元与其直接相邻。坡度等于中心象元在水平方向和垂直方向上的变化率。坡度值越小，地形越平坦。坡度值越大，地形越陡。

➤步骤 创建连续坡度图

在【ArcToolbox】的【Spatial Analyst 工具】中点击【表面分析】—【坡度】，在【输入栅格】中输入【tin】。在【输出栅格】中指定新生成的栅格名称为【slope】。【输出测量单位】可以选择 DEGREE（度）或者 PERCENT_RISE（变化的百分比）。此处选择【DEGREE】，如图 8-14。创建坡度地图。

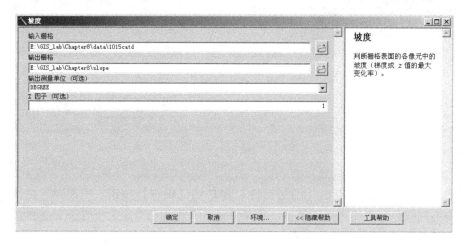

图 8-14

任务 4 输出专题地图

➤步骤 1 添加空间参考文件

点击【标准】工具条的【添加数据】按钮。找到本章数据所在的目录文件夹，用光标点击街区边界形文件【blocks.shp】，点击【添加】按钮，作为栅格文件的环境参照。将街区边界形文件添加至 ArcMap。在【内容列表】中双击 blocks 的色块，将其【填充颜色】改为【无】颜色。

➤步骤 2 输出专题地图

参见第 2 篇第 4 章的处理方式，将地图切换至布视图，添加图例、指北针、比例尺等地图元素，以图像格式保存地图，如图 8-15。

在连续坡度地图中，街区分析单元的划分方式（蓝线）基本顺应坡度的变化。陡坡处集中在城市的东北和东南角。

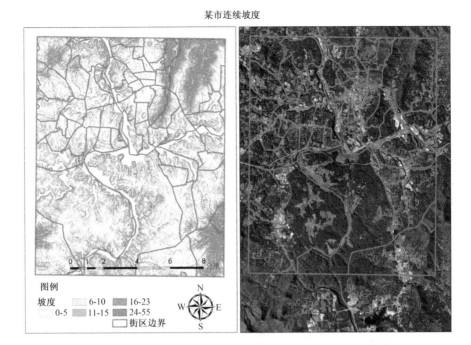

图 8-15

8.3　本章小结

　　基于 DEM 的 GIS 空间分析方法出现后，给传统的地形分析方法带来了革命。可以说，基于 DEM 的数字地形分析方法已经成为 GIS 空间分析中非常有特色的一部分，在测绘、遥感及资源调查、环境保护、城市规划、灾害防治及地学研究等各方面发挥越来越重要的作用。本章演示了如何将数字高程模型数据转换为不规则三角网数据，表现高程、坡向和坡度，以及如何直接使用数字高程模型数据表现连续坡度。需要注意的是，不论使用哪种地形数据，已知的信息（已知高程点）总是有限的，数字高程模型和不规则三角网都需要对缺少高程点信息的位置创建高程值。因此，究竟是栅格（数字高程模型）还是矢量（不规则三角网）插值方法更精确还需要根据实际案例情况来决定。如果已知高程点在空间上分布极不规律（有的位置已知高程点数目多，有的位置已知高程点数目少甚至没有），使用不规则三角网生成地形的效果则更好。规划师可根据实际情况选取数据。

　　数字高程数据的应用远远不止于为城市建设提供地形参考，它还在其他城市空间管理领域发挥重要作用。

　　以应对城市灾害为例，在全球变暖趋势影响下人们赖以生存的环境正在发生微妙的变化，海平面上升有可能给海滨城市发展带来极大灾害。依托数字高程数据进行的 GIS 分析能够在掌握受灾风险区位置、估测受灾损失量、了解规划干预可行性等方面发挥重要作用。下图展示的是国内某海滨城市进行的灾害评估分析实例。案例应用数字高程数据评估海平面上升对海滨建筑造成的可能受灾风险。从图 8-16 中可以看出，沿海岸线有很多建筑的绝对高程很低（1~3 米）。为此，政府拟划定"海岸线缓冲带"。在该缓冲带内，建筑受灾风险很大。缓冲带内的建筑受灾风险大，更应有政策工具来做好提前防范工作。城市规划部门可考虑联合城市其他职能部门，对这些易受灾建筑采取防灾措施，如限制建筑使用功能、对这些区域进行必要的防灾避难知识教育培训等，最大程度减少海岸居民生命财产的损失。

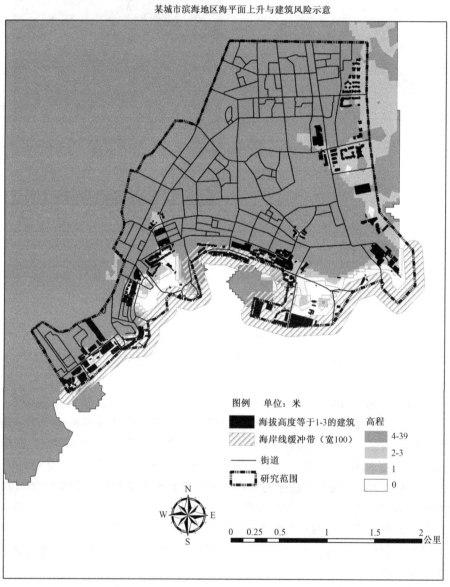

某城市滨海地区海平面上升与建筑风险示意

图 8-16

第4篇

GIS与土地利用分析

本篇为 GIS 与土地利用分析，通过 3 个最常见的土地利用分析任务，介绍如何利用 GIS 作土地利用适宜度、土地利用政策分区、土地利用功能和土地开发潜力的分析决策。

第9章 土地利用适宜度分析

9.1 概述

在进行城市空间布局的过程中，规划师面临的一项重要任务即分析城市及区域范围内哪些土地适合生产生活、哪些土地需要保护、哪些土地是易受灾区（如山体滑坡、洪灾等）。这些都是土地开发适宜度分析可以回答的问题。近年来，受气候变化影响，极端气候事件增多。全球城市灾害频繁、损失巨大。大自然力量对城市的负面效应已经影响经济发展和社会稳定。随着城市财富的迅速增长和人口的高度集中，城市安全越来越收到重视。城市规划师们必须从生态资源、土地资源、社会经济价值等角度综合评价土地适宜开发的程度，为进行未来城市土地利用决策提供基本依据。

土地开发适宜度分析的一条重要原则是寻求生态保护与城市发展之间的平衡。对土地生态性的评价需考虑以下因素：地质地貌、水文、植被、土壤、气候等。例如，土壤生产力等级越高，该地越适合进行农业生产，城市土地开发适宜度则越低。城市土地开发、发展适宜度因不同用地类型而异。举例来说，工业用地的适宜度应考虑以下因素：主导风向、水源、交通运输线等，商业用地的适宜度则需考虑服务范围内人口密度、交通便利性等。另外，从集约用地的角度来看，应充分挖掘已建成片区的开发潜力，把其定为土地开发适宜度高的地区。对影响因子的评价可以落在不同地理单元如街区或者地块。评价单元越小，土地开发适宜度的分析结果越能体现每一地块所受的约束及开发潜能。

使用 ArcGIS 进行土地开发适宜度分析需要整理原始数据，从而生成反映各影响适宜开发度因子值的地块属性表。这些原始数据来自政府各个职能部门。本章练习首先整理来自各个渠道的数据，将原始空间信息转换为用于评估适宜开发度的因子值。其次介绍如何使用 ArcGIS 的查询功能提取与先定条件符合的土地地块。需要说明的是，本章的主要目的旨在说明如何应用 GIS 进行土地适宜度分析，因此仅采用以下有限的用于表征地块开发适宜程度的因子：与洪水平原的相对位置、地块是否为优质农田、是否落在水域保护范围内、是否在开放空间范围内、地块是否属于历史风貌商业街地块、地块到现有商业地块、高速公路、快速公交的距离等。在实践当中，一般会需要考虑更多的因素，分析者应根据当地实际情况进行判断。土地开发适宜度一般分为三至七类。为简便起见，本章按三类进行操作。空间分析单元为当地国土部门信息库中登记的产权地块。

应指出的是，目前土地开发适宜度分析产生的用地分类方法并不统一。有的分类使用客观描述性用语，譬如适宜、基本适宜、不适宜等分类。有的分类使用带有政策干预色彩的用语，如禁建区、保护区、适建区等。美国学者 Berke 等编著的美国城市规划经典教材《城市土地利用规划》中指出，GIS 适宜度分析的结果应可掌握土地的开发适宜程度，在此基础上核算城市发展对土地的需求和供给后，再编制土地利用政策分区，如城市禁建区、保护区、开发区等等。本章练习主要介绍土地适宜度分析，在下一章中将继续介绍使用 ArcGIS 生成土地利用政策分区图。练习需时约 45 分钟。

9.2 练习

练习使用的案例是一个小城镇，该镇南北、东西跨度分别为 11 和 15 公里，2010 年的现状人口 17 万人，距大城市约 40 公里。在 20 世纪 70 年代，该小镇只有一些工矿企业和零散的农户入驻。自 90 年代末在镇中心修建小型通用机场后，小镇逐渐繁荣起来，成为仪器仪表制造行业的专业化工业小镇。据有关部门资料，20 年后（2030 年）该镇人口将翻倍达到 34 万人左右。目前小镇围绕机场发展，北部已完全为建设用地填满，向北已无拓展空间。南部尚余有部分农田，其中有部分农田属于特种作物生产示范区。有两条高速路从镇北和中部穿越。有四条已进入可行性研究阶段的规划快速公交线路呈井字形服务整个城市，如图 9-1。在下一章中，进行土地分区分析仍使用该案例，将介绍现状土地利用的更多情况。

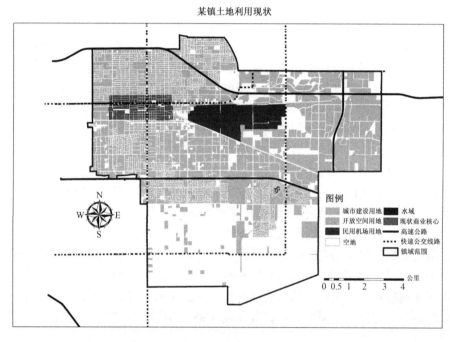

图 9-1

9.2.1 数据和步骤

本章主要用到以下几种数据：
（1）研究范围内所有地块初始形文件：parcels_original. shp；
（2）商业用地地块形文件：comm. shp；
（3）历史风貌商业地块形文件：hist_comm. shp；
（4）洪水平原形文件：floodplain. shp；

（5）农业用地形文件：agriculture. shp；

（6）优质农田形文件：premier_agri. shp；

（7）公共开放空间形文件：openspace. shp；

（8）水域形文件：water. shp；

（9）高速公路形文件：hwy. shp；

（10）快速公交（Bus Rapid Transit BRT）线路形文件：brt. shp；

（11）最终地块形文件：parcels_final. shp；

（12）镇域范围形文件：boundary. shp。

以上形文件分别从该镇所属县的规划、水利、交通等部门获得。

本章的主要任务如下：

（1）制作土地利用适宜度影响因素表；

（2）按高、中、低适宜度划分用地；

（3）输出专题地图。

流程图 9-2 用箭头把本章涉及的三项任务（矩形方框标示的内容）和每项任务生成的新文件（圆角矩形方框标示的内容）串联起来。任务 1 制定土地利用适宜度影响因素表，得到名为 parcels_final 的文件；任务 2 根据逻辑表达式选取相关地块，输出三个形文件，表示不同程度的土地利用适宜度（高、中、低），分别为 suit_hi、suit_med 和 suit_low。任务 3 围绕这三个形文件生成专题地图，表现土地利用适宜度的三个梯度。

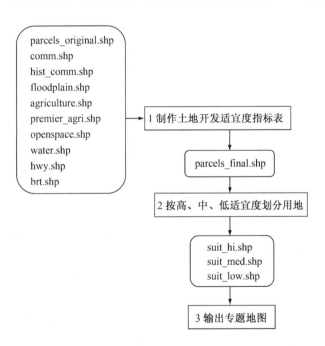

图 9-2

9.2.2 练习

任务1 制作土地利用适宜度指标表

➤**步骤1 添加数据**

在【ArcMap】中打开空白地图，在【标准】工具条点击【添加数据】按钮，找到本章数据所在的文件夹，添加文件夹内的文件【parcels_original】、【comm】、【hist_comm】、【floodplain】、【agriculture】、【premier_agri】、【openspace】、【water】、【hwy】和【brt】。

以下的步骤要把每个地块与商业、泄洪区、农业、绿地、公路、公交等的空间关系提取出来，转换为因子值写入地块文件。需要指定的空间关系参见表9-1，请仔细阅读该表。

表9-1

字段名称	类型	长度	取 值
FLOODBUF	文本	4	100（当形文件 parcels_original 地块位于洪水平原形文件 floodplain 字段"Floodplain" = '100'的多边形内），即在100年遇洪灾事件区内 500（当形文件 parcels_original 地块位于洪水平原形文件 floodplain 字段"Floodplain" = '500'的多边形内），即在500年遇洪灾事件区内 OUT（当形文件 parcels_original 地块不位于洪水平原形文件 floodplain 的字段"Floodplain"等于100或500的多边形内）
COMMBUF	文本	15	0~400m（当形文件 parcels_original 地块位于商业用地形文件 comm 400米范围内） 400~800m（当形文件 parcels_original 位于商业用地形文件 comm400~800米范围内） >800m（当形文件 parcels_original 位于商业用地形文件 comm800米范围外）
HISTCOMM	文本	15	HISTORICAL COMM（当形文件 parcels_original 地块与历史风貌商业用地 hist_comm 地块是同一地块） OTHERS（当形文件 parcels_original 地块不属于历史风貌商业用地 hist_comm 任一地块）
AGRI	文本	15	AGRICULTURE（当形文件 parcels_original 地块与农业用地形文件 agriculture 地块是同一地块） OTHERS（当形文件 parcels_original 地块不属于农业用地形文件 agriculture 任一地块）
PREMAGR	文本	10	YES（当形文件 parcels_original 地块位于优质农田区形文件多边形内） NO（当形文件 parcels_original 地块不位于优质农田区形文件多边形内）
OPENSPACE	文本	5	YES（当形文件 parcels_original 地块位于开放空间形文件 openspace 多边形内） NO（当形文件 parcels_original 地块位于开放空间形文件 openspace 多边形外）

续表

字段名称	类型	长度	取 值
WATERBUF	文本	15	0~800 m（当形文件 parcels_ original 地块位于水域形文件 water800 米范围内） ＞800m（当形文件 parcels_ original 地块位于水域形文件 water800 米范围外）
HWYBUF	文本	15	0~400 m（当形文件 parcels_ original 地块位于高速公路形文件 hwy400 米范围内） 400~800m（当形文件 parcels_ original 位于高速公路形文件 hwy400~800 米范围内） ＞800m（当形文件 parcels_ original 位于高速公路形文件 hwy800 米范围外）
BRTBUF	文本	15	0~400m（当形文件 parcels_ original 地块位于快速公交线路形文件 brt400 米范围内） 400~800m（当形文件 parcels_ original 位于快速公交线路形文件 brt400~800 米范围内） ＞800m（当形文件 parcels_ original 位于快速公交线路形文件 brt800 米范围外）

➤步骤2 添加新字段

右键点击【parcels_original】，选择【打开属性表】，打开属性表。在属性表左上方点击【表选项】按钮，选择【添加字段】。按下表添加字段。首先添加【FLOODBUF】，【类别】选择【文本】，【长度】选择【4】，如图9-3。

依次新建字段【COMMBUF】、【HIST-COMM】、【AGRI】、【PREMAGR】、【OPENS-PACE】、【WATERBUF】、【HWY】和【BRT-BUF】。

➤步骤3 对新字段 FLOODBUF、PREM AGR 和 OPENSPACE 赋值

对照表9-1的内容，对三个字段赋值。先对 FLOODBUF 赋值，根据不同的条件，FLOODBUF 将被赋三种值，分别是100、500和 OUT。

在【内容列表】中右键点击【flood-plain】，选择【打开属性表】，打开属性表。在属性表左上方点击【表选项】，选择【按属性选择】。如图9-4输入以下表达式：

"Floodplain" = ' 100 '

点击【应用】，关闭按属性选择对话框。

图9-3

在【主菜单】中点击【选择】—【按位置选择】，在【选择方法】中选择从【以下图层中选择要素】，在【目标图层】中选择【parcels_ original】，在【源图层】中选择【floodplain】，确认勾选了【使用所选要素】。在【空间选择】方法中选择【目标图层要素的质心在源图层要素内】，如图9-5。

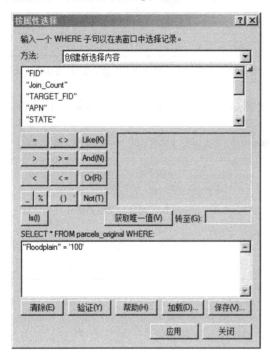

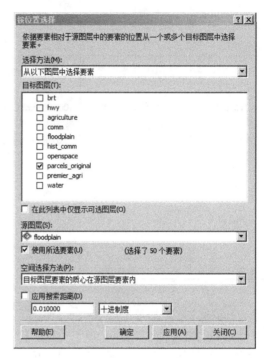

图9-4   图9-5

点击【确定】按钮，关闭按属性选择对话框。

在【内容列表】中右键点击【parcels_ original】，选择【打开属性表】，打开属性表。找到【FLOODBUF】字段，右键点击该字段，选择【字段计算器】，打开字段计算器窗口。在【FLOODBUF =】中输入【100】，如图9-6。

点击【确定】，关闭字段计算器窗口。

在【内容列表】中右键点击【floodplain】，选择【打开属性表】，打开属性表。在属性表左上方点击【表选项】，选择【按属性选择】。如图9-7输入以下表达式：

"Floodplain" = '500 '

点击【应用】，关闭按属性选择对话框。

在【主菜单】中选择【选择】—【按位置选择】，在【选择方法】中选择从【以下图层中选择要素】，在【目标图层】中选择【parcels_ original】，在【源图层】中选择【floodplain】，确认勾选了【使用所选要素】按钮。在【空间选择方法】中选择【目标图层要素的质心在源图层要素内】，如图9-8。

点击【确定】按钮，关闭按位置选择对话框。

回到【内容列表】，右键点击【parcels_original】，选择【打开属性表】，打开属性表。找到【FLOODBUF】字段，右键点击该字段，选择【字段计算器】，打开字段计算器窗口。

在【FLOODBUF =】中输入【500】，如图 9-9。点击【确定】，关闭字段计算器窗口。

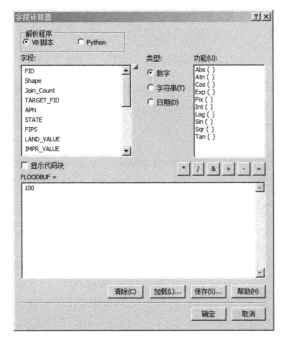

图 9-6

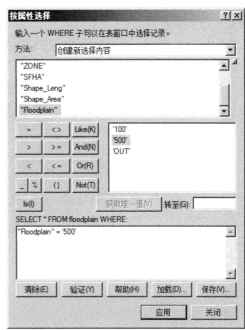

图 9-7

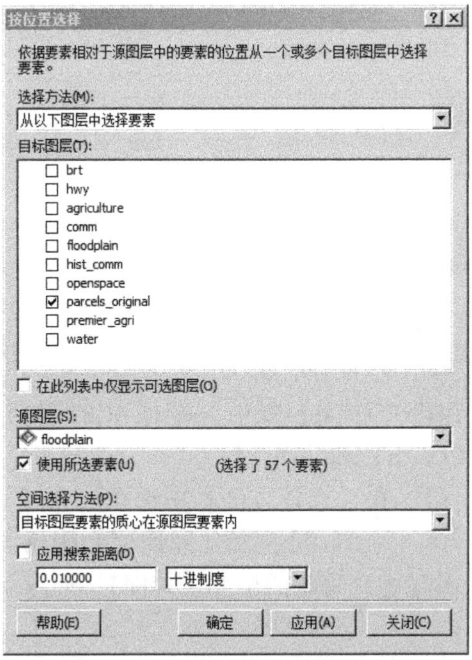

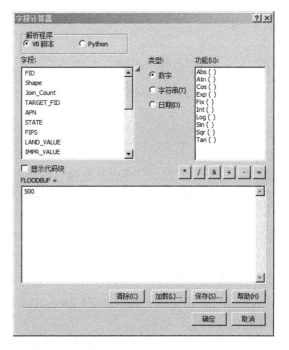

图 9-8

图 9-9

在【主菜单】中点击【选择】—【按属性选择】，打开按属性选择对话框。在【图层】中选择【parcels_original】，如图9-10在【SELECT* FROM parcels_original WHERE】中输入以下表达式：

"FLOODBUF" ='100' OR "FLOODBUF" ='500'

点击【确定】，关闭按属性选择对话框。

回到 parcels_original 的属性表，点击属性表左上方的【切换选择】按钮，右键点击【FLOODBUF】字段，选择【字段计算器】，打开字段计算器对话框。在【FLOODBUF =】中输入【"OUT"】，如图9-11。

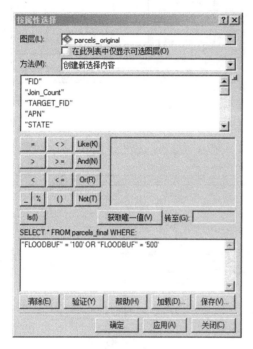

图9-10

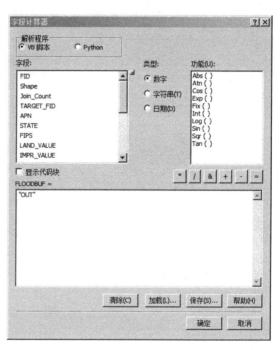

图9-11

点击【确定】，关闭字段计算器窗口。

对 PREMAGR 和 OPENSPACE 进行同样赋值操作，字段赋值的内容见表9-1。

➤步骤4 对新字段 AGRI 和 HISTCOMM 赋值

对照表9-1的内容，对新字段【AGRI】和【HISTCOMM】赋值。先对 AGRI 赋值，根据不同的条件将被赋两种值，分别是【AGRICULTURE】和【OUT】。

在【主菜单】中点击【选择】—【按位置选择】，在【选择方法】中选择从【以下图层中选择要素】，在【目标图层】中选择【parcels_original】，在【源图层】中选择【agriculture】，在【空间选择方法】中选择【目标图层要素与源图层要素相同】，如图9-12。点击【确定】按钮。

回到【内容列表】，右键点击【parcels_original】，选择【打开属性表】，打开属性表。找到【AGRI】字段，右键点击该字段，选择【字段计算器】，打开字段计算器窗口。在【AGRI =】中输入【"AGRICULTURE"】，如图9-13。

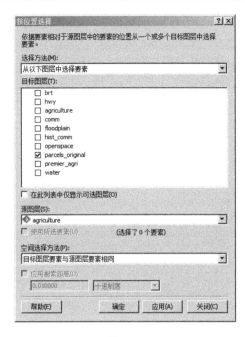
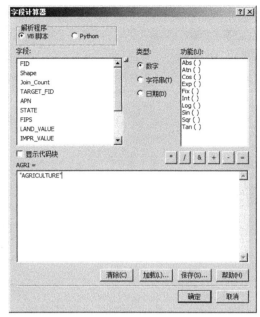

图 9-12　　　　　　　　　　　　　图 9-13

点击【确定】，关闭字段计算器窗口。

回到 parcels_original 的属性表，点击属性表左上方的【切换选择】按钮，右键点击【AGRI】字段，选择【字段计算器】，打开字段计算器对话框。在【AGRI =】中输入【"OTHERS"】，如图 9-14。

点击【确定】，关闭字段计算器窗口。

对【HISTCOMM】进行同样操作，字段赋值的内容见表 9-1。

➤步骤 5　对新字段 COMMBUF、HWYBUF、WATERBUF 和 BRTBUF 赋值

对照表 9-1 的内容，对新字段【COMMBUF】、【HWYBUF】、【WATERBUF】和【BRTBUF】赋值。先对 COMMBUF 赋值，根据不同的条件，【COMMBUF】、将被赋三种值，分别是【0~400m】、【400~800m】和【>800m】。

在【主菜单】中点击【选择】—【按位置选择】，在【选择方法】中选择【从以下图层中选择要素】，【在目标图层】中选择【parcels_original】，在【源图层】中选择【comm】，在【空间选择方法】中选择【目标图层要素在源图层要素的某一距离范围内】，在【应用搜索距离】中选择【800 米】，如图 9-15。

回到 parcels_original 的属性表，点击属性表左上方的【切换选择】按钮。

右键点击【AGRI】字段，选择【字段计算器】，打开字段计算器对话框。在【COMMBUF =】中输入【">800m"】，如图 9-16。

点击【确定】按钮。

在【主菜单】中点击【选择】—【按位置选择】，在【选择方法】中选择【从以下图层中选择要素】，在【目标图层】中选择【parcels_original】，在【源图层】中选择【comm】，在【空间选择方法】中选择【目标图层要素在源图层要素的某一距离范围内】，

在【应用搜索距离】中选择【400 米】，如图 9-17。

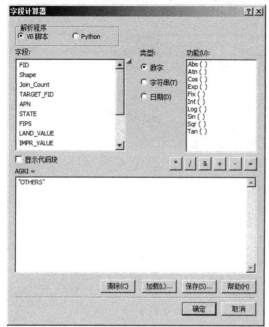

图 9-14

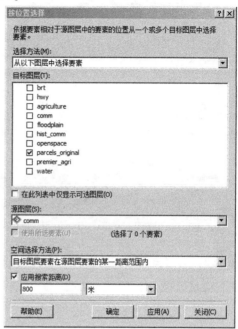

图 9-15

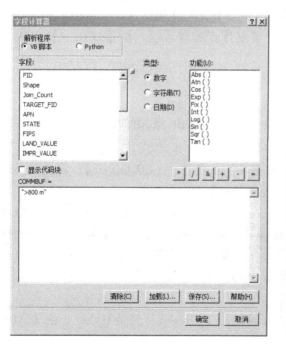

图 9-16

图 9-17

点击【确定】按钮，关闭按位置选择对话框。

在【内容列表】中右键点击【parcels_original】，选择【打开属性表】，打开属性表。找到【COMMBUF】字段，右键点击该字段，选择【字段计算器】，打开字段计算器窗口。

在【COMMBUF =】中输入【"0~400m"】，如图9-18。

点击【确定】按钮，关闭字段计算器窗口。

回到内容列表。在【主菜单】中点击【选择】—【按属性选择】，在【图层】中选择【parcels_orginal】，如图9-19在【SELECT * FROM parcels_original WHERE】中输入以下表达式：

"COMMBUF" < >'0~400m' AND"COMMBUF" < >'>800m'

图9-18

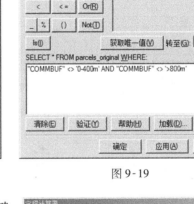

图9-19

打开属性表。找到 COMMBUF 字段，右键点击该字段，选择【字段计算器】，打开字段计算器窗口。在【COMMBUF =】中输入【"400~800m"】，如图9-20。

点击【确定】，关闭字段计算器窗口。

对 HWYBUF、WATERBUF 和 BRTBUF 进行同样操作，字段赋值见表20-1。

将完成赋值的 parcels_original 重命名为【parcels_final】，添加到地图中。本章练习提供了 parcels_final 供读者参考。parcels_final 包含了指标体系需要的所有指标。

任务2 按高、中、低适宜度划分用地

➢步骤1 熟悉区位划分原则

假设规划任务要求按高、中、低三种适宜度将用地分为三类，并已经给出如下的划分

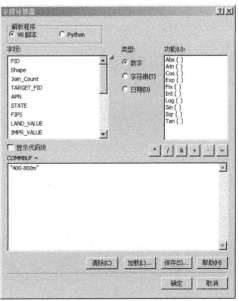

图9-20

原则：

高适宜度：位于商业用地周边0～400米范围内，或历史风貌商业用地，或高速公路沿线0～400米内的用地，或快速公交沿线0～400米内的用地，且这些用地不在百年一遇洪水平原上；

中适宜度：除低适宜度和高适宜度以外的用地；

低适宜度：农业用地。

> ➔ **注意**
>
> 为简化练习，本练习假定区位原则已经给出，本练习提出的区位原则仅供举例示范用，读者可根据自身情况制定更合适的区位原则。

适宜度地图将列出绿地和水域，这两类用地不属于三种适宜度中的任意一类。检查开放空间和水域文件与地块文件的空间边界发现开放空间（绿色多边形）和水域（蓝色多边形）的边界与地块文件交叠（如图9-21）。下面将把所有与开放空间相交的地块指定为开放空间，把所有与水域相交的地块指定为水域。

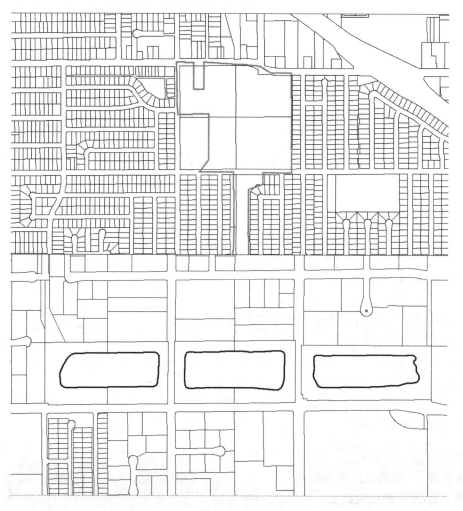

图9-21

➢步骤 2　建立逻辑表达式

在【主菜单】点击【选择】—【按属性选择】，打开按属性选择对话框。

可以看到对话框中有一些逻辑符号，部分符号在之前的章节使用过，了解每个符号的含义对下面提取所需要素非常关键，见表 9-2。

表 9-2

逻辑符号	含　义
=	等于
>	大于
<	小于
< >	不等于
> =	大于等于
< =	小于等于
( )	先执行括号内的表达式
Like	如果对字符串拼写不确定使用 Like，不使用 =
And	两个或多个条件的交集
Or	两个或多个条件的并集
Not	排除条件

根据步骤 1 建立的区位划分原则，确立低、中和高适宜度的逻辑表达式如表 9-3。

表 9-3

土地利用适宜度	划　分　原　则	逻辑表达式（ArcGIS 环境）
高适宜度	位于商业用地周边 0～400 米范围内，或属于历史风貌商业用地，或高速公路沿线 0～400 米内，或快速公交沿线 0～400 米内的用地，这些用地不在百年一遇洪水平原上	("COMMBUF" = '0-400m' OR " HISTCOMM" = 'HISTORICALCOMM' OR " HWYBUF" = '0-400m' OR " BRTBUF" = '0-400m') And " FLOODBUF" < > '100'
中适宜度	除低适宜度和高适宜度以外的用地	—
低适宜度	农业用地	" AGRI" = 'AGRICULTURE'

> ➔　注意
>
> 　一旦该用地被划分为低适宜度用地，它就不可能同时又被指定为高适宜度用地。所以在具体指定高、中、低适宜度用地时，操作次序是一个问题。一般而言，《城市土地利用规划》一书建议先指定低适宜度用地、再指定中高适宜度用地。这样的好处是优先考虑对用地的保护。

➤步骤 3 按开放空间、水域和高中低适宜度划分用地

图 9-22

我们将在 parcels_final 中创建一个新字段 Landtype，将不同的值赋给该字段，以区分不同用地类型。由于我们将用地分为五类（开放空间、水域和高、中、低适宜度用地），下面将对 Landtype 赋值五次。

创建新字段 Landtype。在【parcels_final】的属性表中点击【表选项】—【添加字段】，打开添加字段对话框。在【名称】中输入【Landtype】，在【类型】中选择【文本】，在【长度】中选择【50】，如图 9-22。

点击【确定】。完成创建新字段。

选出属于开放空间的地块。在【主菜单】中点击【选择】—【按位置选择】，打开按位置选择对话框。在【选择方法】中选择【从以下图层中选择要素】，在【目标图层】中选择【parcels_final】，在【空间选择方法】中选择【目标图层要素的质心在源图层要素内】，如图 9-23。点击【确定】，执行按位置选择操作。

在【内容列表】中右键点击【parcels_final】，选择【打开属性表】，打开 parcels_final 的属性表。右键点击【Landtype】字段，选择【字段计算器】，打开字段计算器窗口。在【Landtype =】对话框中输入【"Openspace"】，如图 9-24。

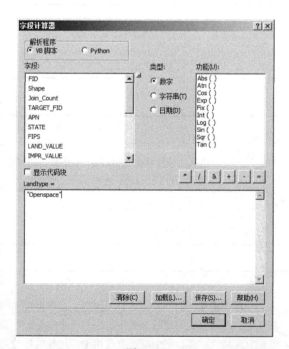

图 9-23   图 9-24

点击【确定】。此时，有 93 个地块的 Landtype 属性值为 Openspace。

按上面的方法，根据【water】文件选出属于水域的地块，并在【Landtype】中对其赋值为【Water】。完成操作后有 24 个地块的 Landtype 属性值为 Water。

选出属于低适宜度地块。在【内容列表】中右键点击【parcels_final】，选择【打开属性表】，打开属性表对话框。在属性表左上方点击【表选项】，选择【按属性选择】。如图 9-25 输入以下表达式：

"AGRI" = ' AGRICULTURE '

点击【应用】，关闭按属性选择对话框。

在【parcels_final】的属性表中右键点击【Landtype】字段，选择【字段计算器】，打开字段计算器窗口。在【Landtype =】对话框中输入【"Low"】，如图 9-26。

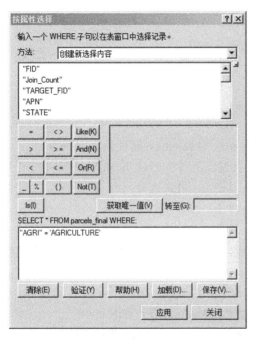

图 9-25

图 9-26

点击【确定】，执行赋值。此时，有 823 个地块的 Landtype 属性值为 Low。

选出属于高适宜度地块。在【内容列表】中右键点击【parcels_final】，选择【打开属性表】，打开属性表对话框。在属性表左上方点击【表选项】，选择【按属性选择】。如图 9-27 输入以下表达式：

("COMMBUF" = '0-400m' OR" HISTCOMM" = ' HISTORICALCOMM ' OR" HWYBUF" = '0-400m' OR" BRTBUF" = '0-400m') And" FLOODBUF" < > '100 '

点击【应用】，关闭按属性选择对话框。

在【parcels_final】的属性表中右键点击【Landtype】字段，选择【字段计算器】，打开字段计算器窗口。在【Landtype =】对话框中输入【"High"】，如图 9-28。

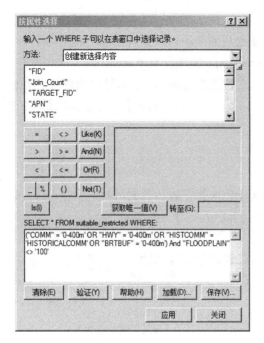

图 9-27

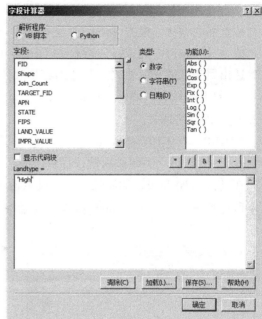

图 9-28

点击【确定】，执行赋值。此时，有 35244 个地块的 Landtype 属性值为 High。

选出属于中适宜度地块。在【内容列表】中右键点击【parcels_final】，选择【打开属性表】，打开属性表对话框。在属性表左上方点击【表选项】，选择【按属性选择】。如图 9-29 输入以下表达式：

"Landtype" = ''

该表达式选择的是所有 Landtype 为空值的地块。根据表 9-3 中确定的原则，除低适宜度和高适宜度以外的用地都被划为中适宜度地块。

在【parcels_final】的属性表中右键点击【Landtype】字段，选择【字段计算器】，打开字段计算器窗口。在【Landtype =】对话框中输入【"Medium"】，如图 9-30。

点击【确定】，执行赋值。此时，有 3915 个地块的 Landtype 属性值为 Medium。

任务3　输出专题地图

参见第 2 篇第 4 章的处理方式，将地图切换至布局视图，添加图例、指北针、比例尺等地图元素，以图像格式保存该地图，如图 9-31。

从生成的土地利用适宜度地图可以看出适宜开发的区域主要集中在镇北，不适宜开发的区域主要集中在镇南。中等开发适宜度的用地呈斑块状分布在高低适宜度用地之间。分析结果可以看出，两条高速公路从镇北和镇中通过，两条快速公交线路呈井字形服务整个镇区。按开发适宜度原则，镇南位于快速公交线路两侧的用地本应指定为开发适宜度高的用地。但是，因为镇南大部分用地为农地，而我们首先指定了所有农地为开发适宜度低的用地，所以镇南快速公交两侧的用地多为开发适宜度低的用地。在下一章，我们将涉及开发适宜度低的用地是否会被用于开发的问题。

图 9-29

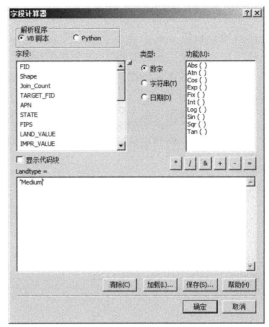

图 9-30

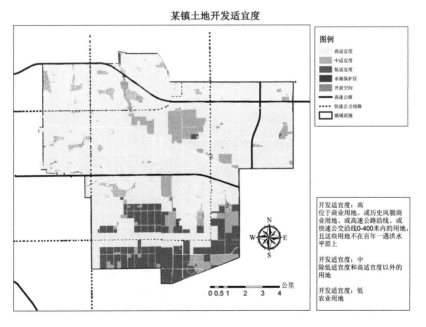

图 9-31

9.3　本章小结

土地利用适宜度分析是城市土地利用规划中不可或缺的环节。本章演示了使用 ArcGIS 进行该项分析的方法。在本次练习中镇域用地按土地利用适宜度被划分为高中低三类，专题地图展示了这三类用地的空间分布情况。

出于精简操作过程的考虑，本章仅引入了影响土地利用适宜度的 9 项因子，也没有考虑影响因子权重等问题。在读者处理实际项目时可能还需要考虑更多因素的影响，譬如坡度、距离公共设施的距离、景观价值、建筑年限等，并应考虑如何根据各因素的轻重程度建立因子权重，构建更完善精确的评价因子体系。

第10章 土地利用政策分区与土地利用功能分析

10.1 概述

用地分析是城市规划布局中的基础工作，它为城市用地选择、组织城市结构以及用地功能分区提供依据。本章介绍两项应用 ArcGIS 进行的用地分析，分别是土地利用政策分区分析和土地利用功能分析。首先，土地利用政策分区分析可协助城市划定不同种类的用地区域如保护区、禁建区、发展区、旧城改造区等，并协助制定不同用地差异化的总体行动策略（如何保护生态用地、如何限制城市开发建设、如何鼓励开发等）。其次，土地利用功能分析在地块层面上对用地功能进行细致规划。

尽管土地利用政策分区分析和土地利用功能分析侧重点不同，但都可以依循同一套任务流程完成。美国土地利用教材《城市土地使用规划》中提出了以下五步土地利用规划方法：制定选址原则、绘制适宜度分析图、估算空间需求、分析土地供给及开发容量以及设计城市形态：

● 任务一：制定选址原则。制定选址原则的核心任务是在可持续发展思想的指引下明确各种用地的布置原则。以城市层面土地利用规划为例，任务一需要明确就业、住宅、购物、交通、公共市政设施、基础设施的布局原则。不同类别的工业有不同的布局原则，如重工业需要布置在对外交通便利的位置，并注意减少对城市其他功能区的污染；研发型就业需要加强与就业者的可达性，与公共交通系统有方便的连接；住宅区要考虑与就业区的可达性，并应在购物区、休闲活动区以及公共交通等的服务范畴内。

● 任务二：绘制适宜度分析图。根据任务一建立的各种选址倾向性，可进行将土地开发成各种不同土地利用功能的适宜度分析，作为下一步用地规划设计的基础。

● 任务三：估测发展对空间的需求量。即预测人口和社会经济的增长量，并将其转换为对空间的需求。空间需求预测实质上是对用地规模的预测。这一预测的基础是居住和就业人口的数量，并根据居住与就业人口的不同特性及密度特征，确定未来土地空间需求的总量。

● 任务四：承载力分析。根据土地的生态敏感性、公共基础服务设施的限制等，规划师还需估测城市的承载力。例如，岛屿或者沙漠上的城市发展都会受到土地承载力的限制。

● 任务五：布局城市空间结构。在基于第一项和第三项对土地需求，以及第二项和第四项对于土地供给的分析基础上，第五项任务融入城市空间布局的规划理念，如土地紧凑型开发、就业与人口在交通走廊上达到职住平衡等。

土地利用政策分区的分析侧重点为划定重点发展区域、禁止开发的范围、明确开发时序等。例如，可将水域、绿地和优质农业用地等划入禁建区，部分已建成区划入城市改造区，一些空地、园地等非建设用地或低效率利用的城市用地可划为未来重点发展区或功能拓展区等。政策分区分析还需关心空间策略是否满足供需平衡的要求，即城市新区用地的规模是否足够，位置是否合理，禁建区的空间范围是否能保护敏感的生态用地等。

土地利用功能分析需要对每一个地块做出功能（如商业、住宅、办公、工业、绿地等等）和密度上的安排。依据各种用地功能的选址要求，在满足供需平衡的基本条件下，可在用地性质上明确未来 10~20 年的城市就业中心、住宅、商业等其他用地，并与交通规划协调，布置交通走廊来保障城市各种功能的可达性。

在五步任务分析体系中，ArcGIS 主要提供数据测算和空间表达方面的支持。使用 ArcGIS 进行土地利用分析的最大好处是可以快速统计不同功能之间的面积比例、不同功能及交通设施之间的距离，为决策提供更多信息；ArcGIS 的另一好处是可以灵活地改变属性参数，快捷呈现各种备选方案，与其他图纸（譬如适宜度地图）进行叠加分析等等。跟其他章节不同的是，本章并不详述如何通过 ArcGIS 一步步实现分析任务。本章重点介绍在政策分区分析和土地利用功能分析中，ArcGIS 能够如何辅助分析。本章练习需时 45 分钟。

10.2　练习1——土地利用政策分析

延续上一章对案例小镇的介绍。20 世纪 90 年代至 21 世纪初，该镇经历了第一轮蔓延式增长。因为通用机场的迁入，物流和仓储用地主要围绕机场。位于机场南部的工业、仓储业混合区对南面居住区影响较大。镇北几乎没有空地，工业用地开始向南部农田区域蔓延。据有关经济发展与规划部门预计，基于该城镇的人口及经济产业的增长预测，新增城市用地需求为 25 平方公里。本章练习介绍如何应用 ArcGIS 来辅助决策未来城市土地的政策分区。

10.2.1　数据和步骤

练习 1 主要用到以下几种数据：
（1）地块形文件：parcels_final. shp；
（2）已发展用地形文件：developed. shp；
（3）水域形文件：water. shp；
（4）农业用地形文件：agriculture. shp；
（5）优质农田：premier_ agr. shp；
（6）镇域范围形文件：boundary. shp。
parcels_ final. shp 通过上一章工作整理获得，其他形文件从该镇规划部门获得。
练习 1 的主要任务如下：
（1）了解土地利用供给和需求；
（2）确定土地利用政策分区；
（3）输出专题地图。

10.2.2　练习

任务 1　了解土地利用供给和需求

➢步骤 1　明确要保护的土地

保护用地常常是已经存在的自然环境或人工环境。本案例中，假设有关部门已经确定的保护原则如下：①保护所有水域和开放空间；②保护所有优质农田地；③尽可能多地保护农田。在实践中，分析者可依据国家、地区政策及城市特征来确定保护土地的原则。

➢步骤 2　查询保护用地地块面积

在 ArcMap 中添加【water】和【parcels_final】，在【内容列表】中，右键点击【water】，选择【打开属性表】。右键点击【Shape_Area】，选择【统计】，打开统计数据对话框。如图 10-1，【总和】为约 0.57 平方公里。

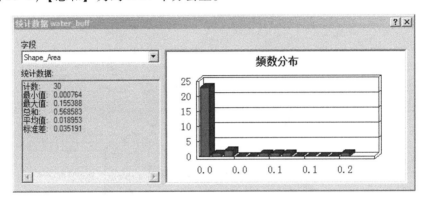

图 10-1

该统计数据表明水域政策区共计 0.57 平方公里。

接下来，右键点击【parcels_final】，选择【打开属性表】。在表左上方选择【表选项】—【按属性选择】，打开按属性选择对话框。输入表达式如下，

" OPENSPACE" =' YES '

点击【应用】，回到表中。右键点击字段名【area】，选择【统计】，打开统计数据对话框。如图 10-2，【总和】为约 1.01 平方公里。

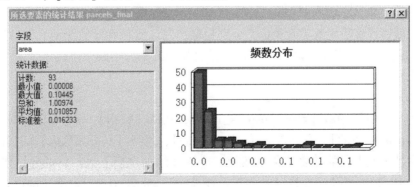

图 10-2

该统计数据表明城市公共开放空间面积为 1.01 平方公里。

依此，需要保护的核心面积为 1.58（0.57 + 1.01）平方公里。需要保护的核心面积并不直接等于保护区的面积，尤其对水域来说。在许多情况下，还需把水域的缓冲区也纳入保护区，这样的政策可减少水域临近处城市开发对水质带来的破坏。在下面的划分政策区步骤中，我们会把水域的缓冲区纳入保护区。

➤步骤3 添加文件

在【主菜单】中点击【文件】—【添加数据】—【添加数据】，添加已开发用地【developed. shp】、农田【agriculture. shp】和优质农田【premier_agri. shp】至 ArcMap。这些文件信息决定政策区的位置和范围，如图 10-3。

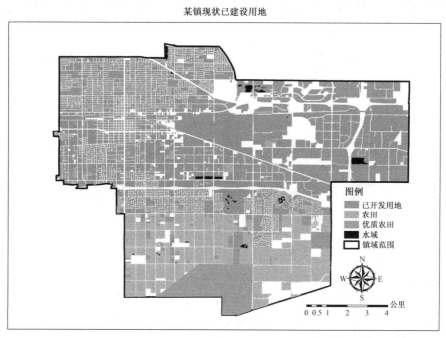

图 10-3

任务2 确定土地开发政策分区

假设该城镇已经决定五类政策区，分别是保护区（水域和开放绿地）、禁建区（优质农田）、更新区（已建区）和功能拓展区。需要强调的是，实践中可按照国家及地方政策制定政策区及对应标准。

➤步骤1 建立政策区属性字段

在【内容列表】中右键点击【parcels_final】，选择【数据】—【导出数据】，将新文件命名为【policydistrict】。右键点击【policydistrict】，选择【打开属性表】，打开属性表窗口。点击属性表左上角的【表选项】按钮，选择【添加字段】。以【policy】作为新字段的名称，【类型】选择【文本】，【长度】选择【20】，如图 10-4。点击【确定】。

➤步骤2 确定禁建区

为确定禁建区（即优质农地），在【主菜单】中点击【选择】—【按位置选择】，将【目标图层】和【源图层】分别设定为【policydistrict】和【premier_agri】，【空间选择方法】选择【目标图层要素的质心在源图层要素内】，如图10-5。点击【确定】。

图 10-4

回到内容列表，右键点击【policydistrict】，选择【打开属性表】。右键点击字段【policy】，选择【字段计算器】，打开字段计算器对话框。在【policy =】项中输入：

"prohibited"（即禁建）

点击【确定】，执行赋值。

➤步骤3　确定保护区

为确定保护区（即水体及水体缓冲区，以及开放绿地），在【policydistrict】的属性表中，点击属性表左上角的【表选项】按钮，选择【按属性选择】，打开按属性选择对话框。如图10-6输入以下表达式：

"OPENSPACE" = ' YES ' OR "WATERBUF" = '0～800'

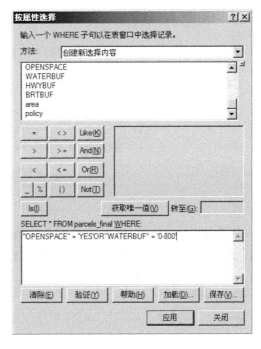

图 10-5　　　　　　　　　　　图 10-6

这个表达式挑选出位于开发绿地内，或者位于水域及其800米范围内的地块。点击应用，执行操作。右键点击字段【policy】，选择【字段计算器】，打开字段计算器对话框。在【policy =】项中输入："conservation"（即保护区）。

➤步骤4　确定更新区和功能拓展区

为简化练习，假定更新区主要由城市北部的已建成区组成，即由形文件 developed. shp 的范围线决定。更新区不包括镇南零散的城市已建成用地。选取位于镇北的整片已开发用地，回到内容列表。右键点击【policydistrict】，选择【打开属性表】，打开属性表对话框。右键点击新字段【policy】，选择【字段计算器】，打开字段计算器对话框。如图 10-7，在【policy = 】项中输入：

"developed"

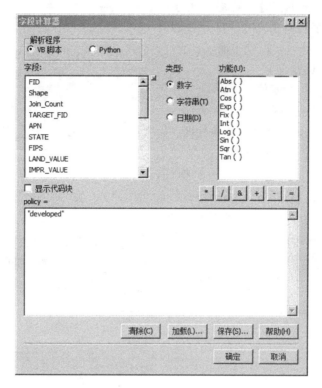

图 10-7

点击【确定】，执行赋值。

将所有其他地块的 policy 属性值命名为 transition。右键点击【policydistrict】，选择打开属性表，打开属性表对话框。点击属性表左上角的【表选项】按钮，选择【按属性选择】，打开按属性选择对话框。输入以下表达式：

"policy" = "

右键点击新字段【policy】，选择【字段计算器】，打开字段计算器对话框。在【policy = 】项中输入："transition"。

transition 表示功能拓展区。下面进一步将功能拓展区分为两类：优先开发区和一般区。优先开发区指位于公共基础设施周边，特别是位于快速公交站点周边的用地，这些用地会在开发时序上优先考虑；一般区是除优先开发区之外的功能拓展区用地。

选取位于快速公交占地周边的用地作为优先开发区（transition1）。具体方法是应用 ArcGIS 的缓冲区功能（【ArcToolbox】工具箱—【分析工具】—【邻域分析】—【缓冲区】），生成缓冲区文件。然后选取缓冲区内的地块（【主菜单】—【选择】—【按位置选择】，【目标图层】为地块文件，【源图层】为缓冲区文件，【空间选择方法】为【目标图层要素的质心在源图层要素内】），找到那些快速公交服务的地块，并将这些地块的 policy 属性值命名为【transition1】。

选取所有【policy】属性为【transition】的地块，使用【字段计算器】，将这些地块重命名为【transition2】。

如图 10-8 所示，橘红色区域为优先开发区，水红色区域为一般区。这两种区域都属于功能拓展区。

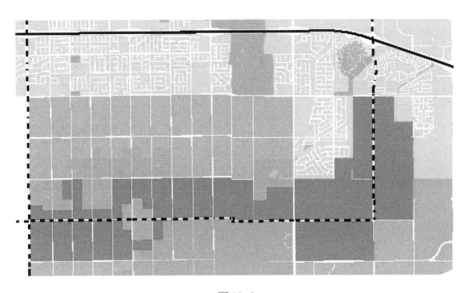

图 10-8

统计各政策区面积（右键点击【area】，选择【统计】，查看【总和】）。

表 10-1

政策区名称	面积（平方公里）
保护区	9.67
禁建区	5.36
更新区	73.14
功能拓展区 1（优先发展区）	9.47
功能拓展区 2（一般区）	12.19

任务 3　输出专题地图

参见第 2 篇第 4 章的处理方式，将地图切换至布局视图，添加图例、指北针、比例尺等地图元素，以图像格式保存该地图，如图 10-9。

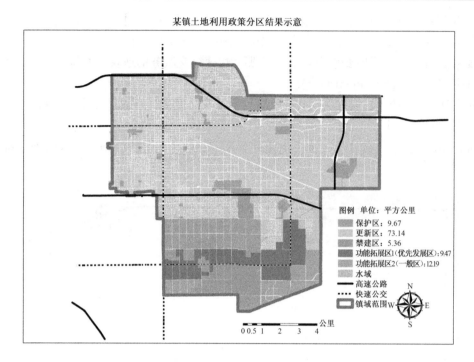

图 10-9

前文已说明有关部门已指定新增土地利用需求为 25 平方公里。但是，该镇的非建成区扣除优质农田后的总面积仅为 21.7 平方公里。这说明在本案例里，把所有非优质农田的农业用地都需转换为城市建设用地后，供需缺口为 3.3 平方公里。检视 developed 形文件，发现已建成区中已几无空地，所剩空地主要分布在机场附近的工业区，并不适合未来城市开发。通过这样的练习，GIS 可辅助判断城市未来的发展需求还需依靠城市更新，提高现有开发密度，才能容纳这 3.3 平方公里的用地需求。

在此还需说明的是，上一章生成的土地适宜度地图把位于城镇南部的农田划为土地开发低适宜度用地。但本章分析发现，由于城市发展需求，该镇南部的所有非优质农田仍然需要被划入功能拓展区，以适宜城镇未来的发展需求。由此可见，在进行功能区划时，土地需求和供应量测算是关键。本练习的主要目的是显示使用 GIS 来辅助判断土地使用政策分区，案例中的一系列数值（如建设密度数值等）不具有现实参考性。

10.3 练习2——土地利用功能分析

本练习中，土地利用功能的分析主要分为以下任务：

（1）深化用地选址原则；

（2）预测空间需求量；

（3）供给分析，即根据适宜度地图把用地供给量反映到图纸并进行调整；

（4）功能空间布局；

（5）输出专题地图。

练习 2 主要用到以下几种数据：

（1）地块形文件：parcels_final. shp；

（2）现状土地利用形文件：ex_land. shp；

（3）水域形文件：water. shp；

（4）优质农田：premier_agr. shp；

（5）镇域范围形文件：boundary. shp；

（6）政策区形文件：policydistrict. shp；

（7）高速公路形文件：hwy. shp；

（8）快速公交（Bus Rapid Transit BRT）线路形文件：brt. shp。

parcels_final. shp 通过上一章工作整理获得，ex_lands 根据 developed. shp 整理获得。

练习 2 以"公交导向的宜居产业镇"为规划目标，演示如何借助 ArcGIS 辅助完成土地利用功能规划。土地利用功能规划涉及的问题非常之多，因篇幅所限，本练习不可能针对实践中的各种问题一一展示。

10.3.1　练习

任务 1　深化选址原则

规划城市的土地利用功能，首先需制定、了解各种用地的选址原则。这项任务并不需要 GIS 来完成。在此例举一些选址原则仅供参考：①城市绿地及休憩用地可位于需要保护的土地如湿地、洪水平原等已经存在的自然环境，对于这部分功能，选址原则为原样保存，或者优先保存具有特别保护意义的生态敏感用地。城市绿地及休憩用地还可位于创建的人工环境，选址原则为空间分布上保障使用者的可达性及公平性；②产业、就业分不同种类的工业和服务业。重工业用地选址原则为考虑城市风玫瑰、与重要交通枢纽的可达性、地块的平整性等等，高新工业用地选址原则为与城市交通干道的可达性、用地之间的高度连通性、与人力资源的可达性及与主要居住区的交通可达性，服务业用地选址原则为靠近所服务群体等；③居住用地应位于污染工业区上风向。居住用地的选址应考虑与就业中心的距离及交通体系的连接，旨在交通走廊上达到职住平衡，优化通勤时间。居住用地还需注重与其他用地，如教育、医疗诊所等便民设施，商业，公园绿地的混合布置等；④不同商业用地的选址不尽相同。售卖高端物品（如珠宝、奢华商品等）的商业用地更注重区域范围内的可达性，而售卖日常用品的零售商业用地更需注重与就业及居住用地的混合性及可达性。

在以上选址原则的基础上，使用 ArcGIS 可对每一地块进行区位性评估，辅助决定地块的功能。

任务 2　计算空间需求量

依据预测的城市人口及就业增长量，并依据人口的特性（如收入、家庭大小等特性）以及不同就业类别的特性（如各种不同产业等特性），可估算对空间量的需求，例如不同收入人群对住房的需求总量是多少，金融产业对办公面积的需求总量是多少等。总的来说，本项任务计算未来城市增长分别需要多少办公、工业、住宅、停车及交通、公共基础等用地量。有关空间需求量估算方法可参见《城市土地利用规划》及其他国内外参考文献。

任务3 供给分析

本任务需使用 ArcGIS 查看现状各种土地类型的供给量信息。在 ArcMap 中添加现状土地利用文件【ex_land】。在【内容列表】，右键点击【ex_land】，选择【属性】—【符号系统】，在【类别】中的【值字段】选择【ex_land】，点击【添加所有值】，按照城市规划制图图例给每种土地利用指定相应的颜色。并将土地利用现状图导出为专题地图。从导出的现状土地利用图（图10-10）可以看出，小镇中部灰色部分为机场。东北部和中部围绕机场、两条高速公路和机场南向的城市主干道已经形成规模化工商业区。镇南大部分地区仍为农田。

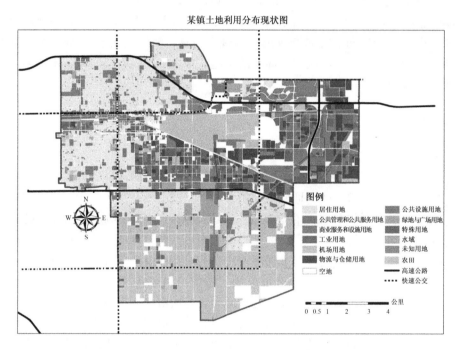

图 10-10

粗测镇北空地的面积。在【ArcMap】—【工具】条，点击【测量】按钮，测量对话框出现，如图 10-11。

图 10-11

点击【测量面积】按钮。

面积测量的结果显示，北部两处空地加起来面积约为 1.6 平方公里。东北方的空地位于机场附近，显然不适合用做居住用地。正北方空地虽然距离机场也比较近，但接近居住商业区。

练习1中空间土地供给统计显示功能拓展区1（优先发展区）的面积为 9.47 平方公里，功能拓展区2（一般区）的面积为 12.19 平方公里。加上镇北的空地 1.6 平方公里。

这是未来城市建设的主要区域，也是任务 4 功能空间布局中需要重点考虑的地区。通过 GIS 估算出土地存量后，可与任务 3 估算的未来土地需求量做出对比。如果供给不足，可考虑重新进行任务 3，提高密度而得出新的土地需求量。

任务 4　功能空间布局

➤步骤 1　提出规划设计思路

练习假定规划师与城市居民共同商讨，提出以下规划思路：①在城市北部优先发展区内，围绕现状机场布置产业用地（制造业和仓储）和办公用地；②在城市西北部的居住区内，结合现有的商业用地增强商业中心的功能；③保留原有历史风貌商业地块；④在商业用地及公交周边配置混合使用功能和高密度居住用地；⑤在城市南部规划舒适生活区，并配以混合使用用地；⑥在功能拓展区 1 区内布置中高密度居住、商业和办公，在功能拓展 2 区布置中低密度居住区；⑦大型商业可布置在两条高速公路交汇处以及快速公交线路站点周围；⑧保留、完善现状绿地系统。

➤步骤 2　空间部署土地利用功能

下面以功能拓展区 1（优先发展区）为例进行阐述。公交导向的土地利用是本次规划确立的核心规划理念。优先发展区位于快速公交走廊，是未来新建高密度功能的重点分布区域。因此，中高密度居住和办公和商业可布置在快速公交线的两侧。远离快速公交的区域布置低密度居住和绿地。在明确了快速公交沿线哪些地块应该被规划为高密度居住和商业后，可以将功能指定到 ArcGIS 中。

在指定地块规划功能时，以 parcels_final 为底图，进行操作。以规划商业用地为例，选取被规划为商业的地块。在【内容列表】，右键点击【parcels_final】，选择【数据】—【导出数据】，将新文件命名为【planninglanduse】，如图 10-12。

点击【确定】，执行操作，将新生成的文件添加至 ArcMap。

选择【打开属性表】，打开属性表。在属性表左上方点击【表选项】—【添加字段】。将新添加字段的【名称】命名为【p_land】（即规划用地功能），【类型】为【文本】，【长度】为【50】，如图 10-13。

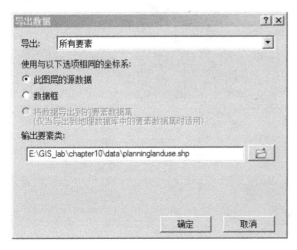

图 10-12

图 10-13

点击【确定】，创建新字段。

针对每一种用地功能，在选取相对应地块后，右键点击【p_land】，选择【字段计算器】，打开字段计算器窗口。将各种规划地块功能写入。在给不同功能指定相应的颜色后，镇南快速公交占地周边的用地如图10-14所示。

在规划土地利用密度时，可依据规划可持续性、土地利用与交通整合等原则。例如，图10-15的上下两图展示了快速公交占地沿线不同的密度开发可能性。在拓展功能区1，密度可以稍高些（如图10-15上），而相对而言，拓展功能区2的密度可以低些（如图10-15下）。指定密度时，要充分考虑其对城市空间形态的影响。

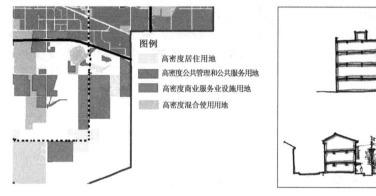

图10-14　　　　　　　　　　　　　　　　　　图10-15

任务5　输出专题地图

参见第2篇第4章的处理方式，将地图切换至布局视图，添加图例、指北针、比例尺等地图元素，以图像格式保存该地图，如图10-16。

某镇土地利用功能规划图

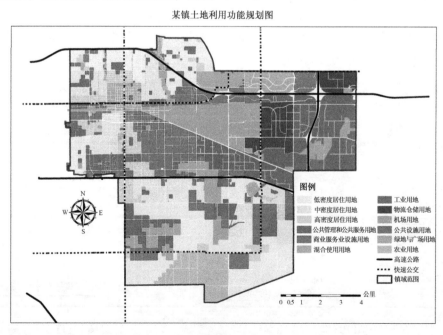

图10-16

在最后完成土地利用规划图后，可以与练习 1 生成的政策分区图进行比对，通过查看地块所在的政策分区检验用地性质与对这块用地的政策安排是否协调一致。如果有的用地性质与政策安排冲突（譬如禁建区内安排有居住、混合使用等城市建设用地），应进一步调整而体现政策分区的指引性。土地利用规划图和政策分区图之间的相互校核也是检验政策分区合理性的方式之一。

将土地利用规划图与土地利用现状图进行比较，可看出城镇南部的农田转换为城市建设用地，优质农田保留下来作为"都市农业区（Urban Agriculture）"。在城镇南部的快速公交主要站点周围，以中高密度居住、商业及服务设施配套用地为主，辅以适量办公用地。镇南的远离快速公交的用地以低密度的传统型居住为主。与镇北比较，镇南具有充足的绿地与广场用地，以及公共管理和公共服务用地。规划还整合了镇北破碎零散的商业用地、物流与仓储用地以及工业用地。规划将对镇南和镇西居住影响较大的、不协调的工业用地归并至镇东，并将镇东北、镇西北的纯商业用地以及公共服务和公共管理用地规划为混合使用用地，增强土地混合利用程度。

需要强调指出，GIS 产生的土地利用分析图往往并不是城镇最终采纳的土地利用布局规划。城镇土地利用布局还受上层次战略规划、城市各利益集团诉求以及公众参与环节等因素影响。这些环节因素对土地利用功能、密度产生的影响可以继续通过调整 ArcGIS 分析，并通过 ArcGIS 进行指标核算，评估土地利用功能布局的合理性。

10.4　本章小结

土地利用政策分区、土地利用功能分析是城市空间分析、城市规划中最常见、最重要的任务之一。本章通过规划一个虚拟的低密度小城镇，介绍了 ArcGIS 如何在这些分析过程中提供技术支持。ArcGIS 可快捷地进行土地供给与需求的分析，对土地属性表进行赋值，统计各种土地类型的特征等。这些简单的功能可辅助规划师完成一般的土地利用分析任务。规划师应充分利用 ArcGIS 在技术层面的辅助性，提高规划分析的系统性、准确性及分析速度。当然，土地利用规划还受城市各种政策、不同利益集团、广大公众以及城市决策者的意见影响。ArcGIS 还可针对各种意见，快速生成不同规划方案，纳入众多不确定因素并评估不同规划方案，从而为规划过程及决策提供更多依据。

第11章 开发潜力分析及3D表现

11.1 概述

城市空间分析的结果，有时需要以更直观的方式展现给决策者及公众。ArcGIS 的 3D 分析及表现工具能很好地帮助规划师完成此类任务。本章以展现城市土地开发潜力为例，使用 3D 分析进行图像表达。沿用第 9 章、第 10 章的案例，随着城市的发展，很多城市的土地资源将逐渐减少。如何挖掘城市开发潜力，是城市更新亟待解决的问题。国内已有一些城市将编制城市更新规划作为近期规划编制的重要工作，而开展城市更新需要了解土地开发潜力等信息。本章练习中，将土地开发潜力简单定义为规划密度与现状密度的差值。现实规划中需要考虑更多的因素，如原有社区的历史价值、拆迁可行性、交通与基础设施容量等。为简化练习，本章练习的开发潜力计算只考虑规划密度与现状密度的差值。

练习以居住用地为例，对比每个地块现状密度和规划密度，确定有可能进行城市再开发的区域。为直观展示分析结果，可通过 3D 对结果进行图像表达。练习研究对象是美国华盛顿特区的郊区市银春（Silver Spring）市，该市 2010 年的人口为 71452 人。全市居住地块中有超过 90% 的地块属于中低密度用地（每英亩户数小于 10 户），且都是在"二战"后快速开发的结果而不存在历史保留价值。该市现状密度不符合华盛顿特区地区可持续发展、精明增长的要求。因此，该市规划部门对市内土地的实际密度与规划密度进行比较，发现城市现有密度低于规划密度，在未来 20 年的城市发展中，城市应该"更新、填充"城市已发展区，逐渐提高密度。本次练习正是基于该背景下进行。在新出台的规划密度政策下，土地开发潜力发生变化：现状密度不高而规划密度高的用地存在开发可能性。

练习以居住用地为例计算地块的现状密度，并与规划密度相比较。以密度差为值在 ArcScene 中生成一张 3D 地图。该地图可表现每个地块的开发潜力，即规划密度与现状密度的差值。练习需时约 45 分钟。

11.2 练习

11.2.1 数据和步骤

本章的主要任务如下：
(1) 计算现状密度；
(2) 确定规划密度；
(3) 对居住用地生成密度差，该密度差等于规划与现状密度的差值；
(4) 在 ArcScene 中用密度差作为高度（Z 轴）生成 3D 地图；

（5）输出专题地图。

本章主要用到以下几种数据：

（1）Montgomery 郡各辖区形文件：planning. shp；

（2）Silver Spring 市现状居住用地形文件：property. shp；

（3）Montgomery 郡规划居住用地形文件：zoning. shp；

（4）地标建筑 X/Y 坐标文件：landmark. txt。

Montgomery 郡内各辖区形文件来自郡规划部门，Silver Spring 市现状及居住用地形文件和文本坐标文件来自市规划部门。

流程图 11-1 用箭头把本章涉及的五项任务（矩形方框标示的内容）和每项任务生成的新文件（圆角矩形方框标示的内容）串联起来。任务 1 从 property. shp 中选取居住用地生成 sfr. shp；任务 2 将规划密度写入 zoning. shp 中，并将 zoning. shp 与 sfr. shp 连接，使新文件 sfr_zoning. shp 同时获得 zoning. shp 和 sfr. shp 的信息；任务 3 对 sfr_zoning. shp 计算密度差；任务 4 在 ArcScene 中对 sfr_zoning. shp 生成三维模型；任务 5 回到 ArcMap 中输出专题地图。

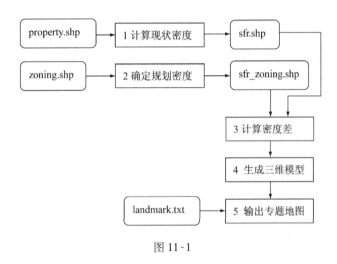

图 11-1

11.2.2　练习

任务 1　计算现状密度

首先计算研究范围内居住用地的密度差（规划密度与现状密度的差值）。通过该步骤判断哪些用地适合开展城市更新工作。

➤步骤 1　计算现状居住用地的密度

打开【ArcGIS】，在【主菜单】中点击【文件】—【添加数据】—【添加数据】，添加【planning. shp】、【property. shp】和【zoning. shp】三个文件。在【内容列表】中右键点击【planning】，选择【打开属性表】，查看【Name】字段。该字段表示该郡内各市名称。其中名为 Silver Spring 的城市是本章案例所在地。

在【内容列表】中，右键点击【zoning】，选择【缩放至图层】。在【内容列表】中，右键点击【property】，选择【打开属性表】。点击属性表左上方的【表选项】按钮，选择【按属性选择】。如图 11-2 键入以下表达式：

"PROP_CODE" = 200 AND "SDAT_AREA" > 0

点击【应用】，现在选择所有面积大于 0 的居住用地。下面把所选到的这些要素输出为一个新的形文件。

➤步骤 2　导出数据为新文件

在【内容列表】中右键点击【property】，选择【数据】—【导出数据】。确保下拉栏中选择的是【所选要素】。使用【浏览】图标，找到本章数据所在的目录文件夹。将输出形文件名称命名为【sfr】，在【保存类型】中选择【shapefile】，如图 11-3。

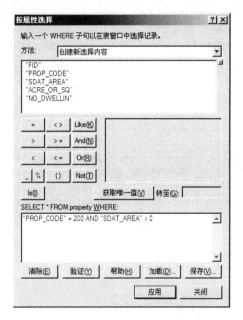

图 11-2

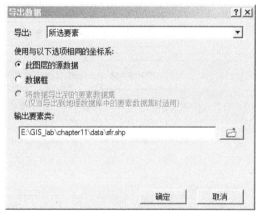

图 11-3

点击【确定】按钮，选择【是】，将新建的形文件添加进来。

在【内容列表】中右键点击【sfr】，选择【打开属性表】。

检查 SDAT_AREA 和 ACRE_OR_SQ 项。SDAT_AREA 表示每个地块的面积。ACRE_OR_SQ 里面有的项的值为 A，有的项值为 F。这说明有些地块以英亩（A）为单位，另外一些以平方英尺为单位。这是原始数据形成过程中合并不同来源数据造成的。下面将所有以平方英尺为单位的数值转换为以英亩为单位。

➤步骤 3　生成面积单位统一的字段值

点击【sfr】文件属性表左上角的【表选项】按钮，选择【添加字段】。以【Acres】作为新字段的名称，【类型】是【浮点型】，【精度】和【比例】分别为【12】和【4】，如图 11-4。

点击【确定】按钮，将新的属性添加到属性表中。

计算新字段的数值，下面使用不同于计算几何方法的另外一种方法求得 sfr 每个多边

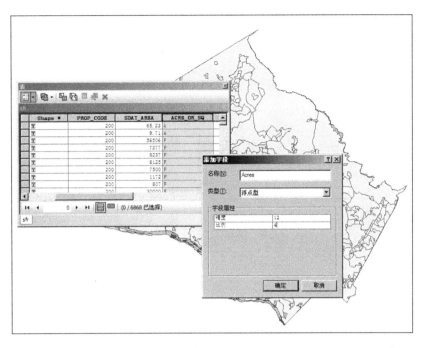

图 11-4

形的面积值。

右键点击属性表中该字段的首字段【Acres】，选择【字段计算器】。

在【字段计算器】窗口中勾选【显示代码块】检验栏，在【预逻辑脚本代码】窗口中输入以下 VBA 程序：

```
Dim sglAcres
If ［ACRE_OR_SQ］ = "A" Then
sglAcres = ［SDAT_AREA］
Else
sglAcres = ［SDAT_AREA］/43560
End If
```

在【Acres =】栏中输入【sglAcres】，如图 11-5。

点击【确定】按钮，执行操作，Acres 属性被赋值。

➢步骤 4　生成现状密度值

新建一个名为【Density】的字段，其类型和字段属性与 Acres 一致，如图 11-6。

右键点击属性表中该字段的首字段【Density】，选择【字段计算器】，为该新属性赋值，该值为居住单元与用地面积的比值。在【字段

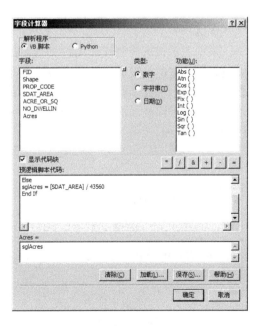

图 11-5

计算器】中取消勾选【显示代码块】项，如图 11-7 在【Density =】栏中输入以下语句：

〔NO_DWELLIN〕/〔Acres〕

〔NO_DWELLIN〕是属性表中的另外一个字段，它表示的是地块的家庭户数。本章以每英亩户数表示密度。

点击【确定】按钮，执行操作，Density 属性被赋值。

图 11-6

图 11-7

任务2 确定规划密度

在【内容列表】中右键点击【zoning】，选择【打开属性表】，查看【GENZONE】项。

该项表示该市控制性详细规划规定的居住类型。表 11-1 是该市规划机构提供的每个地块容许的密度上限值。其中严格保护型容许的密度值最低，不得超过 0.0875 户每英亩，高密度居住型容许的密度值最高，不得超过 12.5 户每英亩。下面为该属性表创建一个新字段，根据不同的居住类型确定相应的规划密度。

表 11-1

类 型	户/英亩	类 型	户/英亩
MOST PROTECTIVE 严格保护用地	0.0875	MIXED USE 混合使用	4.525
VERY LOW DENSITY RESIDENTIAL 极低密度	0.800	MEDIUM DENSITY RESIDENTIAL 中等密度	8.375
LOW DENSITY RESIDENTIAL 低密度	2.875	HIGH DENSITY RESIDENTIAL 高密度	12.5

➤步骤1 创建新字段并赋值

对 zoning 新建一个名为【ZoneDens】的字段。其类型和字段属性与 Acres 一致。用该表数值为新建的 ZoneDens 属性赋值。

点击属性表左上方的【表选项】按钮，选择【按属性选择】。如图 11-8 输入以下表达式：

"GENZONE" = ' MOST PROTECTIVE '

右键点击属性表中的【ZoneDens】，选择【字段计算器】。如图 11-9 将以下表达式输入字段计算器窗口中。

0.0875

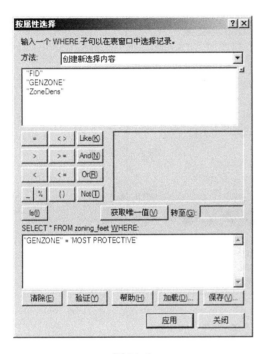

图 11-8

图 11-9

点击【确定】按钮，执行操作，Most Protective 的属性值被赋给 ZoneDens 的相应栏。

重复以上步骤，给上表中其他 5 种不同类型的用地所对应的 ZoneDens 赋值。使用【按属性选择】窗口选择属性类，然后使用【字段计算器】将 ZoneDens 的属性值赋给所选的属性类（所赋值即表中每一居住类型对应的数值）。

> ➡ 注意
> 在此只考虑居住功能，商业、工业和其他功能不会被赋密度值。因此完成时属性表 654 行中仍有 101 行的值为 0。

➢步骤 2　空间关联

因为 zoning 包括了该郡范围内的所有居住用地，下面通过关联操作提取感兴趣的那部分居住用地——Silver Spring 市居住用地。采用空间关联的方法，将 zoning_feet 和 sfr 关联起来。

点击工具栏的【清除所有要素】按钮。右键点击【内容列表】中的形文件【sfr】，选择【连接和关联】—【连接】。在【要将哪些内容连接到该图层】中选择【另一个基于空间位置的图层的连接数据】，在【选择要连接到此图层的图层，或者从磁盘加载空间数

据】中选择【zoning】，在【正在连接】中选择第二个单选按钮，输出形文件名称为【sfr
_zoning】，【保持类型】为【shapefile】，如图 11-10。

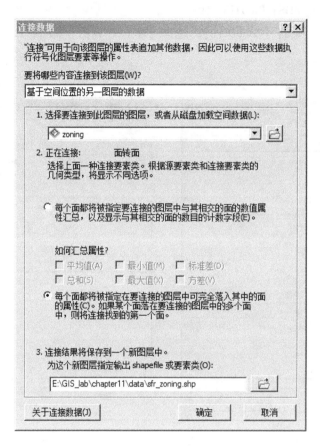

图 11-10

点击【确定】按钮，执行空间关联。

在【内容列表】中右键点击【sfr_zoning】，选择【打开属性表】。可以看到属性表中有
Density 和 ZoneDens 两个属性。Density 表示现状密度，ZoneDens 表示规划密度，如图 11-11。

任务 3　计算密度差

密度差为现状密度与规划密度之差。在【内容列表】中右键点击【sfr_zoning】，选择
【打开属性表】。添加一项新属性(【表选项】—【添加字段】)，该新属性名称为【Dens-
Gap】，【类型】为【浮点型】，【精度】和【小数位数】分别为【12】和【4】，如图 11-12。

右键点击属性表中新属性的首字段，选择【字段计算器】。如图 11-13 将以下表达式
输入字段计算器窗口中：

[ZoneDens] - [Density]

点击【确定】按钮执行操作，属性 DensGap 被赋值。

在【主菜单】中点击【文件】—【保存】，保存 ArcMap 文档。之后还需要回到 Arc-
Map 编辑该文档。

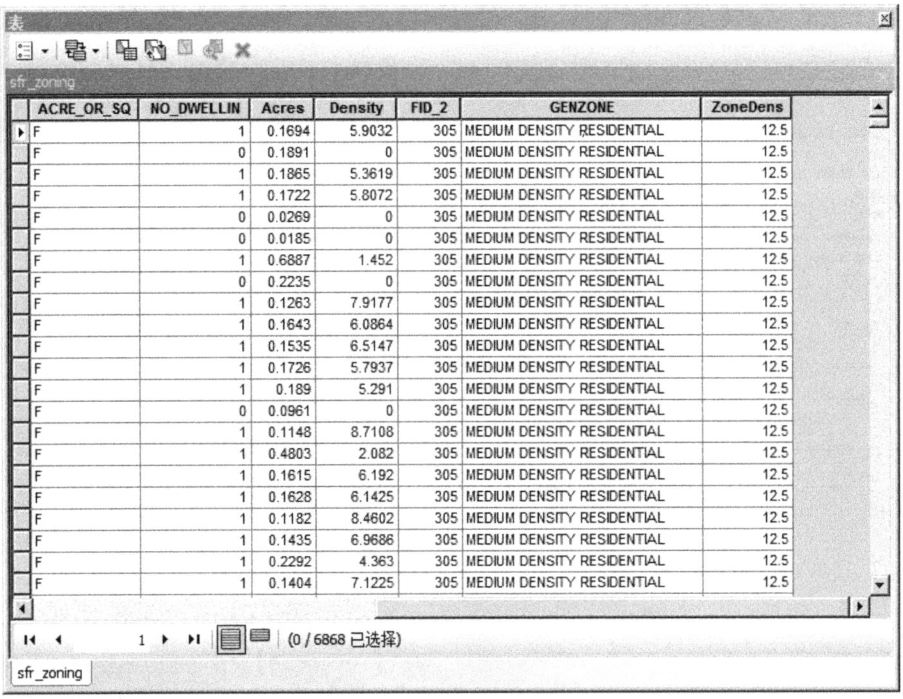

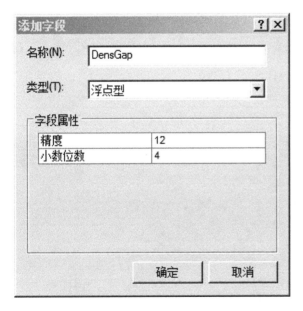

ACRE_OR_SQ	NO_DWELLIN	Acres	Density	FID_2	GENZONE	ZoneDens
F	1	0.1694	5.9032	305	MEDIUM DENSITY RESIDENTIAL	12.5
F	0	0.1891	0	305	MEDIUM DENSITY RESIDENTIAL	12.5
F	1	0.1865	5.3619	305	MEDIUM DENSITY RESIDENTIAL	12.5
F	1	0.1722	5.8072	305	MEDIUM DENSITY RESIDENTIAL	12.5
F	0	0.0269	0	305	MEDIUM DENSITY RESIDENTIAL	12.5
F	0	0.0185	0	305	MEDIUM DENSITY RESIDENTIAL	12.5
F	1	0.6887	1.452	305	MEDIUM DENSITY RESIDENTIAL	12.5
F	0	0.2235	0	305	MEDIUM DENSITY RESIDENTIAL	12.5
F	1	0.1263	7.9177	305	MEDIUM DENSITY RESIDENTIAL	12.5
F	1	0.1643	6.0864	305	MEDIUM DENSITY RESIDENTIAL	12.5
F	1	0.1535	6.5147	305	MEDIUM DENSITY RESIDENTIAL	12.5
F	1	0.1726	5.7937	305	MEDIUM DENSITY RESIDENTIAL	12.5
F	1	0.189	5.291	305	MEDIUM DENSITY RESIDENTIAL	12.5
F	0	0.0961	0	305	MEDIUM DENSITY RESIDENTIAL	12.5
F	1	0.1148	8.7108	305	MEDIUM DENSITY RESIDENTIAL	12.5
F	1	0.4803	2.082	305	MEDIUM DENSITY RESIDENTIAL	12.5
F	1	0.1615	6.192	305	MEDIUM DENSITY RESIDENTIAL	12.5
F	1	0.1628	6.1425	305	MEDIUM DENSITY RESIDENTIAL	12.5
F	1	0.1182	8.4602	305	MEDIUM DENSITY RESIDENTIAL	12.5
F	1	0.1435	6.9686	305	MEDIUM DENSITY RESIDENTIAL	12.5
F	1	0.2292	4.363	305	MEDIUM DENSITY RESIDENTIAL	12.5
F	1	0.1404	7.1225	305	MEDIUM DENSITY RESIDENTIAL	12.5

图 11-11

图 11-12

图 11-13

任务 4　生成三维模型

ArcScene 是以 3D 方式创建和展示空间数据的工具。ArcScene 可以根据形文件属性表中的属性值拉伸多边形边界，使其成为一个立方体。本章通过这种方式表达开发潜力（密

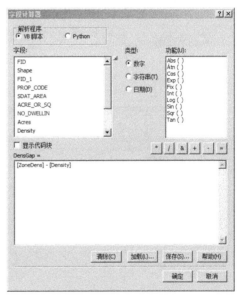

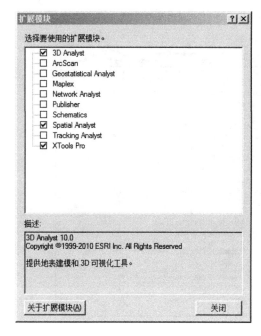

图 11-14

度差)。

➤步骤1 在 ArcMap 中打开 ArcScene

从【ArcMap】主菜单中选择【自定义】—【扩展模块】,确认【3D Analyst】检验栏被勾选。如果 3D Analyst 没有出现,右键点击【主菜单】,在出现的列表中选择【3D Analyst】,如图 11-14。

在【3D Analyst】工具条中,点击【ArcScene】按钮(倒数第二个地球状图标),如图 11-15。打开 ArcScene。

➤步骤2 添加数据

在【ArcScene】中点击【标准】工具条的【添加数据】按钮,将【sfr_zoning】添加到内容列表里,如图 11-16。

➤步骤3 拉伸平面,呈现3D效果

在【ArcScene】中右键点击【sfr_zoning】,选择【属性】。点击【拉伸】标签,勾选【拉伸图层中的要素,可将点拉伸成垂直线,将线拉伸成墙面,将面拉伸成街区】检验栏。如图 11-17 在【拉伸值或表达式】的对话框,输入以下表达式:

图 11-15

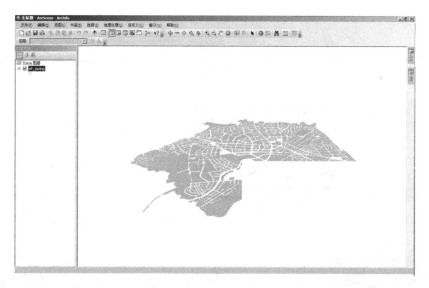

图 11-16

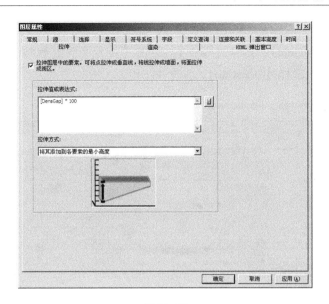

图 11-17

［DensGap］* 100

乘以 100 的目的是增强视觉表现力。可以直接手动输入，或者借助右侧【表达式构建器】中的计算按钮。

点击【确定】按钮，执行操作，如图 11-18。

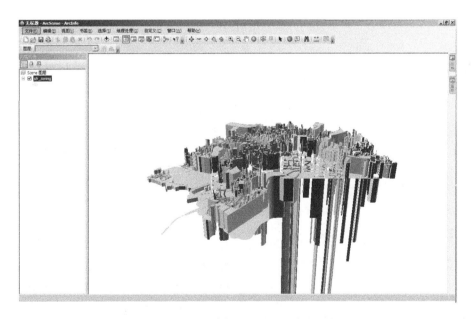

图 11-18

本章将 DensGap 属性取值为正的那些区域定义为有潜力进行城市更新的地区。有的非居住用地上会出现负值。为了提高 3D 地图内容表达的合理性需要剔除密度差为负值的那些部分。

右键点击【sfr_zoning】，选择【属性】。点击【符号系统】标签—【数量】。在【字段】的【值】项中，选择【DensGap】，如图 11-19。

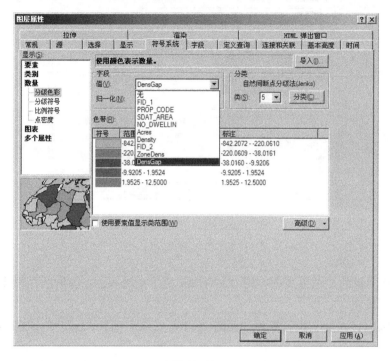

图 11-19

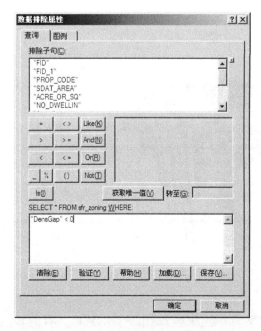

图 11-20

点击【分类】按钮。在【分类】窗口中点击【排除】按钮，如图 11-20 在【数据排除属性】窗口中输入以下表达式：

"DensGap" < 0

点击【确定】按钮，依次关闭数据排除属性窗口，分类窗口和图层属性窗口。

任务 5 输出专题地图

现在获得居住用地密度差的3D 地图，如图 11-21。可以通过调整符号系统窗口设置，优化地图。还可以通过点击下面所示的导航按钮，使用光标调整 3D 地图的透视角度及聚焦点。

➤步骤1 添加地标文件

本章提供了一个文本文件，文件包含该市几个地标建筑的 X/Y 坐标。可以尝试在 3D 地图中定位和表现这些地标。

在【ArcScene】菜单栏中选择【文件】—

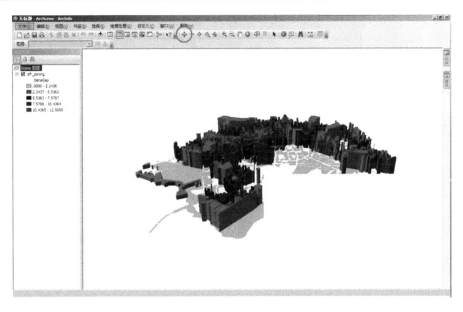

图 11-21

【添加数据】—【添加 XY 数据】。在【从地图中选择一个表或浏览到另一个表】下拉栏，使用【浏览】按钮找到文件【landmark. txt】所在的目标文件夹，在【X 字段】下拉栏中选择【lat】，在【Y 字段】下拉栏中选择【long】。在【输入坐标的坐标系】中点击【编辑】—【导入】，选择【zoning】文件，点击【添加】按钮。点击【确定】按钮，关闭空间参考属性对话框，如图 11-22。

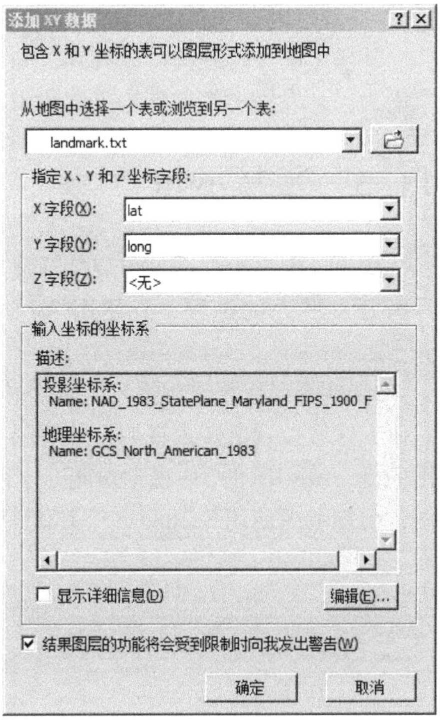

点击【确定】按钮，关闭添加 XY 数据对话框。在弹出的【表没有 Object-ID 字段】的新窗口，点击【确定】。

➤步骤 2　将 ArcScene 图像复制到 ArcMap

现在获得一张 3D 地图。不尽如人意的是 Arc-Scene 无法创建一个类似 ArcMap 的布局图。在 ArcScene 中的主菜单中选择【编辑】—【将场景复制到剪贴板】，切换到 ArcMap，在主菜单中选择【编辑】—【粘贴】。可以在 ArcMap 中看到在 Arc-Scene 中生成的图像。此时可以放大视图，但是不能再更改视角。这个静态的图像不包含任何地理信息。这也就意味着它无法与其他文件重合，也无法根据它生成正确的比例尺，图标或者指北针。

参见第 2 篇第 4 章的处理方式，将地图切换至布局视图，添加图例、指北针、比例尺等地图元素，以图像格式保存该地图，如图 11-23。

图 11-22

图 11-23

从输出的专题地图可以看到,如亮蓝色块所示,该市南部豁口地带已不具备较大的开发潜力。开发潜力高的地块主要集中在城市北部外沿和中部。

11.3 本章小结

地块开发潜力深受城市规划师及房地产开发商关注。本章通过一案例介绍计算已建成片区开发潜力的过程,并使用 ArcScene 生成 3D 地图展现了城市地块开发潜力的空间分布。

3D 地图可以更直观显示一些分析结果。在使用 ArcScene 生成地图的时候,最好辅以对研究区域位置的文本说明,使看图者更容易把握 3D 地图反映的空间位置关系。需要指出的是,ArcGIS 的 3D 视觉功能并不很完善,如果需要生成比较细致、视觉效果更好的 3D 图,可以考虑使用 SketchUp 等其他 3D 视觉功能更强的软件。

第 5 篇

GIS与交通分析

本篇为 GIS 与交通分析，选择了两个热门的交通话题（职住平衡和公交服务路线及覆盖度）作为分析任务，展现 GIS 在交通分析领域的相关应用。

第 12 章　职住平衡分析

12.1　概述

城市职住（即就业与居住）平衡是城市土地利用与交通整合的研究内容之一，指的是在给定的地域范围内就业人口数量和就业岗位数量应大体相当，大部分居民可以就近工作，从而减少通勤出行的距离及时间。这一概念初提于 20 世纪 80 年代，但目前看来，人们的出行距离正变得越来越长，出行地点也越来越分散。随着交通拥堵治理讨论的升温，以及建设绿色低碳城市的呼声越来越强烈，职住平衡这一规划思想持续成为城市规划热点讨论话题。本章在此背景下，介绍如何使用 GIS 分析职住平衡。

研究分析职住平衡，首先需确定在多大的空间层面展开。这一问题到目前为止国内外规划界还没有形成统一意见。在计划经济时代，中国不少城市在单位大院这一较小的尺度上可实现职住平衡。在以市场经济为主导的地区，在街道或者其他较小的空间层面实现职住平衡是不太现实的。职住平衡并不等同于混合使用，另外，城市的小空间单元内有同等的人口和就业数量并不意味无跨区通勤。一般来说，在城市或城市次区域层面沿交通走廊实现职住平衡是较好的政策。具体地说，可沿交通走廊布局就业点与居住点，并促使居民沿交通走廊干线（如地铁或其他公共交通或交通干道）完成通勤。

分析职住平衡，需要有就业岗位和居住人口的数据。本章练习介绍如何在交通小区（Traffic Analysis Zone，简称 TAZ）层面上对比人口、就业密度的空间分布，如何使用两种不同方法生成职住平衡指数。练习需时约 30 分钟。

12.2　练习

12.2.1　数据和任务

本章的主要任务如下：
（1）就业居住人口数据连接空间单元形文件；
（2）对比基于交通小区的居住人口和就业岗位数，生成专题地图；
（3）计算职住平衡指数，生成专题地图。
本章主要用到以下几种数据：
（1）研究范围交通小区范围线形文件：tazs. shp；
（2）交通小区层面的就业岗位数形文件：workers. dbf；
（3）交通小区层面的居住人口数形文件：households. dbf。
本章所需的交通数据从美国交通规划统计数据库（Census Transportation Planning Pack-

age，简称 CTPP）提取。读者可借此了解美国统计局提供的免费交通数据库。本章需要的人口数据、交通小区边界形数据从美国联邦统计局网站提取。

流程图 12-1 用箭头把本章涉及的三项任务（矩形方框标示的内容）和每项任务生成的新文件（圆角矩形方框标示的内容）串联起来。workers. dbf 和 households. dbf 的就业居住属性被赋给交通小区形文件，专题地图基于 tazs. shp 生成。

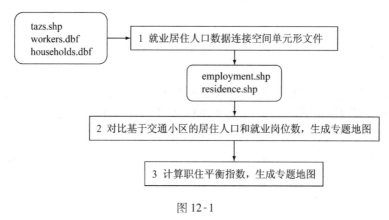

图 12-1

12. 2. 2 练习

任务1 就业居住人口数据连接空间单元形文件

➤步骤1 面积计算

启动【ArcMap】，添加【tazs. shp】（在标准工具条点击添加数据按钮）。

在【内容列表】中右键点击【tazs. shp】，选择【打开属性表】，右键单击【AREA】栏的首字段，点击【计算几何】。在【计算几何】对话框中，在【属性】项中选择【面积】，点选【使用数据源的坐标系】检验栏，在最后一项中选择【平方千米〔平方千米〕】，如图 12-2。关闭属性表。

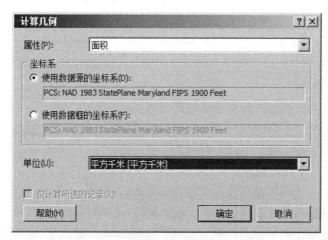

图 12-2

点击【确定】按钮。

ArcGIS 中最常用到的表有两类：形属性表和独立表。形属性表其实就是要素类（点状形文件、线状形文件、矩形形文件）自带的属性表。在内容列表中右键点击该要素类，选择打开属性表可以看到要素类的表格。还有很多表格是与 ArcGIS 操作兼容的包含属性的独立表，这些表可能来自其他应用程序（譬如 Excel）。本练习的 worker 和 household 表格属于独立表，不包含空间属性特征。形文件 tazs 的表格属于形属性表。

如果要在空间表达独立表属性，就需要把形文件和独立表关联。关联的方式之一是用联系字段把独立表和形属性表连起来。很多情况下，两表之间并没有现成的联系字段。本练习也属于这种情况。但是，表格通常提供了关于空间单元所在省、市、郡、交通小区等不同地理统计单元的数字编号，这些编号根据一定的信息处理标准代码原则建立的。如果独立表和形属性表的每条观测记录都是针对同一个研究范围，并且观测记录针对的都是同一种空间单元（譬如交通小区），那就可以通过将省、市郡等逐个属性值重新拼接，组合成联系字段。

➢步骤 2　对 workers. dbf 建立联系字段

将【workers. dbf】和【households. dbf】添加到【ArcMap】。在【内容列表】中，右键点击【workers. dbf】，选择【打开】。

在表 workers 中注意如下几个字段：STATE、COUNTY 和 TAZ。这三个字段分别代表州、郡和交通小区。STATE 字段由三位数字组成，譬如 024。COUNTY 字段由三位数字组成，譬如 003。TAZ 字段由四位数字组成，譬如 0218。下面先将表示州的 STATE 字段后两位数字提取出来，创建一个新的表示州的字段 NEWST，然后把该字段与 COUNTY 和 TAZ 字段组合起来成为联系字段。

如图 12-3 所示，表 workers 的 STATE 字段中的后两位（24）是我们需要提取的部分。

点击【表选项】按钮，选择【添加字段】。将名称命名为【NEWST】，【类型】为【文本】，【长度】为【2】。点击【确定】按钮。右键点击【NEWST】列的首字段，选择【字段计算器】。如图 12-4 在窗口中输入以下表达式：

Right([STATE], 2)

点击【确定】按钮。

STATE
024
024
024
024
024
024

图 12-3

➡ 注意

新字段获得了原来省编号的最后两位字符。

下一步将州（NEWST）、郡（COUNTY）和交通小区（TAZ）的代码拼接起来，创建联系字段（JOINID）。

在【workers】属性表中再次点击【表选项】按钮，选择【添加字段】。将【名称】命名为【JOINID】，【类型】为【文本】，【长度】为【12】，点击【确定】。右键点击【JOINID】列的首字符，选择【字段计算器】。如图 12-5 在窗口中输入以下表达式：

[NEWST] & [COUNTY] & [TAZ]

点击【确定】按钮。生成的新 JOINID 字段如图 12-6 所示。

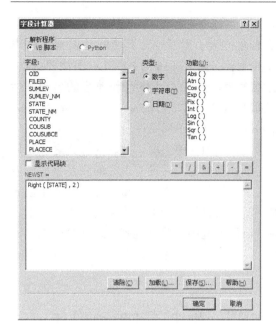 

图 12-4   图 12-5

JOINID	
24025	0878
24025	0863
24025	0877
24025	0866
24005	428
24005	429

图 12-6

> 步骤3 对 households. dbf 建立联系字段

在【内容列表】中右键点击【households. dbf】，选择【打开】。

同样，在表 households 中注意如下几个字段：STATE、COUNTY 和 TAZ。这三个字段分别代表州、郡和交通小区。STATE 字段由三位数字组成（如 024）。COUNTY 字段由三位数字组成（如 003）。TAZ 字段由四位数字组成（如 0218）。下面也将表示州的 STATE 字段后两位数字提取出来，创建新字段 NEWST，然后把该字段与 COUNT 和 TAZ 字段组合起来，成为联系字段。

点击【表选项】按钮，选择【添加字段】。将【名称】命名为【NEWST】，类型为【文本】，【长度】为【2】。点击【确定】按钮。右键点击【NEWST】列首字符，选择【字段计算器】。在窗口中输入以下表达式：

Right（[STATE]，2）

点击【确定】按钮，新字段获得了原来省编号的最后两位字符。

点击【表选项】按钮，选择【添加字段】。将【名称】命名为【JOINID】，【类型】为【文本】，【长度】为【12】。右键点击【JOINID】列的首字符，选择【字段计算器】。在窗口中输入以下表达式：

[NEWST] & [COUNTY] & [TAZ]

点击【确定】按钮。

> 步骤4 对 tazs. shp 建立联系字段

在【内容列表】中，右键点击【tazs. shp】，选择【打开属性表】。

同样，在表 tazs 中注意如下几个字段：STATE、COUNTY 和 TAZ。这三个字段分别代表州、郡和交通小区。STATE 字段由两位数字组成（如 24）。COUNTY 字段由三位数字组成（如 003）。TAZ 字段由三到五位数字组成。因为 tazs 中 STATE 字段只有两位组成，所以不必像对待表 workers 和 households 那样生成新字段 NEWST。我们直接把 STATE 字段与 COUNT 和 TAZ 字段组合起来，成为联系字段。

点击【表选项】按钮，选择【添加字段】。规定【名称】为【JOINID】，【类型】为【文本】，【长度】为【12】。右键点击【JOINID】列的首字段选择【字段计算器】。在窗口中输入以下表达式：

［STATE］ & ［COUNTY］ & ［TAZ］

➢步骤5　将 workers 属性连接到 tazs

在【内容列表】中右键点击【tazs. shp】，选择【连接和关联】—【连接】。在【要将哪些内容连接到该图层】中选择【表的连接属性】。在【选择该图层中连接将基于的字段】中选择【JOINID】，在【选择要连接到此图层的表，或者从磁盘加载表】中选择【workers】，在【选择此表中要作为连接基础的字段】中选择【JOINID】，如图 12 - 7。在弹出的【创建索引】对话框中，点击【是】。

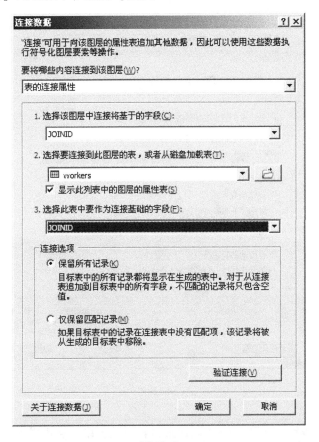

图 12-7

点击【确定】按钮。

在【内容列表】中右键点击【tazs. shp】，选择【数据】，选择【导出数据】。确认在第一个下拉菜单中选择的是【所有要素】。点击【浏览】按钮，找到本章数据所在的目录文件夹，以【employment. shp】作为输入形文件的文件名。点击【保存】按钮。点击【是】，将新的表格添加到地图中。

在【内容列表】中右键点击【tazs. shp】，选择【连接和关联】—【移除连接】—【移除所有连接】。这一步清除了之前操作中建立的关联。

➢步骤 6　将 households 属性连接到 tazs

在【内容列表】中右键点击【tazs. shp】，选择【连接和关联】—【连接】。在【要将哪些内容连接到该图层中选择表的连接属性】中选择【表的连接属性】，在【选择该图层中连接将基于的字段】中选择【JOINID】，在【选择此表中要作为连接基础的字段】中选择【households】，在【选择此表中要作为连接基础的字段】中选择【JOINID】，如图 12-8。

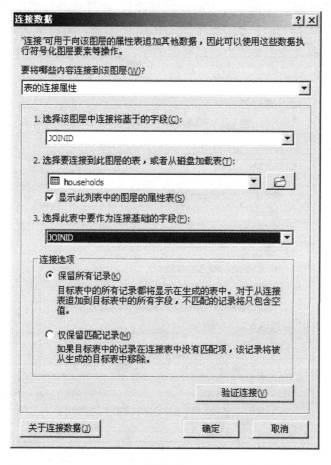

图 12-8

点击【确定】按钮。在弹出的【创建索引】对话框中，点击【是】。

在【内容列表】中右键点击【tazs. shp】，选择【数据】，选择【导出数据】，在【导出】栏中选择【所有要素】。点击【浏览】按钮，找到本章数据所在的目录文件夹，以【residence. shp】作为输入形文件的名字，点击【保存】按钮。点击【确定】按钮，关闭导出数据对话框。点击【是】按钮，将新的表格添加到地图中。

任务 2 通过生成专题地图对比基于交通小区的居住人口和就业岗位。我们将生成两张专题地图，一张反映居住人口数，一张反映就业岗位数。

➤ 步骤 调整符号系统属性

在【内容列表】中右键点击【employment. shp】，选择【缩放至图层】。然后右键点击【employment. shp】，选择【属性】。在【符号系统】标签中，选择【数量】—【分级色彩】，确定【字段】中的【值】为【TAB1X1】。点击【分类】按钮，在【方法】下拉菜单中选择【手动】。将【中断值】分别改为【1000】、【5000】、【10000】、【20000】和【26475】，如图 12-9。

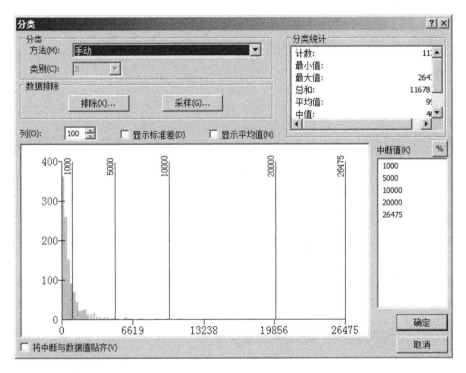

图 12-9

点击【确定】按钮。

在【色带】中选择从【蓝】色到【紫红】色，如图 12-10。

点击【OK】按钮。注意就业岗位数的分布。

在【内容列表】中右键点击【residence. shp】，选择【属性】。在【符号系统】标签中，选择【数量】—【分级色彩】，确定字段中的【值】为【TAB60X1】。点击【分类】按钮，在【方法】下拉菜单中选择【手动】。将【中断值】分别改为【500】、【1000】、【2000】、【3000】、【4150】，如图 12-11。

点击【确定】按钮。

在【色带】中选择从【绿】色到【红】色，如图 12-12。

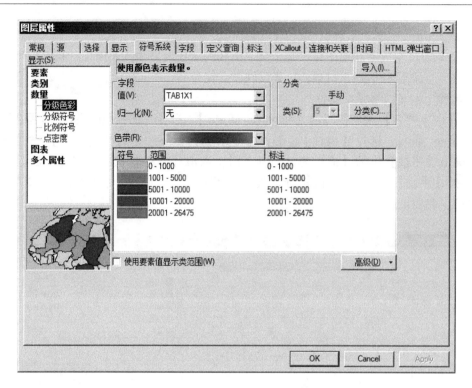

图 12-10

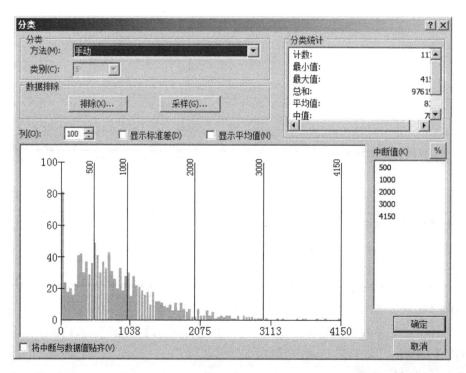

图 12-11

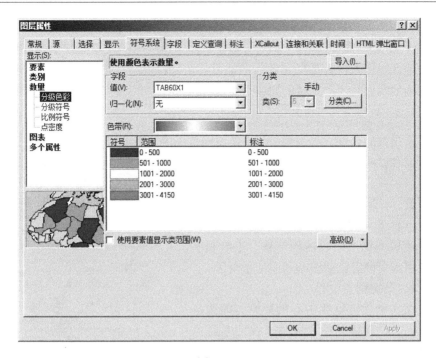

图 12 - 12

点击【OK】按钮。注意居住人口数的分布。

参见第 2 篇第 4 章的处理方式，将地图切换至布局视图，添加图例、指北针、比例尺等地图元素，以图像格式保存地图。

图 12 - 13 显示整个大都市区基于交通小区的居住人口数和就业岗位的绝对值。

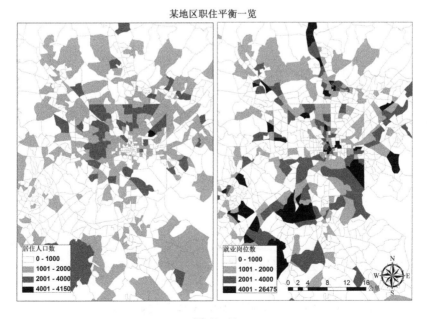

图 12 - 13

对比两图发现：①总体而言中心地区居住人口和就业岗位数相对其他外围区域更高，就业岗位在大都市区分布较居住人口更分散；②除中南部居住人口低就业人口高外，大都市区大部分地区居住人口相对高（低）的地段就业人口也高（低）。下面将生成职住平衡指数，更准确地掌握每个次区域的职住平衡情况。

任务 3　计算职住平衡指数，生成专题地图

职住平衡指数的计算方法一般为用一定空间范围内的就业岗位数除以居住人口数，该指数反映居住和就业岗位的相对比例。若数值接近 1，该空间范围内就业岗位数和居住人口数大致相当，职住平衡水平高；若数值远小于或远大于 1，就业岗位数大大低于或者高于居住人口数，该地区就业与居住规模相差较大，该地区内有相当比例的人需要跨区（远距离）通勤。任务 4 将生成两种不同的职住平衡指数，并生成专题地图表达该指数。生成职住平衡指数前需要确定就业中心和职住平衡区。

➤步骤 1　确定就业中心

我们沿用文献确定就业中心的原则，即按照一个片区是否同时满足两项条件来决定它是否可以被划入就业中心空间范围。这两项条件分别是该片区的就业总数和就业密度是否均达到阈值要求。这两项阈值因城市情况不同区别较大，本书作者根据该案例城市的密度分布情况，确定 11 个就业中心，如图 12-14。练习者可以按照自己城市特点确定这两项门槛值，并根据该值筛选出就业中心。

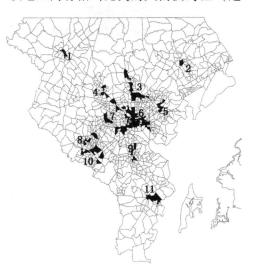

图 12-14

从生成的就业中心图可以看出，大都市区中心黑色部分（即次中心 6）为大都市区的主要就业中心，围绕该主要就业中心还有若干就业次中心（1～5 以及 7～11）。

➤步骤 2　确定职住平衡区

在职住平衡一览图中我们检视了基于交通小区的就业和居住人口规模。但是，用交通小区作为单位来评估一个城市或大都市区的职住平衡水平是不现实的。合理探讨职住平衡应基于一个较大的空间范畴，一般来说，以就业中心为中心，以一定通勤距离为半径的范围相对而言较合理。下文以"职住平衡区"指代基于就业中心的职住平衡研究范围。

我们采用两种不同的方法确定职住平衡区。第一种方法是只有距离就业中心一定距离之内的交通小区才被纳入职住平衡区。这里使用的距离值是 15 公里（美国大都市区高峰期小汽车行驶半小时距离）。在一个交通小区离两个就业中心距离都为 15 公里以内时，该交通小区被划入离它最近的就业中心所在的职住平衡区。第二种方法把每个交通小区分配给离它最近的就业中心，被分配给最近就业中心的所有交通小区共同组成基于该就业中心的职住平衡区。

根据第一种方法确定职住平衡区需要先生成基于就业中心的 15 公里圆（【ArcToolbox】—【分析工具】—【邻域分析】—【缓冲区】）。

生成的缓冲区圆圈如图 12-15 所示。

> ➡ **注意**
>
> 　在生成缓冲区时使用的输入要素既可以是就业中心文件本身，也可以将就业中心多边形文件转换为就业中心点文件，再根据就业中心点文件生成缓冲区。用就业中心多边形文件和点文件作为输入要素输出的缓冲区边界稍有差异，本章是用就业中心点文件生成缓冲区。

　　然后通过按位置选择（【主菜单】—【选择】—【按位置选择】）选取所有位于缓冲区内的交通小区，另存为一个新的交通小区文件。新生成的交通小区文件如图 12-16 灰色部分所示。距离就业中心 15 公里之外的交通小区不纳入第一种方法的职住平衡计算，在图中显示为白色。

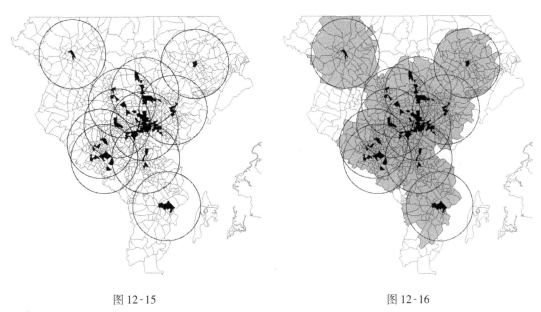

图 12-15　　　　　　　　　　　　　　　　图 12-16

　　接着使用空间连接工具（【ArcToolbox】—【分析工具】—【空间连接】），按照最近原则把每个交通小区与离它最近的就业中心连接起来。在使用空间连接工具时，目标要素为交通小区文件，连接要素为就业中心文件，匹配选项选择最近。生成的空间连接文件在图面上看与图 12-16 没有不同，有差别的是属性表中的内容，如图 12-17 所示。

TAB1X1_1	Rowid	FID	TAB1X1_1 *	FREQUENCY	SUM_TAB1X1	SUM_TAB60X1	RATIO
8195	1	0	8195	61	33955	32710	1.04
8195	1	0	8195	61	33955	32710	1.04
8195	1	0	8195	61	33955	32710	1.04
8195	1	0	8195	61	33955	32710	1.04
8195	1	0	8195	61	33955	32710	1.04
8195	1	0	8195	61	33955	32710	1.04
8195	1	0	8195	61	33955	32710	1.04
8195	1	0	8195	61	33955	32710	1.04
8195	1	0	8195	61	33955	32710	1.04
8195	1	0	8195	61	33955	32710	1.04
8195	1	0	8195	61	33955	32710	1.04

图 12-17

在生成的空间连接文件中，Rowid 是交通小区与就业中心两文件进行连接的连接字段。因为在步骤 1 中确定了 11 个就业中心，Rowid 的取值范围也为 1~11，表示与交通小区进行连接的就业中心数总共为 11 个。凡是 Rowid 值相同的交通小区，属于同一个职住平衡区。

最后通过使用融合工具（【ArcToolbox】—【数据管理工具】—【制图综合】—【融合】），把所有属于同一个职住平衡区的交通小区融合为一个整的多边形。融合操作既生成职住平衡区边界，以更好地进行图面表达，又可以对每个职住平衡区的居住和就业人口数进行计算，得到每个职住平衡区总的居住和就业人口数。在使用融合工具时融合字段为 Rowid，统计字段为 TAB1X1 和 TAB60X1。

生成的职住平衡区边界如图 12-18 中黑色加粗多边形所示。

打开生成的融合（职住平衡区）文件属性表如图 12-19 所示。

图 12-18

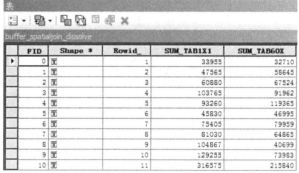

图 12-19

图 12-20

可以看到融合计算后，每个职住平衡区的总居住人口数和总就业人口数已经出现在属性表中，这是稍后计算职住平衡指数需要用到的数据。

根据第二种方法确定职住平衡区的方法与第一种类似，不同的是不需要生成缓冲区，而是直接使用空间连接工具，按照最近原则把每个交通小区与离它最近的就业中心连接起来，然后使用融合工具，得到职住平衡区，如图 12-20 黑色加粗多边形所示。

两种方法生成的职住平衡区数量均为 11 个（就业中心数为 11）。这两种职住平衡区最大的区别是第二种方法中所有的交通小区都参与接下来的职住平衡指数计算，而第一种方法中大都市边缘地区的交通小区（位于 15 公里半径圆之外的小区）不参与计算。

> 步骤 3　计算职住平衡指数

计算职住平衡指数的步骤为：①统计每个职住平衡区内所有交通小区居住人口数之和；②统计每个职住平衡区内所有交通小区就业岗位数之和；③用就业人口数之和除以居住人口数之和得到该职住平衡区的职住平衡指数。11 个职住平衡区对应 11 个职住平衡指数。

因为在图 12-20 中已经得到每个职住平衡区的居住人口和就业人口数。所以计算职住平衡指数的第 1 和第 2 步已经在步骤 2 中完成。接下来只需要在职住平衡区文件中创建一个新的字段（在属性表表选项中选择创建字段），用于记录就业人口总数除以居住人口总数即可。

根据第一种职住平衡区生成办法计算得到的职住平衡指数如图 12-21：

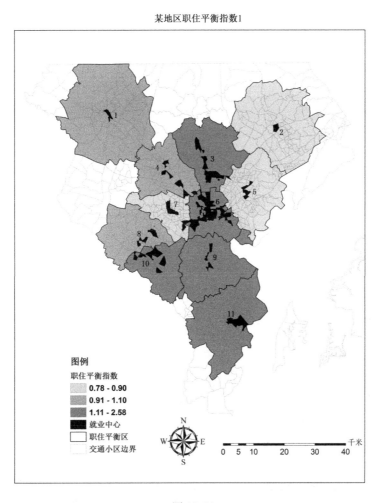

图 12-21

根据第二种职住平衡区生成办法计算得到的职住平衡指数如图 12-22：

我们设定 0.9 和 1.1 为职住平衡指数的阈值。职住平衡指数低于 0.9 的区域为就业岗

某地区职住平衡指数2

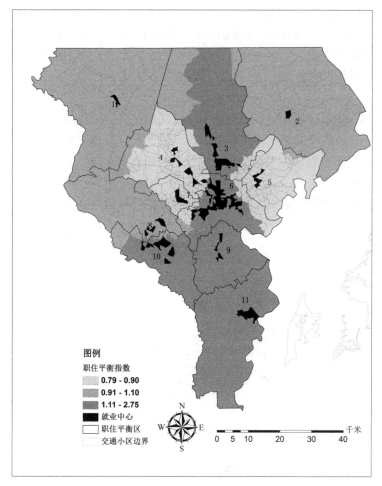

图 12-22

位数大大低于居住人口数的职住失衡区；职住平衡指数位于 0.9～1.1 之间的区域为就业岗位数与居住人口数相当的职住平衡区；职住平衡指数高于 1.1 的区域为就业岗位数大大高于居住人口数的职住失衡区。

　　从生成的两图可以看出，采用两种不同的职住平衡区生成办法计算得到的职住平衡指数基本一致。大都市区中心往北和往西南的区域属于就业岗位数大大高于居住人口数的职住失衡区。大都市区东部属于就业岗位数大大低于居住人口数的职住失衡区。大都市区的其他区域职住相对平衡。这一结论与对比每个交通单元的居住人口和就业岗位获得的结论基本一致。

　　这两种职住平衡区生成办法仍存在一些缺陷。在以上的计算中，我们假设每个就业中心仅可以吸引 15 公里范围内的就业居民，但实际上大都市主就业中心的辐射范围远超过 15 公里半径，而其他就业次中心的实际辐射范围也会因中心就业规模不同有所差异。这导致对实际的职住平衡值与上面的评估存在差异。如果可以获取研究范围的平均出行时长、主导出行方式、交通走廊位置等数据，将有助于更深入的认识研究范围内的职住平衡程度。随着大数据时代的到来，分析公交智能卡提供的海量出行信息将成为深入了解职住平衡状况的契机。公交 IC 卡大数据可以帮助了解通勤者的一日交通轨迹，分析者可以从 IC 卡中读出通勤的时间特征、空间特征、换乘特征，这些都是研究职住平衡的宝贵素材，有助于更合理研究职住平衡。

12.3　本章小结

职住平衡的规划理念是规划学者和政策制定者致力于实现的愿景。在公共交通走廊上实现职住平衡有望降低机动化出行和温室气体排放，同时在城市空间结构紧凑发展、节约土地和公共市政设施方面起到积极作用。本章介绍了使用 GIS 讨论职住平衡问题的一种方式，即通过对比每个空间单元的居住人口数和就业岗位数，定性掌握城市层面职住平衡的总体情况，通过生成基于就业中心的职住平衡指数定量评估各次区域职住平衡水平。在此基础上，可以通过添加交通走廊信息（走向、运量）、就业居住中心信息，进一步分析不同出行模式下、城市各分区的职住平衡状况。

第 13 章　公交网络分析
——行驶路线及覆盖度

13.1　概述

为提升城市中的公交分担率，城市交通规划师需要借助于一些技术手段来增加公共汽车相对私家车的竞争能力，提高公交的服务水平。在对服务水平问题的探讨中，公交覆盖度和线路设计是非常重要的部分。ArcGIS 的网络分析工具可计算交通设施覆盖范围，计算从一点到另一点的最优（如时间最短、成本最低）行驶路线。网络分析工具可以分为传输网络和效用网络两种，前者分析非定向网络，譬如道路网等。后者用来分析定向网络，譬如水、电网络等。本章主要介绍如何使用网络分析中的传输网络（即非定向网络）进行交通网络分析。

使用 ArcGIS 网络分析工具进行交通网络分析的优势表现在以下几方面：①对设施的网络覆盖度的测定更精确。以计算设施服务范围为例，网络分析以现状或规划交通系统网络为基础，计算出的网络覆盖结果能反映道路密度对出行的影响。②考虑出行速度。出行方式不同，交通速度也不同。以计算设施服务范围为例，网络分析可以根据不同交通工具（步行、私家车、公共汽车）的行驶速度，计算出基于不同交通方式的服务范围。③考虑出行成本，自动搜索路径。在计算从一点到另一点最优行驶路线时，ArcGIS 可以根据时间最短、费用最少等不同原则生成相应路线，这对于制定公交行驶路线、救灾行驶路线防灾撤离路线很有帮助。④考虑不可跨越的空间障碍。当城市街区被高速路、铁路分割时，会影响步行、自行车等的可达性。通过设置障碍，网络分析更真实地模拟非机动化出行方式的活动范围。

网络分析中的网络由几何网络和逻辑网络两部分组成。几何网络具有几何形状并显示在 ArcMap 和 ArcCatolog 视图中，包括线要素和点要素。以道路网络为例，线要素表达道路路段，点表示交叉路口。每个几何网络有一个对应的逻辑网络。逻辑网络是进行网络计算的后台数据结构，它存储线和交点的连接关系。用形文件生成几何网络最简单，如果没有形文件，一般在 AutoCAD 等绘图软件中绘制完成再导入 ArcGIS 转为形文件。在应用网络分析前，建议在 ArcCatalog 中进行拓扑检查，即根据指定拓扑规则对网络几何连接的准确性、完善性（线段不闭合、线段重叠等）进行检查，消除网络问题后再导入 ArcMap 进行网络分析。除了检查几何连接的准确性和完善性外，还需要检查网络文件是否具备体现成本的属性，譬如行驶速度、时间、费用等。

本章练习设计一条公交路线，该路线需到达主要的公共设施（如博物馆、市政府等）。练习还需了解这条公交路线的总行驶时长，并需生成 400 米和 800 米公交站辐射范围了解其覆盖度。练习需时约 60 分钟。

13.2　练习

13.2.1　数据和任务

本章练习主要任务如下：

（1）准备街道网络；

（2）创建公交站点辐射区；

（3）创建公交路线；

（4）输出专题地图。

主要用到以下几种数据：

（1）街区网络形文件：streets. shp；

（2）社区设施形文件：community. shp；

（3）公园形文件：parks. shp。

本章形文件来自城市规划局。

流程图 13-1 用箭头把本章涉及的四项任务（矩形方框标示的内容）和每项任务生成的新文件（圆角矩形方框标示的内容）串联起来。streets. shp 是生成街道网络的形文件。community. shp 和 parks. shp 提供公交站点位置。

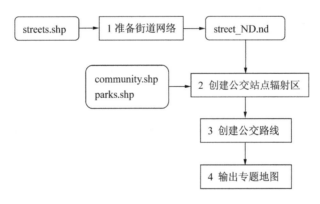

图 13-1

13.2.2　练习

任务 1　准备街道网络

在进行网络分析之前，先需要生成街道网络文件。

➤步骤 1　查看网络形文件属性

启动【ArcMap】。在【主菜单】中选择【自定义】—【扩展模块】，确保【Network Analyst】旁边的检验栏已经被勾选。如果 Network Analyst 工具条仍未出现，右键点击【主菜单】，从出现的名单中选择【Network Analyst】。

在【标准】工具条点击【添加数据】按钮，找到本次数据集存放的目标文件夹。添加【streets. shp】，打开它的属性表，查看属性内容。注意有一个名为 SPEED_ MPH 的属性，它说明道路车速，另外还有一个属性叫 Feet，它表示每段路的长度。

→ 注意

（1）streets. shp 包含了速度属性（SPEED_MPH）和距离属性（Feet），可以根据这两属性计算驶过每段道路的时间属性（Minutes），然后根据时间选择时间最短路径。这一方法假设人们总是选择车速快的道路。如果得不到车速信息则跳过该步骤，只计算基于距离的最短路径。ArcGIS 网络分析工具自动解析这些字段（速度、距离、时间等）作为成本分析字段。属性表中每段路的长度（Feet）以英尺为单位，而每段路的行驶速度（SPEED_MPH）以英里为单位。所以，如果要以分钟数来衡量穿越每段路所用的时间（成本），需要进行换算。

表中每段路的长度以英尺表示：

1 英里 = 5280 英尺。

限速以每小时英里数表示：

1 小时 = 60 分钟

（2）街道文件 streets 已经经过拓扑处理，解决了线段不闭合、线段重叠未连接等问题。

右键点击【streets】，选择【打开属性表】，点击表左上方的【表选项】—【添加字段】。将新生成的字段命名为【Minutes】，【类型】为【浮点型】，【精度】和【比例】分别为【8】和【4】。右键点击【Minutes】的首字段，选择【字段计算器】。如图 13-2 在新出现的窗口中输入以下表达式：

$$[Feet]/5280/[SPEED\_MPH] * 60$$

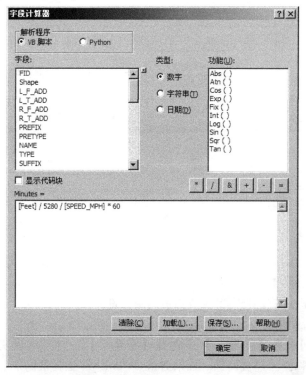

图 13-2

点击【确定】按钮。

➤步骤2 创建网络数据

现在创建街道网络文件。启动【ArcCatalog】，选择【自定义】—【扩展模块】，确认勾选了【Network Analyst】检验栏。在【ArcCatalog】界面左侧的【目录树】内，找到数据集所在的目录文件夹，右键点击【streets】，选择【新建网络数据集】，如图 13-3。

图 13-3

本练习创建一个简单的网络，因此接受设置过程中绝大部分的默认值。接受默认的名称为【streets_ND】。点击【下一步】，然后接受接下来三个对话框的默认值。在【为网络数据集指定属性】页面（如下所示），用【英尺】和【分钟】衡量成本，如图 13-4。

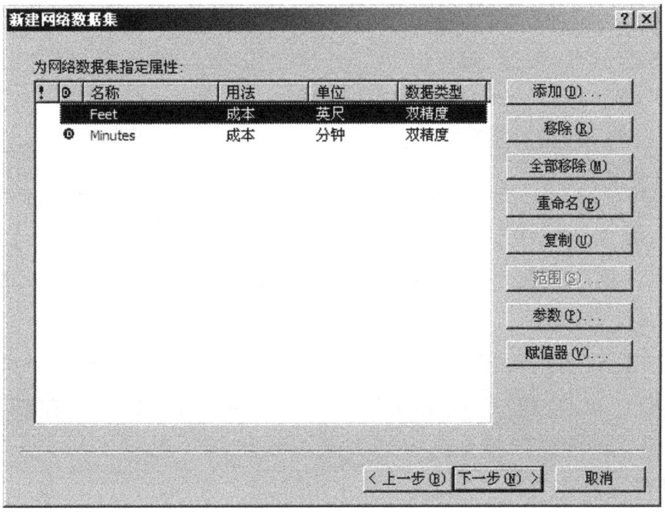

图 13-4

点击右下方的【赋值器】按钮。可以看到 Feet 属性已经被添加作为衡量网络距离计算的单位。如果没有在 streets 形文件的属性表中建立明确的命名变量，软件无法自动提取英尺和分钟。

点击【确定】按钮，点击【下一步】按钮，建立行驶方向。在最后一个对话框中点击【完成】按钮。该操作将进行几秒钟，以下窗口将出现，如图 13-5。

点击【是】按钮，建立网络数据集。

现在在 ArcCatalog 窗口中看到两个新的文件：新的网络数据集 streets_ND. nd 和系统交汇点要素类 streets_ND_Junctions. shp。

选择其中任意一个形文件，点击【预览】标签，streets_ ND. nd 文件看上去与预览初始街道形文件看到的内容一致，但在 ArcMap 中它的用处大有不同。streets_ ND_ Junctions. shp 文件包含了研究范围内所有街道的交叉节点。

任务 2　创建公交站点辐射区

本练习所指的公交站点辐射区是道路网络上距离公交站一定距离的点围合成的区域。这一区域是沿道路网而不是沿以公交站为中心的半径放射出去形成的。所以网络分析计算的辐射区一般为异形，而非圆形。本次练习使用 400 米和 800 米两种距离生成两套辐射区，这是人们愿意通过步行前往公交站点的梯段值。

➢步骤 1　添加网络文件，打开网络分析工具

在【ArcMap】中添加新创建的【streets _ ND. nd】数据集和两个形文件【community. shp】和【parks. shp】。社区内有学校、市政厅、艺术中心等公共设施，另外还有几处公园。在设计公交路线时，需要就这些公共设施和公园布置公交停靠点（车站）。如图 13-6，在弹出的【添加网络图层】对话框选择【是】，软件将与 streets_ ND. nd 相关的文件 streets_ ND_Junctions. shp 也添加进来。

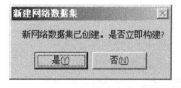

图 13-5　　　　　　　　　　　　　图 13-6

关闭【streets_ND_Junctions】图层，显示 community 和 park 图层的标签（在内容列表窗口图层名称上右键点击标注要素）。点击【内容列表】窗口中【parks】图层下方的颜色块，修改默认颜色，增加视图的可识别性。可以为初始的街道形文件添加标签（网络数据集无法添加标签）。

在【主菜单】中右键点击鼠标，在出现的列表中选择【Network Analyst】，打开 Network Analyst 工具条，如图 13-7 点击【显示/隐藏 Network Anaylst 窗口】按钮，Network Analyst 窗口将出现。将该窗口拖至内容列表面板下方。

➢步骤 2　设置设施点

在【Network Analyst】工具条中点击【Network Analyst】下拉菜单，选择【新建服务区】。Network Analyst 窗口出现六个新的词条（设施点、面、线、点障碍、线障碍、面障

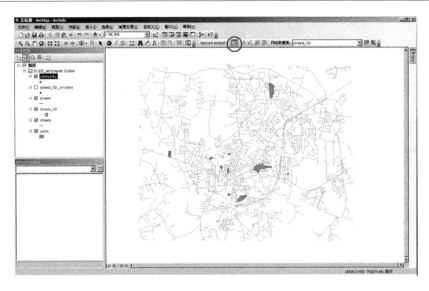

图 13-7

碼），在内容列表中可以看到一个名为服务区的新图层，如图 13-8。

【设施点】是公交站点辐射区的中心点。【障碍】是在起终点之间任何的障碍物（如果计算的是步行可达性，需要在主要的高速路上设置障碍）。【面】是生成的设施辐射区，【线】是线性多边形（在本章中不涉及此项）。现在所有的数据图层都是空的。

定义设施。本章提供了一个点状形文件 community，表示社区和文化设施的选址（也是公交站点的选址），接下来所需要做的是把它输入到 ArcMap 中。在【Network Analyst】窗口（内容列表下方）中右键点击【设施点（0）】，选择【加载位置】。在【加载自】下拉栏中，选择【community】，如图 13-9。

图 13-8

图 13-9

点击【确定】按钮。

现在视图中出现了一些近似圆形的多边形，表示形文件 community 中的设施位置。

点击【Network Analyst】窗口中【设施点（8）】旁边的加号，展开该词条，查看这些社区文化设施的名称，如图 13-10。

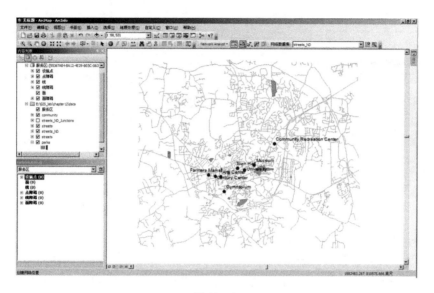

图 13-10

> 步骤 3　添加设施点

如果临时要在分析中加入公园并不需要返回去调整点状形文件。ArcMap 支持实时插入新的设施点。因为公园的面积较大，实时插入公园或其他多边形作为设施时应将光标放在接入设施的道路上进行点击。如果点选位置离现状道路太远（譬如公园的中心），软件无法将点（设施）和道路网连接起来进行分析。

点选【设施点（8）】后，点击【Network Analyst】工具条上的【创建网络位置工具】按钮，如图 13-11，光标上出现小黑旗，表示可以插入新的设施点。

图 13-11

点击几个大的公园，记住不要将光标放置在公园多边形的中部，可以关闭标签，并使用【放大】和【平移】工具进行配合。如果某一个公园有几个出入口，可能需要创建不止一个点，如图 13-12。

完成后看到 Network Analyst 窗口设施点数目增加至 14 个，如图 13-13。读者根据自己的设置情况，最终获得的设施点数目和位置可能与本书有所差异。

> 步骤 4　设置辐射区范围

接下来告诉 Network Analyst 设施辐射区有多大。点击【Network Analyst】窗口服务区下拉栏右边的【服务区属性】按钮，如图 13-14。

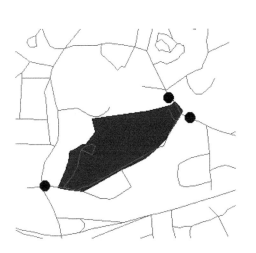

图 13-12

图 13-13

图 13-14

　　点击【分析设置】标签。第一轮使用【1/4 英里】和【1/2 英里】两种前往设施的步行距离。1/4 英里和 1/2 英里分别是 400 米和 800 米，也就是说人步行 5 分钟和 10 分钟能完成的路程。在【阻抗】下拉栏中选择【Feet（英尺）】，在默认中断文字框中键入【1320 2640】。为了生成多个距离环，两个值之间必须有一个空格号，如图 13-15。

　　点击【面生成】标签。在【面类型】下方选择【详细】，其余选项均接受默认值，如图 13-16。

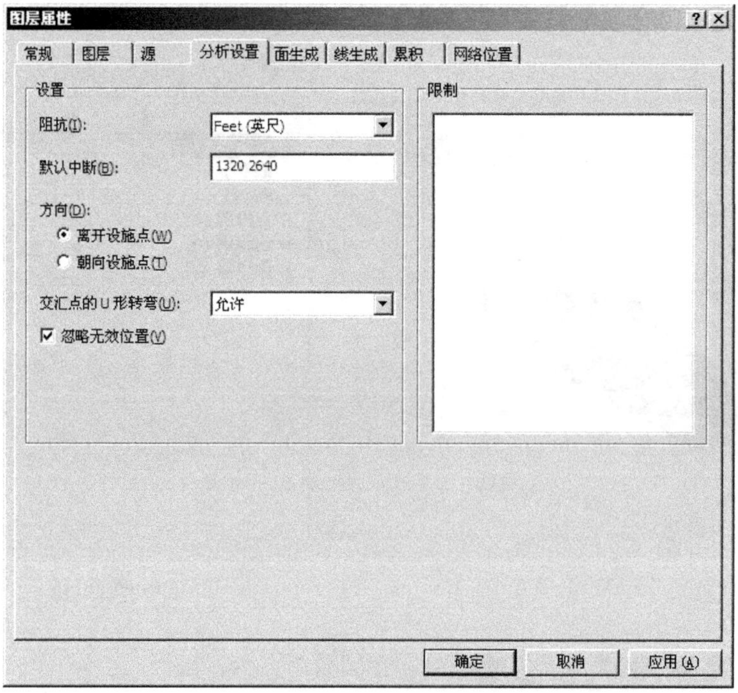
图层属性
常规
图层
源
分析设置
面生成
线生成
累积
网络位置
设置
阻抗(I):
Feet (英尺)
默认中断(B):
1320 2640
方向(D):
离开设施点(W)
朝向设施点(T)
交汇点的U形转弯(U):
允许
忽略无效位置(V)
限制
确定
取消
应用(A)

图 13-15

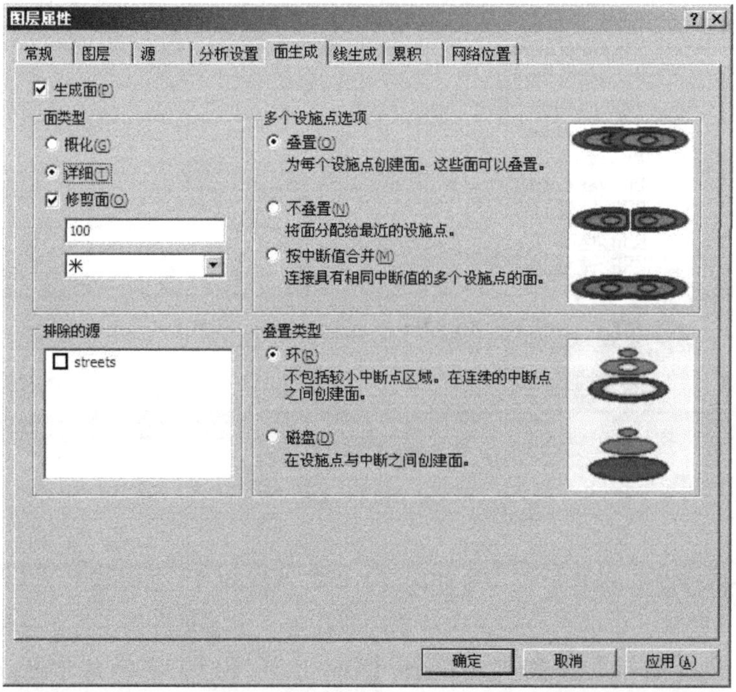
图层属性
常规
图层
源
分析设置
面生成
线生成
累积
网络位置
生成面(P)
面类型
概化(G)
详细(T)
修剪面(O)
100
米
多个设施点选项
叠置(O)
为每个设施点创建面。这些面可以叠置。
不叠置(N)
将面分配给最近的设施点。
按中断值合并(M)
连接具有相同中断值的多个设施点的面。
排除的源
streets
叠置类型
环(R)
不包括较小中断点区域。在连续的中断点之间创建面。
磁盘(D)
在设施点与中断之间创建面。
确定
取消
应用(A)

图 13-16

> ◆　注意
>
> 处理多个设施带来的辐射多边形重叠问题有多种方法。本章接受默认选项。

点击【确定】按钮。

➤步骤 5　首次求解，生成公交站点辐射区

点击【Network Analyst】工具条上的【求解】按钮（网格＋箭头）。会出现一些多边形。多边形代表每一项设施的辐射区。浅色多边形表示 1/2 英里辐射区，深色多边形表示 1/4 英里辐射区。可看出，研究范围内仍然有大量区域不在任何公交站点辐射范围内。也就是说仍然有很大一部分居民很难通过步行接近这些公交站点。

➤步骤 6　设置点障碍

这些多边形中，可以看到根据 Gymnasium 生成的辐射区延伸到高速公路外侧。软件如此计算出来的辐射范围并不符合实际情况，因为这些辐射区范围是根据步行能力设定的，但人们通常不会跨越高速公路使用设施，因此可以增加一些障碍使得软件在计算时不会让辐射区延伸至高速路的另一侧。

在【Network Analyst】窗口中点击【点障碍（0）】。再次点击【Network Analyst】工具条的【创建网络位置】工具按钮。将障碍设置在你认为行人无法穿越高速公路的地方，如图 13-17。

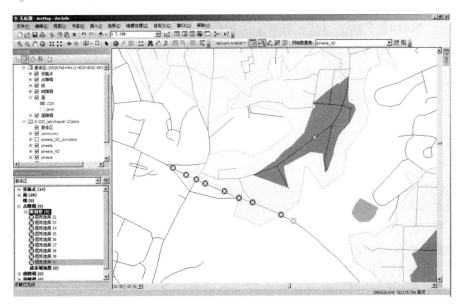

图 13-17

➤步骤 7　二次求解，更新设施辐射区

再次点击【求解】按钮，高速路外侧的设施点服务范围已经被移除。障碍可能不会在第一次设置时就达到满意的效果。可以尝试放大视图，设置多个障碍物，提高插入障碍物的位置精准度。可以使用 Network Analyst 工具条的选择移动网络位置工具，移动已创建的工具的位置。不断测试，点击求解按钮，更新这些辐射区多边形，以获得最佳效果，如图 13-18。

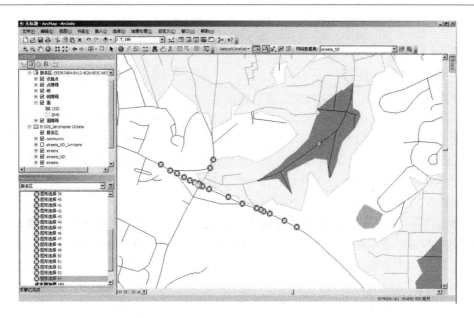

图 13-18

每次调整后，点击求解按钮进行更新，之前创建的多边形（设施辐射区）就会被改写。如果希望再创建新的公交站点辐射区，点击 Network Analyst 工具条的新建服务区，会生成一系列新的设施点、障碍和多边形。如果需复制之前用到的设施，只需要在 Network Analyst 窗口右键点击设施点选择加载位置，选择第一个下拉栏服务区次标题下面的设施点。

任务3　创建公交路线

接下来设计一条新的公交路线，连接所有的公交站点。该任务需要借助 Network Analyst 的路径工具。

➤步骤1　设置公交停靠站

在【Network Analyst】工具栏中点击【Network Analyst】下拉菜单，选择【新建路径】。现在，在内容列表下面的 Network Analyst 窗口包含了停靠点、路径、点障碍、线障碍和面障碍五个词条，但每个词条内都是空的。这里输入与服务区部分一致的设施。在【标准】工具条中点击【清除所选要素】，在【Network Analyst】窗口中右键点击【停靠点（0）】，选择【加载位置】。在【加载自】下拉栏选择【服务区】次标题下面的【设施点】，如图 13-19。

> ➤ 注意
> 若点击确定按钮后只能加载很少数量的设施点，可能是由于未清除之前所选的要素。此时应该点击菜单栏中的【选择】，然后在下拉菜单中选择【清除所选要素】。

点击【确定】按钮。

如果需要删除、增加公交站点，在【Network Analyst】窗口中展开【停靠点（15）】（由于开始围绕公园增设了一些设施点，因此读者自行设计的停靠点数目可能不是 15）。点击不感兴趣的公交站点，选择【删除】。也可以使用 Network Analyst 工具条中的选择/移

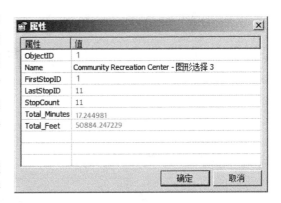

图 13-19

动网络位置工具，对设施进行重新定位。本章保留所有原有和后增加的公交站点。

➤步骤 2 设置最优路线原则

检查路线设置情况。在【Network Analyst】窗口中点击【路径属性】按钮。点击【分析设置】标签，【阻抗】选择【Minutes（分钟）】。这意味着会以出行时间最短为原则生成路线。点击【累积】标签，勾选【Feet】和【Minutes】检验栏。点击【确定】按钮。

➤步骤 3 首次求解，生成公交线路

点击【Network Analyst】工具条上的【求解】按钮，新的公交路线出现。在【Network Analyst】窗口中点击【路径 1】词条旁边的加号，展开路径 1 词条。右键点击【路径（Community Recreation Center - 图像选择 3）】，选择【属性】。如图 13-20 可以看到通过路线所需要的时间（Total_Minutes）和路线的总距离（Total_Feet）。这些值可能根据读者选择的不同的设施数目和位置有所不同。

图 13-20

在【Network Analyst】窗口，展开【停靠点（11）】，注意沿新公交路线的站点排列顺序，如图 13-21。

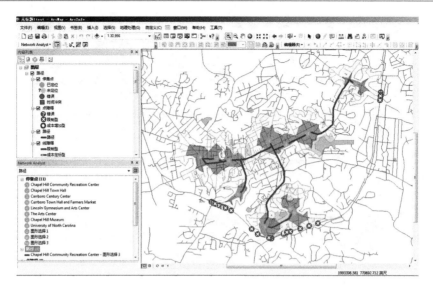

图 13-21

> 步骤 4　二次求解，更新公交路线

可以考虑优化局部公交站点的次序。点击【路径属性】按钮，返回图层属性窗口。在【分析设置】标签上，勾选【重新排序停靠点以查找最佳路径】检验栏，点击【确定】按钮。点击【Network Analyst】工具条上的【求解】按钮。从图 13-22 可以看到公交路线已经发生变化。

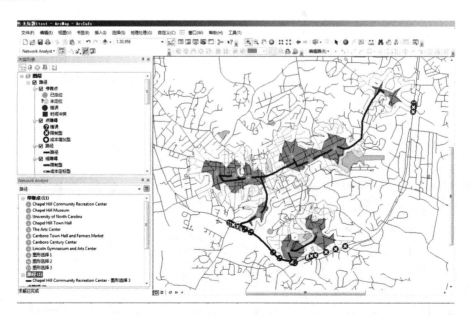

图 13-22

> 步骤 5　检查公交线路行驶时间和距离

在【Network Analyst】窗口中右键点击【路线（Community Recreation Center）】，选择

【属性】。往下拖动滚动条到窗口底端，右键点击【路径（Community Recreation Center-图像选择3）】，选择【属性】，如图 13-23。检查该公交路线的行驶时间和距离。

可以看出，改线后公共汽车总的行驶时间和距离均减少。

在【Network Analyst】窗口中展开【停靠点（11）】，注意公交站点的先后顺序也已经改变。

新增公交路线可能会让 Columbia 街和 Cameron 街以及 Columbia 街和 Franklin 街交叉路口的交通堵塞问题更加严重（通过在 Google Map 中输入 Chapel Hill 及上述街道名称，查询这些街道的具体位

图 13-23

置）。下面在这些地段增加障碍，如在生成设施辐射区多边形所做的一样。在交叉路口设置障碍的时候，需要用到放大、平移和识别工具。

➢步骤6　设置点障碍

在【Network Analyst】窗口中点击【点障碍（0）】，然后点击【Network Analyst】工具条上的【创建网络位置工具】按钮。创建的点障碍如图 13-24。

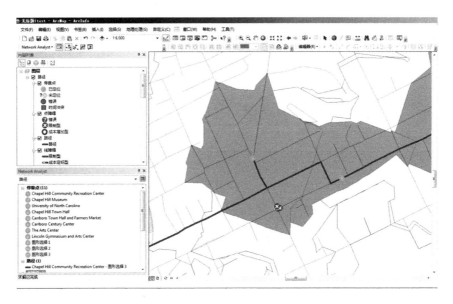

图 13-24

➢步骤7　三次求解，更新公交路线

用光标点击 Columbia 街和 Franklin 街的十字路口处，再次点击【求解】按钮，可以看到修改过的公交路线，如图 13-25。

➢步骤8　设置公交停靠时间

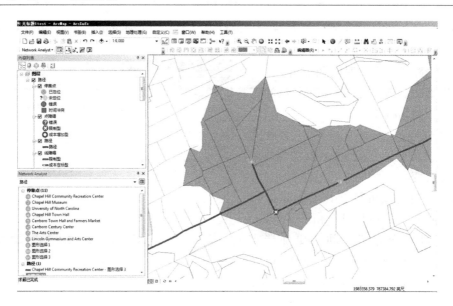

图 13-25

右键点击【停靠点（14）】名单中的任何停靠点，并选择【属性】进行查询。找到 Attr_Minutes 字段，用适当的值改写这个值（譬如改为 2）。点击【确定】按钮，保存所做的修改。在所有站的词条上重复这个操作。或在【Network Analyst】窗口右键点击【停靠点（14）】，选择【打开属性表】。也可以使用【字段计算器】，更新所有站的值。点击【确定】按钮，更新数值。

➜ 注意
如果发现只有其中一些行的数值改变了，说明需要在赋值之前取消之前选择的一些对象。

➢步骤 9 将公交线路设置为循环线路

公交路线通常在同一地点开始和结束。如果规定新的公交路线开始并结束于 Town Hall。在【Network Analyst】窗口中，展开【停靠点（11）】，点击【Town Hall】，将其拖至列表的顶端。

右键点击【Town Hall】词条（现在它位于列表顶端），选择【复制】。接下来右键选择【粘贴】。将第二个【Town Hall】词条拖至名单的最底端。在【Network Analyst】工具条上，点击【求解】按钮。从图 13-26 可以看到公交线路再次调整，原因是首末站为同一个站点。

在【Network Analyst】工具条中点击【方向窗口】按钮，查看该公交线路的路径详细信息，如图 13-27。

任务 4 输出专题地图

在【内容列表】中取消勾选【路径】和【服务区】下面的点障碍词条。调整【服务区】—【面】的颜色。右键点击【community】和【park】文件并选择【属性】，点击【标注】标签，在【文本字符串】的【标注字段】栏中选择【CHName】。这里本书作者已经将英文的地名翻译成中文，并通过新建字段 CHName，将中文地名保持在表格中。在

【内容列表】中，将【community】改为【社区设施】，并置于图层的最上方。将【streets】
改为【街道】，将【parks】改为【公园】。在【路径】—【路径】下，将【路径】改为
【公交线路】。在【路径】下，右键点击【停靠点】，选择【属性】，打开图层属性对话
框。在【标记符号】下，取消勾选【未定位】、【错误】和【时间冲突】检验栏。回到内
容列表对话框，将【已定位】改为【公交站点】。

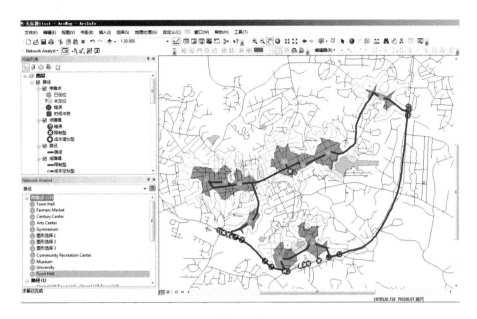

图 13-26

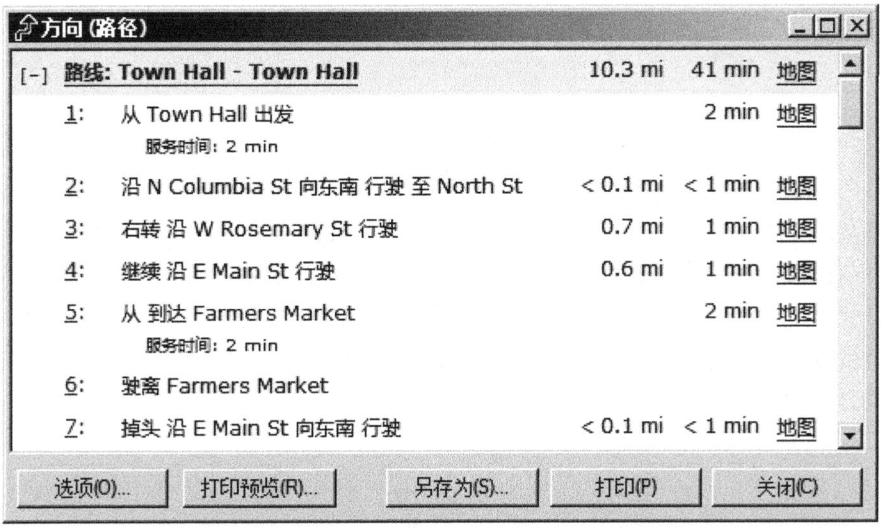

图 13-27

在【主菜单】中点击【视图】—【布局视图】。在该状态下，插入【图例】。右键点

击新生成的图例，选择【属性】，打开【属性】对话框。在【图例】项中选择【停靠点】，点击【样式】—【属性】，取消勾选【显示图层名称】，勾选【显示标注】。

参见第2篇第4章的处理方式，将地图切换至布局视图，添加图例、指北针、比例尺等地图元素，以图像格式保存该地图，如图13-28。

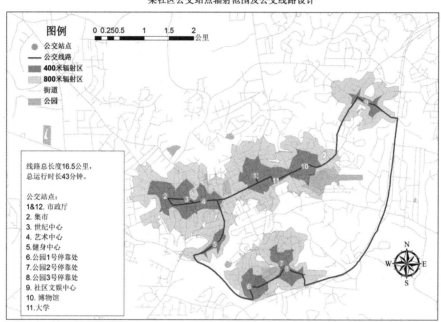

图 13-28

13.3 本章小结

本章介绍了如何应用 Network Analyst 扩展工具进行交通网络分析，以及如何使用该工具评估公交站点可达性、并在此基础上设计合理的公交路线。一般来说，使用网络分析工具评估可达性可得到更合理的结果。使用网络分析这种方法可以考虑道路密度、道路连接性、出行障碍等因素。另外，使用网络分析根据一系列设施点可以生成出行线路，并可模拟不同出行方式的行进路径、方向，进行出行成本评估，这些为制定改进出行的公共政策提供了较有说服力的技术支持。

第 6 篇

GIS与环境分析

本篇为 GIS 与环境分析，介绍如何使用 GIS 进行最基本的植被、水污染、局地气候变化和景观视域分析。

第 14 章　植 被 分 析

14.1　概述

城市空间分析的一项常见任务为：为应对快速城市化过程中凸显的各类生态问题，需要分析城市及区域的地表植被。随着城市用地向外扩张以及城市内部更新改造，城市内部及周边原有的林地、园地及耕地等绿色植被大幅度减少。植被面积的减少和不透水地表面积的增加带来一系列连锁反应，包括水土流失、热岛效应、城市受洪、防灾负担增加、生物种类灭绝等，这些影响制约着人类生活的可持续发展。要应对这些问题，城市规划可以起到非常重要的作用。例如，如果能够合理减少城市内部渗透面积，就更能有效地进行暴雨泄洪、改善防灾减灾的应对能力。

总而言之，研究植被覆盖变化及其相关的自然、和社会经济因子之间的关系，可了解快速城市化过程对地表植被的影响。为了更好地掌握一个地区植被数量的波动情况，了解植被变化对生态环境的影响，地球科学家在二十年前已经开始使用卫星遥感器衡量、绘制地球的植被密度。卫星遥感器可以测度地球表面反射回太空的近红外线和可见光的波长和强度。茂密的绿色植物会吸收绝大多数的可见光，并反射大量的近红外光；不茂密的植被会反射更多的可见光，反射更少的近红外光。利用这一点，卫星遥感器可以感知地表绿色植物的空间分布和稠密程度。科学家们使用名为植被指数的术语定量测度绿色植物的集中程度，并绘制植被地图，用以跟踪哪里的植物繁荣茂密，哪里的植被正在退化。归一化植被指数（Normalized Difference Vegetation Index，简称 NDVI）是最常用的植被指数。NDVI 的值根据电磁波两个波段的反射量多少确定，这两个波段分别是近红外线（0.725 ～ 1.1μm）和可见光（0.58～0.68μm）。NDVI 要做的就是对近红外光反射量大的植被区域赋高值，区分出植被密集的梯度。NDVI 凭借其卓越的植被信息表达能力，以及数据提取与处理过程中较强的抗干扰能力，已经成为区域植被变化研究的主要数量分析工具。NDVI 也是使用时间最长、使用范围最广的植被指数之一。

本章以某市域为研究范围，介绍如何利用已有的卫星影像数据，在 ArcGIS 中进行 NDVI 栅格计算，并根据生成的 NDVI 栅格输出植被数量专题地图。本章数据由美国地质勘探局免费提供。该局旨在搜集科学素材（数据）如卫星影像、航拍图片及地球表面数据等。本练习需时约 45 分钟。

14.2 练习

14.2.1 数据和任务

本章的主要任务如下：

（1）提取研究对象；

（2）计算 NDVI；

（3）输出专题地图。

主要用到以下几种数据：

（1）郡边界形文件：counties. shp；

（2）地段边界形文件：places. shp；

（3）卫星影像文件：L5019032_03220070706_B30. TIF 和 L5019032_03220070706_ B40. TIF。

本章形文件数据的来源是美国联邦统计局，卫星影像数据来自美国地质勘探局网站（U. S. Geological Survey）。该数据由 LANDSAT 卫星主题绘图仪搜集。读者也可自行选择自己感兴趣的地区进行练习。

流程图 14-1 用箭头把本章涉及的三项任务（矩形方框标示的内容）和每项任务生成的新文件（圆角矩形方框标示的内容）串联起来。任务 2 运用 NDVI 公式，对两张栅格影像进行栅格计算，得到名为 NDVI 的植被指数影像，该影像是专题地图表达的内容。

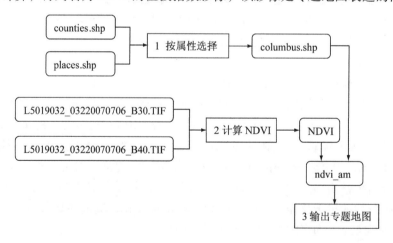

图 14-1

14.2.2 练习

任务 1 选取研究范围

➤ 步骤 1 添加数据

启动【ArcMap】，如图 14-2 点击【标准】工具条的【添加数据】按钮，找到数据集存放的目录文件夹。

用光标选择【counties. shp】和【places. shp】，点击【添加】按钮。

➤步骤2 提取研究对象

在【主菜单】中选择【选择】—【按属性选择】，如图 14-3。

图 14-2   图 14-3

确保在第一个下拉栏中选择了【places】，确定查询方式如图 14-4。

图 14-4

点击【确定】按钮，从形文件中众多市中选定美国 Ohio 州的 Columbus 市。在【内容列表】中，右键点击【places. shp】，选择【数据】—【导出数据】。确保第一个下拉栏中选择的是【所选要素】，输出的形文件是【columbus. shp】，确保输出的形文件是存放在本章文件目录下，如图14-5。点击【保存】和【确定】按钮。点击【是】，将导出的数据添加到地图图层中。在下面制图的步骤中将用到 Columbia 市边界的形文件。

➤步骤3 调整图层属性

在【内容列表】中右键点击【places】，选择【移除】。右键点击【columbus】，选择【属性】。点击【符号系统】标签，点击【符号】中的颜色板，符号选择器窗口出现。改【填充颜色】为【无】色，改【轮廓颜色】为【黑】色。点击【确定】按钮。

在【内容列表】中右键点击【counties】，选择【属性】，点击【符号系统】标签，点击【符号】中的颜色板，符号选择器窗口出现。改【填充颜色】为【无】色，改【轮廓颜色】为【绿】色。点击【确定】按钮，如图14-6。

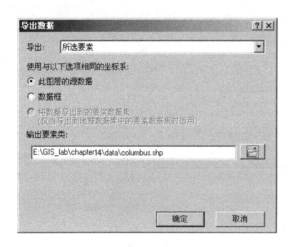

图 14-5　　　　　　　　　　　　　　　　图 14-6

任务 2　添加卫星影像，激活空间分析模块

下面将光盘中提供的 LANDSAT 卫星影像添加到 ArcMap 中，运用栅格计算器功能计算植被指数，了解绿色植物（高值）和不透水层（低值）的空间分布。

➤步骤1 添加植被栅格影像

在【ArcMap】的【标准】工具条点击【添加数据】按钮，找到数据集存放的目录文件夹，选择【L5019032_03220070706_B30. TIF】和【L5019032_03220070706_B40. TIF】，点击【添加】按钮。这些数据集是从 USGS 网站上下载的 LANDSAT TM 的第三波段和第四波段影像。一旦这些图像数据被添加到 ArcMap，它会被 ArcGIS 当成栅格数据集进行处理。

➤步骤2 调用空间分析模块

在【主菜单】中选择【自定义】—【扩展模块】，如图14-7。

如图 14-8，勾选【Spatial Analyst】检验栏，关闭扩展模块对话框。

图 14-7

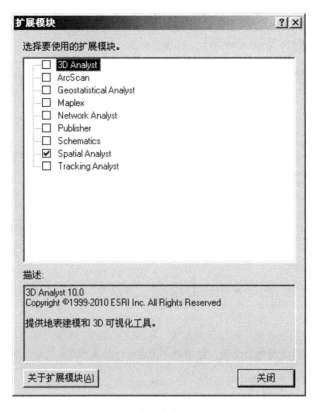

图 14-8

任务3 计算归一化植被指数

下面用卫星影像的波段计算 Ohio 州中部城市的"归一化植被指数（NDVI）"。

NDVI 的计算公式如下：

$$\text{NDVI} = \frac{\text{近红外} - \text{可见}}{\text{近红外} + \text{可见}} = \frac{\text{波段4} - \text{波段3}}{\text{波段4} + \text{波段3}}$$

◆ 注意

（1）NDVI 的计算公式有多种，本练习选取的是其中较为通用的一种。

（2）光种类和波段的对应关系根据不同的遥感装置有所不同。本练习采集的近红外线和可见光来自 LANDSAT 卫星主题绘图仪（LANDSAT Thematic Mapper），该绘图仪的波段4搜集近红外线，波段3搜集可见光。该绘图仪对波段的详细规定见以下链接。http：//landsat. usgs. gov/band_ designations_ landsat_ satellites. php

（3）NDVI 值的浮动范围为 −1 到 +1。NDVI 值越高，绿色植被越茂密。NDVI 值越低，绿色植被越稀疏。

➤步骤1 计算分子项 NearIR – Red

在栅格计算器中可以对栅格数据集进行地图代数运算。

打开【ArcToolbox】—【Spatial Analyst 工具】—【地图代数】—【栅格计算器】。

在栅格计算器窗口中键入如下表达式：

Float（"L5019032_03220070706_B40. TIF" － "L5019032_03220070706_B30. TIF"）

【输出栅格】名称为【Numerator】，如图 14-9。

图 14-9

点击【确定】按钮，创建一个栅格数据集，表示卫星影像中波段 4 和波段 3 的差值。

➡ **注意**

在栅格计算器中使用"地图代数"必须遵循一定的语法规则，才能创建有效的表达式。如果不遵循这些规则，创建的表达式可能会无效，导致命令无法执行，或者得不到预期的结果。

➤步骤2 计算分母项 NearIR + Red

再次打开【栅格计算器】。在栅格计算器窗口中键入如下表达式：

Float（"L5019032_03220070706_B40. TIF" ＋ "L5019032_03220070706_B30. TIF"）

指定【输出栅格】名称为【Denominator】，如图 14-10。

图 14-10

点击【确定】按钮，创建一个栅格数据集，该数据集表示卫星影像中波段 4 和波段 3 的合值。

➤步骤3 计算 NDVI

再次打开【栅格计算器】。在【栅格计算器】窗口中键入如下表达式：

"Numerator"/"Denominator"

指定【输出栅格】名称为【NDVI】，如图 14-11。点击【确定】按钮，生成 NDVI 数据集。

图 14-11

➤步骤1 调整 NDVI 栅格符号属性

右键点击【NDVI】，选择【属性】—【符号系统】，这是之前练习中介绍的专题地图技术，目的是为该市创建 NDVI 地图。在【拉伸】中的【类型】选择【标准差】，作为划分和实现 NDVI 的基础（你也可以采用自己的分类表），如图 14-12。可以根据表达的需要调整色带的颜色变化。

还可以进一步调整城市轮廓线的颜色，如图 14-13。

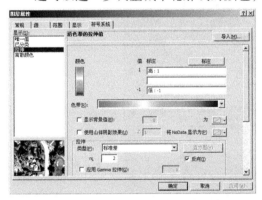

图 14-12

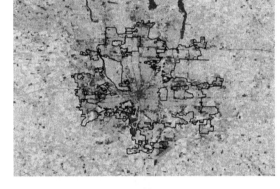

图 14-13

➤ 注意

极低的 NDVI 值（小于等于0.1）表示贫瘠的岩石/沙地或雪地。中值（0.2~0.3）表示灌木和草地，高值（0.6~0.8）表示温带和热带雨林；

➤步骤2 设置分析掩膜

为使 NDVI 数据集只反映该市的植被覆盖情况，需要设定一个分析掩膜（analysis mask）。设定分析掩膜的方法如下：

在【ArcToolbox】中点击【Spatial Analyst 工具】—【提取分析】—【按掩膜提取】，按掩膜提取对话框被打开。在【输入栅格】中选择【NDVI】，在【输入栅格数据或要素掩膜数据】中选择【columbus】。将【输出栅格】命名为【ndvi_am】，如图 14-14。

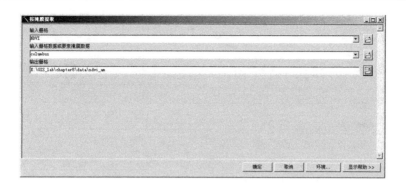

图 14-14

右键点击【ndvi_am】，选择【属性】—【符号系统】，根据表达的需要调整色带的颜色变化。

参见第 2 篇第 4 章的处理方式，将地图切换至布局视图，添加图例、指北针、比例尺等地图元素，以图像格式保存该地图，如图 14-15。

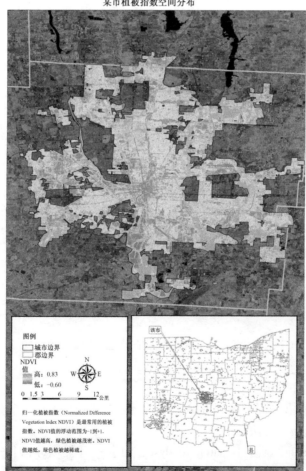

图 14-15

14.3 本章小结

本章介绍了在 ArcGIS 环境计算植被的方法，即运用栅格计算功能对卫星影像进行计算。选用的植被参数是归一化植被指数。应指出的是，当遇到多云不利天气时，卫星采集遥感数据会出现偏误，即影像上本应显示为植被的部分被云朵遮盖。为提高植被指数计算结果的精确性，需要在栅格计算前进行去云、去噪等处理，以提高归一化植被指数计算的精确性。

分析植被变化不仅可以看出城市化对自然的影响，还可以看出在"收缩性"城市中植被的变化。有研究对比了美国城市底特律在过去 10 年里植被的变化，发现城市中心的植被在增加。这倒不是因为该市植树更多，而是在该市萎缩的过程中，大量房屋被废弃，杂草丛生，导致植被参数的变化。

第 15 章　水污染分析

15.1　概述

水文分析内涵宽泛，包含对防止水旱灾害、对开发、利用及保护水资源的工程或非工程措施的分析，可应用在规划、设计、施工以及管理运用多个环节。例如，城市规划师需要应用水文分析技术来模拟城乡发展对水系的影响。一方面，城乡产业经济（农、林、牧、渔）需要淡水水源的供给，城乡环境资源（林地、湿地）需要淡水水源的灌溉和涵养。另一方面，生产生活污水中比例相当大的一部分未经任何处理便直接排放至淡水水系中，这部分污水完全依赖水体本身的自洁能力除污。当淡水资源被越来越多的产业用地（二类、三类工业用地、垃圾处理厂、污水处理厂、火电厂）围合、水体污染物浓度常年超过水体自洁能力的时候，水污染极大程度地限制了城乡再获取到清洁水源。城乡规划管理部门需通过法定规划和各种行政管理办法（如城市蓝线管理办法）寻求空间层面的对策，确定污染源影响范围，对含污染源企业选址进行合理安排等。要应对这些技术挑战，城市规划师需要具备初步的水文分析能力。

本章涉及的 ArcGIS 水文分析工具着眼于对地表水流流动建模，可以胜任模拟污染物在地表径流扩散范围的工作。水文分析工具计算污染物扩散范围的原理如下：通过计算水的流动方式（流向、流量等）、水流网络等，求出不同的水流次区域。因为水是污染物流动的载体，一旦获得水流次区域的范围线，则可以根据排污点的具体位置判断排污的大致影响范围，即污染位于哪个盆域。当排污点或地表形状数据发生变化时，可以通过水文分析工具对地表水流重新建模，快速掌握污染范围的变化情况。ArcGIS 水文分析使用的地表形状数据可使用数字高程模型（Digital Elevation Model，DEM）数据。除了水污染问题外，ArcGIS 水文分析工具还可以研究与地表水流有关的其他自然现象，譬如洪水水位及泛滥情况，以及预测地貌改变对整个地区水文水质产生的影响等。

本章练习对象是某沿海省份内一条名为新河的流域。新河流域靠近入海口，该区域的人工饲养海产品产业发达。上游城乡发展催生了一批使用自然堆肥法的化粪塘（堆肥塘）。堆肥塘是处理畜禽粪的场所。自然堆肥法难以处理粉尘以及禽畜液态排污及冲洗水问题，导致堆肥塘容易造成泄漏污染。高浓度的污染液体通过土壤渗入地下水，又通过地下水与地表水的交换带到地表径流。地表径流的污染达到一定程度会影响人工饲养海产品的产业，譬如位于入海口的目前已经在经营的贝类动物养殖区。本章首先修正带有凹陷点的 DEM 数据。然后依次计算新河域的水流方向、水流网络和次流域。本练习需时约 60 分钟。

15.2　练习

15.2.1　数据和练习

本章的主要任务如下：
(1) 修正 DEM；
(2) 生成水流方向和水流网络；
(3) 生成次流域（盆域）和对应的堆肥塘数量；
(4) 生成影响贝类捕捞点的上流水域；
(5) 输出专题地图。

主要用到以下几种数据：
(1) DEM 文件：elevation；
(2) 堆肥塘形文件：onslow_lagoons.shp；
(3) 贝类捕捞区位置形文件：shellfish_sites.shp；
(4) 已批贝类动物生长区形文件：sga.shp。

数据来自地方环保局。

流程图 15-1 用箭头把本章涉及的五项任务（矩形方框标示的内容）和每项任务生成的新文件（圆角矩形方框标示的内容）串联起来。任务 1 修正 DEM 文件 elevation，使其不再有凹陷点。任务 2 根据修正后的 elevation 计算水流方向文件 flow_dir。flow_dir 是生成的第一个也是最核心的水文文件，之后的水文分析文件都是基于该文件生成的。任务 2 还根据 flow_dir 生成流量文件 flow_acc，根据 flow_acc 文件生成水流网络文件 streams，将该栅格文件矢量化为 onslow_streams.shp。任务 3 根据 flow_dir 生成盆域文件 basins，将该栅格文件矢量化为 onslow_basins.shp，通过连接操作将堆肥塘数量赋给每个次流域，获得每个次流域的堆肥塘数量。任务 4 根据 flow_acc 生成倾泻点文件 snap_sites.shp，再根据 flow_dir 和 snap_sites 生成分水岭文件 HA。专题地图表达的重点是 HA 和已批贝类动物生长区文件 sga.shp 与不同污染程度堆肥塘的相对空间位置关系。

15.2.2　练习

任务 1　修正 DEM

第一步需检查研究范围内的 DEM。DEM 经常存在一些对地形分析影响不大的瑕疵（凹陷点），但这些瑕疵可能导致生成错误的流向栅格。下面将用水文分析工具中的填洼功能修正这些问题。

➤ 步骤 1　添加 DEM

启动【ArcMap】，点击【标准】工具条的【添加数据】按钮。找到本章数据所在的目录文件夹，用光标点击【elevation】，然后点击【添加】按钮。

流域所在郡的数字高程模型数据被添加到视图，缺省的是黑白颜色的地图。该数据覆盖了南北和东西方向跨度为约 60 平方公里的一片不规则区域。其中深色代表高程低的地

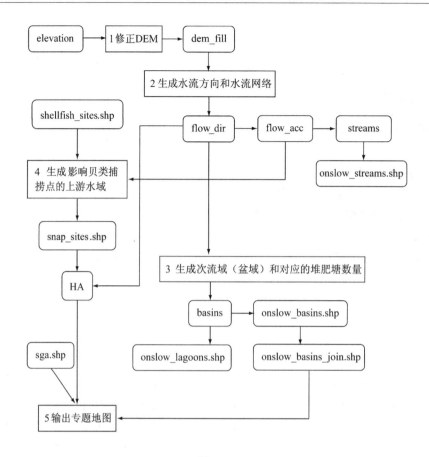

图 15-1

方，浅色代表高程高的地方，如图 15-2。

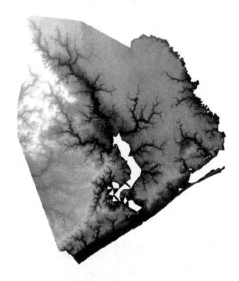

图 15-2

➤步骤 2　改变图层属性

在【内容列表】中右键点击【elevation】，选择【属性】。点击【符号系统】标签，在【色带】下拉栏中选从左至右颜色变化为从【红】色到【蓝】色。接下来，确认激活【反向】检验栏，接受其他默认选择，如图 15-3。

点击【确定】按钮。

现在红色显示的是最高高程，蓝色显示的是最低高程，该郡的总体河网型形态清晰可见。

➤步骤 3　填洼

在【主菜单】中选择【自定义】—【扩展模块】，确认 Spatial Analyst 检验栏被激活。点击【关闭】按钮。

从【标准】工具条打开【ArcToolbox】。点击【Spatial Analyst 工具】旁边的加号，展开该工具，

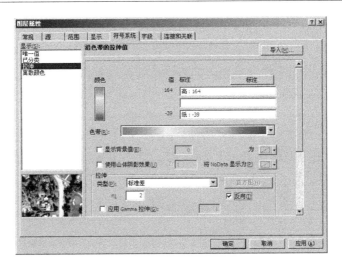

图 15-3

用光标根据需要调整 ArcToolbox 窗口大小。展开【水文分析】—【填洼】。在【输入表面栅格数据】下拉菜单中，选择【elevation】。点击【输出表面栅格】旁边的【浏览】按钮，找到本章数据存放的目录文件夹，指定文件名称为【dem_fill】，点击【保存】按钮，如图 15-4。

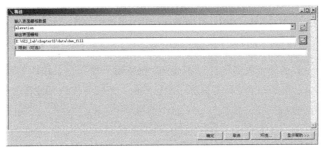

图 15-4

点击【确定】按钮。

填洼步骤需要运行约 2 分钟（根据机器数据处理速度不同，运行时间有所区别）。

> ➜ 注意
>
> 数字高程可能带来"伪地形"，即错误。这些错误通常会按照汇或峰进行分类。汇是周围高程值较高的区域，也可称为洼地或凹地，它是流入一个指定的像元的所有上游像元的总数。DEM 中的许多汇都属于缺陷，这些汇应该在进行下面操作步骤之前移除。填平是针对汇（洼地）的一个通用和有效的方法。"填平"通过填充表面栅格中的"汇"，移除数据中的小缺陷（即凹陷点）。

任务 2　生成水流方向和水流网络

自然界基本法则之一是水往低处流。接下来的任务是确定每个像元的水流方向（这些像元组成了前面步骤中创建的已经修复的数字高程模型）。水流方向根据与一个给定的像元直接相邻的 8 个相邻像元的高程而确定，如图 15-5。

在这个抽象的模型中，水会从一个像元流向这个像元周边8个像元中高程最小的那个像元。计算水流方向后，将生成一个新栅格。每一个像元都被赋值，如图15-5所示。该值可以反映出水流离开当下像元将要流向哪一个像元（如图15-5，流经中心像元的水将流向右侧高程值为1的像元）。

➤步骤1 计算流向

在【水文分析】中双击【流向】。选择【dem_fill】作为【输入表面栅格数据】。指定【flow_dir】为【输出流向栅格数据】的名称。确认【强制所有边缘像元向外流动（可选）】检验栏已经被勾选，如图15-6。

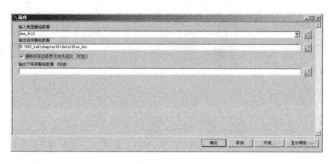

图15-5

图15-6

点击【确定】按钮。

这个步骤将运行约2分钟（根据机器数据处理速度不同，运行时间有所区别）。

➡ 注意

（1）现在得到一个新的栅格数据集。与dem_fill栅格每个像元记录该位置的高程不同，flow_dir栅格每个像元记录水流方向。每个像元都被赋一个整数值。该值与周边其他像元赋值的大小关系揭示水流方向。

（2）也有两种例外的情况发生。一是所有相邻像元的高程数都比中心单元的要大，二是所有相邻单元高程数相等。第一种情况发生在下陷区或静水区，后一种情况发生在水流方向不确定的时候。在这样的情况下，生成流向栅格的时候该像元无法被赋值。

➤步骤2 计算每个像元的水流总量

接下来计算流经每个像元的水流总量，并用这个信息生成水流网络。

在【水文分析】中双击【流量】。指定【flow_dir】作为【输入流向栅格数据】的名称，在【输出蓄积栅格数据】中将新生成的文件命名为【flow_acc】，如图15-7。

图15-7

点击【确定】按钮。

该步骤将运行一段时间。

➜　**注意**

现在得到一个新的栅格数据集，该栅格数据集记录的是流过每个像元的累计流量，流量由流入每个像元的所有其他像元的累积权重决定。大量高流量输出像元集中的区域就是河道。流量为零的输出像元是局部地形高点，一般为山脊。

➢步骤 3　提取水流累计量显著的像元

用这些像元生成水流网络。

在【ArcToolbox】中点击【Spatial　Analyst 工具】—【Spatial　Analyst】—【地图代数】，选择【栅格计算器】。根据所示按钮输入以下表达式，或者直接在窗口中手动输入它。

Con（"flow_acc">10000，1）

改【输出栅格】名称为【streams】，如图 15-8。

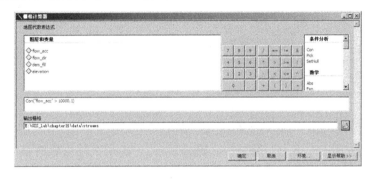

图 15-8

点击【确定】按钮。

在【内容列表】中查看新生成的水流格网，取消勾选其他图层前面的检验栏。使用【标准】工具条的【放大】工具，将视图放大，如图 15-9。

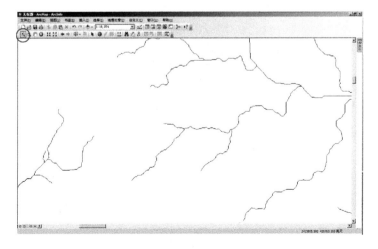

图 15-9

> → 注意
> 这个数据集包含的每个像元的流量值都超过10000。

➤步骤4 栅格河网矢量化

在【水文分析】中双击【栅格河网矢量化】。选择【streams】作为【输入河流栅格数据】。选择【flow_dir】作为【输出流向栅格数据】。点击【输出折线（polyline）要素】项右侧的【浏览】按钮，找到数据所在的目录文件夹，选择【onslow_streams.shp】作为文件名称。点击【保存】按钮，如图15-10。

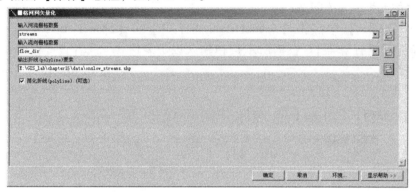

图15-10

点击【确定】按钮。该步骤将运行一段时间。

运行结果是生成一个多边形形文件，如图15-11。该形文件生成的是研究范围内的水流网络。

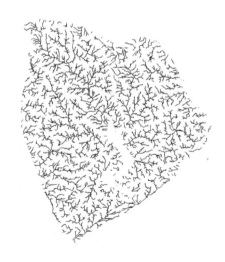

图15-11

> → 注意
> 生成水流网络有两个目的：一是获得河流网络形制的总体印象，二是作为下面生成分水岭文件的参照。生成分水岭文件后会发现，该文件是围绕关注点（贝类动物捕捞点）周边的水流网络生成的。

任务 3　生成次流域（盆域）和对应的堆肥塘数量

➤步骤 1　盆域分析

在【水文分析】中双击【盆域分析】。选择【flow_dir】作为【输入流向栅格数据】。点击【输出栅格】项旁边的【浏览】按钮，找到数据所在的目录文件夹，指定【basins】作为新文件名称。点击【保存】按钮，如图 15-12。

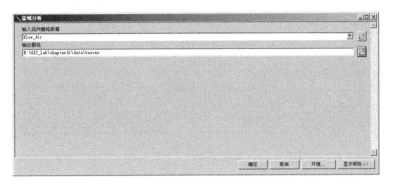

图 15-12

点击【确定】按钮。该步骤将运行一段时间，生成图像如图 15-13。

图 15-13

➡　注意

盆域分析通过识别盆地间的山脊线，将流域分为几个次流域（盆域）。通过分析输入流向栅格数据（flow_dir）找出属于同一流域盆地的所有已连接像元组。通过定位窗口边缘的倾泻点（水将从栅格倾泻出的地方）及凹陷点，识别每个倾泻点上的汇流区域，创建流域盆地。这样就得到栅格形式的流域盆地。为了更好地显示及查看盆域边界，下面将栅格格网像元转为矢量多边形。

➤步骤 2　栅格转面

在【ArcToolBox】中选择【转换工具】—【由栅格转出】—【栅格转面】。选择

【basins】作为【输入栅格】。选择【VALUE】作为【字段】。确保【简化面（可选）】检验栏已经被勾选，点击【输出面要素栏】旁边的【浏览】按钮，找到数据所在的目录文件夹，确定【onslow_basins.shp】为文件夹名称，点击【保存】按钮，如图 15-14。

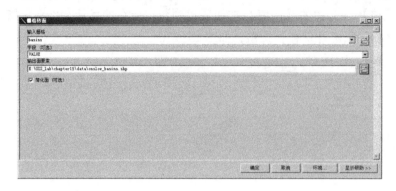

图 15-14

点击【确定】按钮。栅格文件被转换为多边形形文件，如图 15-15。

图 15-15

> ➡ 注意
> 在郡边界上有许多非常小的水域。这是行政管理边界（譬如郡）和水文边界不匹配造成的，下面删除边缘这些细小的流域组成部分。

➤步骤3 删除面积过小的流域

在【内容列表】中右键点击【onslow_basins.shp】，选择【打开属性表】。点击【表选项】按钮然后选择【添加字段】。指定名称为【ACRES】，类型为【浮点型】，【精度】和【比例】分别为【12】和【4】。点击【确定】按钮。

右键点击【ACRES】项的首字段选择【计算几何】。在弹出的【计算几何】对话框中点击【是】。指定【属性】为【面积】，【单位】为【英亩】。点击【确定】按钮。

> ◆　注意
>
> 　　初始 DEM 文件 elevation 已经被定义投影，其他基于 elevation 生成的文件也带有 elevation 的投影。但是，有时候因为各种原因，生成的文件并未成功地复制初始文件的投影，在计算几何的过程中会出现无法选择单位的现象。可以检查初始文件的投影信息，使用定义投影命令，将初始文件的投影信息指定给未成功获得投影信息的文件。当其他文件具有投影信息后，就可以顺利地进行计算几何的操作。

　　在【主菜单】中选择【自定义】—【工具条】—【编辑器】，在出现的工具条中选择【编辑器】—【开始编辑】，在接下来出现的对话框中选择【onslow_basins】为要进行编辑的图层，如图 15-16。

　　点击【确定】按钮。

　　在【主菜单】中点击【选择】—【按属性选择】。确认【图层】下拉菜单中选择【onslow_basins】，在【方法】栏中选择【创建新选择内容】，如图 15-17 输入以下表达式：

　　"ACRES" < 5

图 15-16

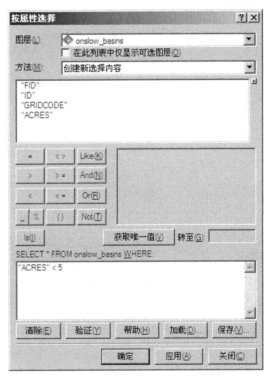

图 15-17

　　点击【确定】按钮。敲击键盘上的【Delete】按键。删除所有面积在 5 英亩之下的流域后，在【编辑器】工具条，点击【编辑器】—【停止编辑】，点击【是】保存修改。

　➤步骤 4　将堆肥塘数据连接到次流域文件

　　在【标准】工具条中点击【添加数据】按钮，找到本章数据所在的目录文件夹，用光标选择【onslow_lagoons.shp】，点击【添加】按钮。该文件表示的是新河流域内的堆肥塘。

在【内容列表】中右键点击【onslow_basins.shp】，选择【连接和关联】，然后选择【连接】。在【要将哪些内容连接到该图层】中选择【另一个基于空间位置的图层的连接数据】，在【选择要连接到此图层的图层，或者从磁盘加载空间数据】中选择【onslow_lagoons】。确认【总和】检验栏被勾选，点击最后一栏旁边的【浏览】按钮，找到本章数据所在的目录文件夹，确认【onslow_basins_join.shp】作为文件名称，点击【保存】按钮，如图15-18。

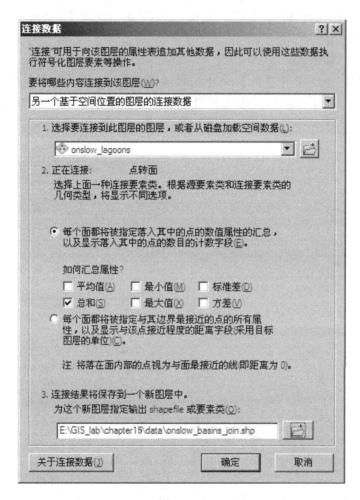

图 15-18

点击【确定】按钮。

目前已经执行了一次空间连接，为新形文件增加了一条属性，这条属性（Sum_Count）代表每一个次流域内获得了许可的堆肥塘的数目。

➤步骤5　调整图层属性

在【内容列表】中右键点击【onslow_basins_join.shp】，选择【属性】。点击【符号系统】标签。在【显示】栏中选择【数量】—【分级色彩】，在【值】项中选择【Sum_Count】，接受其他默认选项，如图15-19。

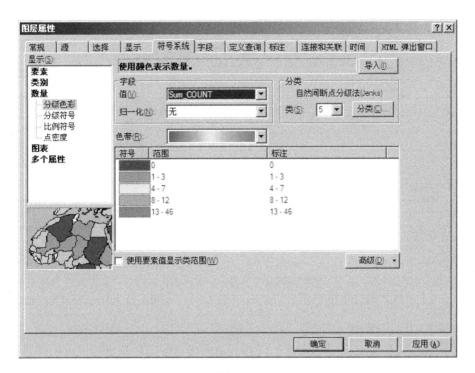

图 15-19

点击【确定】按钮，生成图像如下图 15-20。

结果显示新河不同支流流域内的堆肥塘数量。

任务4 创建影响贝类捕捞点的上游水域

最后一项任务是在新河的贝类捕捞区内生成会影响到贝类捕捞点的上游水域（产生的水流会经过这两个特别位置的所有像元）的范围。本章只选取两个捕捞点作为例子，说明如何评估堆肥塘水流溢出对这两个捕捞点产生的影响。

➤步骤1 捕捉倾泻点

插入两个捕捞点位置的形文件。在【标准】工具条中选择【添加数据】按钮，找到本章数据所在的目录文件夹，用光标选择【shellfish_ sites. shp】文件，点击【添加】按钮。

图 15-20

在【水文分析】中双击【捕捉倾泻点】。确认【输入栅格数据或要素倾泻点数据】选择【shellfish_sites】，【倾泻点字段（可选）】选择【SITE_ID】，【输入蓄积栅格数据】选择【flow_acc】。点击【输出栅格】旁边的【浏览】按钮，找到数据所在的目录文件夹，确定【snap_sites】为文件名，点击【保存】按钮。【捕捉距离】为【2640】，如图 15-21。

点击【确定】按钮。

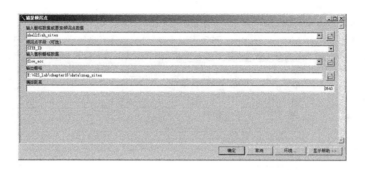

图 15-21

→ 注意

捕捉倾泻点工具用于确保下一步在使用分水岭工具描绘流域盆地时能选择到累积流量最大的点。捕捉倾泻点将在指定倾泻点周围的捕捉距离范围内搜索累积流量最大的像元，然后将倾泻点移动到该位置。如果输入栅格或要素倾泻点数据是点要素类，则其将在后台被转换为栅格数据以进行处理。

➢步骤2　生成分水岭

在【水文分析】中双击【分水岭】。【输入流向栅格数据】项选择【flow_dir】，【输入栅格数据或要素倾泻点数据】项选择【snap_sites】，【倾泻点字段】项选择【VALUE】。点击【输出栅格】旁边的【浏览】按钮，找到数据所在的目录文件夹，确定【HA】为文件名，点击【保存】按钮，如图 15-22。

点击【确定】按钮。

点击【标准】工具条的【添加数据】按钮。找到本章数据所在的目录文件夹，用光标点击【HA】，然后点击【添加】按钮，如图 15-23。

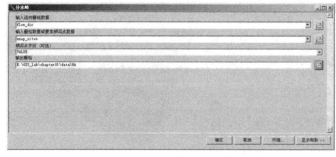

图 15-22

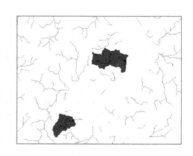

图 15-23

→ 注意

分水岭的倾泻点是根据流量推导出的河流网络交汇点。生成的栅格数据集表达的是上游像元，这些像元里面的水流会流入这两个点（贝类捕捞点），这个范围的大小取决于本章对水流方向的计算。

任务5　输出专题地图

点击【标准】工具条的【添加数据】按钮，找到本章数据存放的目录文件夹。选择

【sga. shp】，点击【添加】按钮。这个文件包含的多边形代表的就是由地方环保局批准的贝类动物生长区。运用【识别】和【放大】工具浏览贝类捕捞点上游水域和已批贝类动物生长区。

参见第2篇第4章的处理方式，将地图切换至布局视图，添加图例、指北针、比例尺等地图元素，以图像格式保存该地图，如图15-24。

某县新河流域水文分析

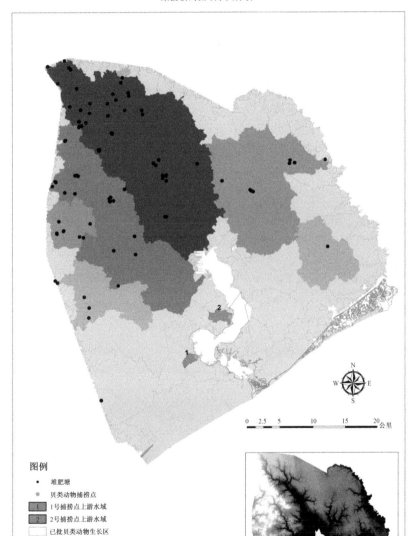

图 15-24

对比各次流域堆肥塘数量，可以看出两个贝类捕捞点上流水域和已批贝类动物生长区范围线可以看出这两者确实是处在污染程度相对最轻的次流域，它们的空间位置是相对合理的，避开了堆肥塘密集的次流域。

15.3 本章小结

ArcGIS 的水文分析工具通过对高程数据进行栅格计算，求得水流方向、次流域、分水岭等一系列水文数据，模拟了水流的流动过程和污染的扩散过程，该技术极大地拓展了空间规划师认识水资源环境的能力。规划师不必完全被动地依赖水文观测站的污染采样数据，只要手头具备高程和排污点空间数据便能对整个流域不同区域污染的相对严重程度、污染来源做出预判，有助于从土地利用这一更综合更本源的角度推进水污染防治工作。应注意的是，绝大多数流域的污染源众多，统计每个污染源的空间位置是不现实的。本章介绍的方法更多的是面向"主题"水文分析研究，即明确污染源主体（譬如堆肥塘），明确受污染的客体（譬如贝类捕捞点），然后通过水文分析，了解两者在空间位置上的相对合理性。

第16章 局地气候变化分析

16.1 概述

在城市发展过程中，如果空间发展模式为沿城市边缘地区无序蔓延、低密度发展的方式，会导致不透水地表面积增长、城市中气流通行受阻以及大气污染物增加等一系列连锁反应，从而产生城市热岛效应。热岛效应带来城郊环流（较强的暖气流在城市中心上升，而郊外上空为相对冷的空气下沉）。空气中的各种污染物在这种局地环流的作用下，聚集在城市上空，导致城市居民发生各种疾病，造成对公共健康的危害。

本章通过 ArcGIS 软件探索不透水地表面积扩张与地区温度的时空间关系。在 ArcGIS 环境中，表达地区温度概貌的方法之一是建立"表面"。建立表面指的是对表面内的每一个象元赋值（插值）。通常人们只掌握一组数量有限的实例值（直接测量值）。例如，我们一般只能掌握一个城市里几个观测点的温度值。要根据仅有的几个已知温度值推断它周边缺失的温度值需要插值。插值可以预测任何地理点数据（如高程、降雨、化学物质浓度和噪声等级）的未知值。插值之所以可行是因为我们假设空间分布对象具有空间相关性。也就是说，彼此空间接近的对象往往具有相似的特征。例如，如果一个温度观测站测出该点的地表温度为 35 摄氏度，那么在该观测站周边的地表温度应也为或接近 35 摄氏度。插值完成后，温度表面范围内的每个象元都具有温度值。插值方法有很多，本章使用的是地统计法（Geostatistical Analyst）。地统计是以区域化变量为基础，借助变异函数，研究既具有随机性又具有结构性，或空间相关性和依赖性的自然现象的一门科学。凡是与空间数据的结构性和随机性，或空间相关性和依赖性，或空间格局与变异相关的研究皆可应用地统计学的理论与方法。

插值按其实现的数学原理可以分为两类：一是确定性插值方法，包括全局多项式插值、反距离权重插值、径向基插值、局部多项式插值等；二是不确定性插值法，也就是本章使用的地统计插值法，或称克里金插值法。地统计法在科学和工程的许多领域（采矿业、环境科学、气象、公共领域）中得到广泛应用，例如在环境科学中，地统计用于评估污染级别以判断是否对环境和人身健康构成威胁，以及能否保证修复。气象方面应用包括对指定区域温度、雨量和相关的变量（例如酸雨）的预测。最近，地统计在公共健康领域也有一些应用，例如预测环境污染程度及其与癌症发病率的关系等。

本章任务是研究不透水地表面积变化和外界环境温度波动之间的关系，关注的是一个大都市区和其中心城市，该大都市区在近 20 年经历了快速的增长。本章通过生成温度变化和不透水地表变化的空间关系图，了解该地区不透水地表增长是否与观测温度升高相关。练习首先查看温度数据的统计信息，使练习者获得对数据基本属性的认识，然后应用克里金插值法，根据温度形文件生成温度表面栅格，并根据统计原则选取插值效果相对较好的温度表面栅格，接着生成关于温度百分比变化的栅格图像，最后把该栅格图像与已有的土地利用变化栅格数据进行对比，分析温度升高和土地利用变化之间的关系。本练习需时约 60 分钟。

16.2 练习

16.2.1 数据和步骤

本章的主要任务如下：
（1）根据温度表格数据生成温度形文件；
（2）查看温度数据统计信息（平均值、正态分布等）；
（3）生成温度表面栅格，选择统计表现更好的栅格；
（4）计算温度变化率；
（5）输出专题地图。

主要用到以下几种数据：
（1）城市范围线形文件：city. shp；
（2）大都市区范围线形文件：metropolitan. shp；
（3）温度表格文件：temperature. csv；
（4）未发生土地利用变化栅格文件：urban_90；
（5）发生土地利用变化栅格文件：urban_90_00。

温度表格数据一般由环保部门、气象部门提供，其他数据均来自城市规划部门。

流程图 16-1 用箭头把本章涉及的五项任务（矩形方框标示的内容）和每项任务生成的新文件（圆角矩形方框标示的内容）串联起来。任务 1 把表格温度文件转换为温度形文件；任务 2 查看温度数据统计信息，获得对温度平均值、方差等统计属性的认识；任务 3 基于指数和球状两种不同模型生成两种温度表面栅格，并选定球状模型栅格为最优栅格；任务 4 基于 1990 和 2000 两个球状栅格，运用栅格计算功能求得研究范围的温度变化率；任务 5 插入土地利用变化栅格和其他背景形文件，输出关于温度变化与土地利用变化相关性的专题地图。

16.2.2 练习

任务 1 根据温度表格数据生成温度形文件

➤步骤 1 添加温度表格数据

打开【ArcMap】。在【标准】工具条中点击【添加数据】按钮。找到本章数据存放的目录文件夹，选择【temperature. csv】，然后点击【添加】按钮。在【内容列表】中，右键点击【temperature. csv】，选择【打开】。表内容如图 16-2。

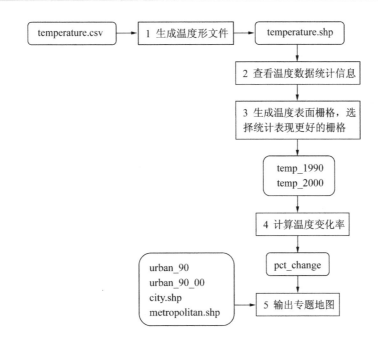

图 16-1

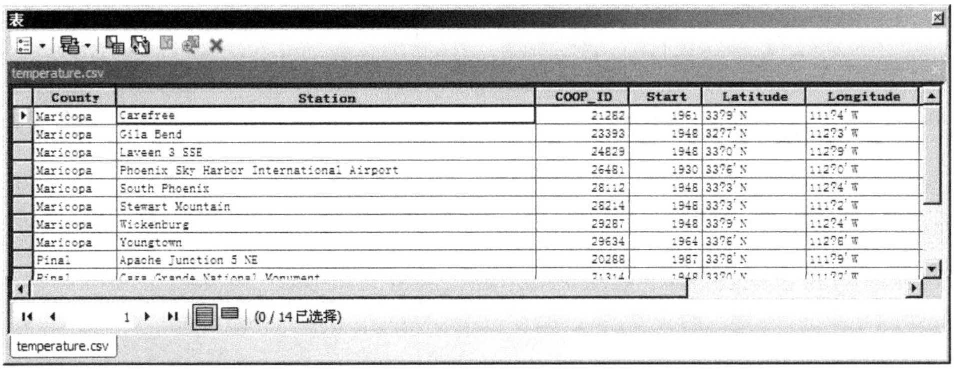

图 16-2

> ➡ 注意
>
> 　　本章案例位于美国亚利桑那（Arizona）州凤凰城（Phoenix）大都市区。该地区由 Maricopa 和 Pinal 两个郡组成，可以从温度属性表的 County 项看出。该表还包括了观测站名称、标识符、观测开始年份、地理坐标系和 14 个观测站中每一个的年度平均温度等信息。

　　在【主菜单】中选择【文件】—【添加数据】—【添加 XY 数据】。在第一个下拉菜单中，选择【temperature. csv】，确认【X 字段】和【Y 字段】下拉菜单中分别选择【LONG_X】和【LAT_Y】，如图 16-3。

> ➡ 注意
>
> 　　研究范围所处的经度值是负值（位于本初子午线以西）。

点击【编辑】按钮，空间参考属性窗口出现。点击【选择】按钮，选择【Geographic Coordinate Systems】—【North America】，然后双击【NAD 1983. prj】，点击【确定】按钮，确认温度数据集的坐标系选择 NAD 1983. prj，如图 16-4。

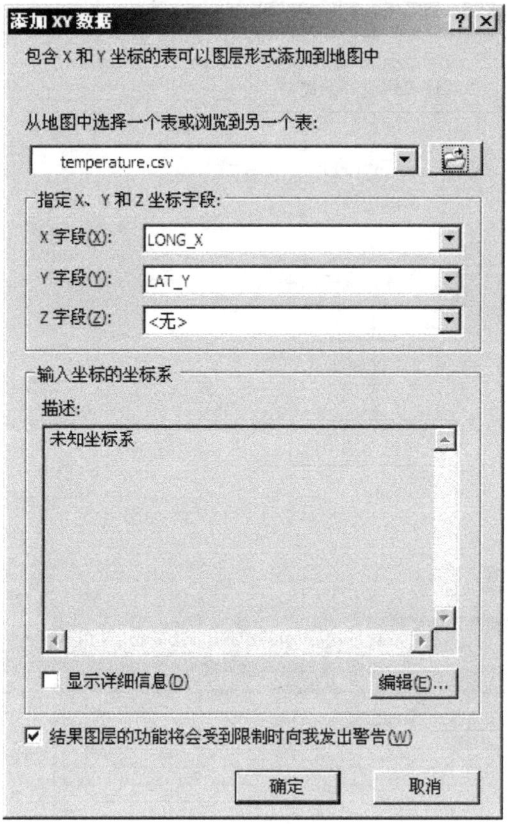

图 16-3

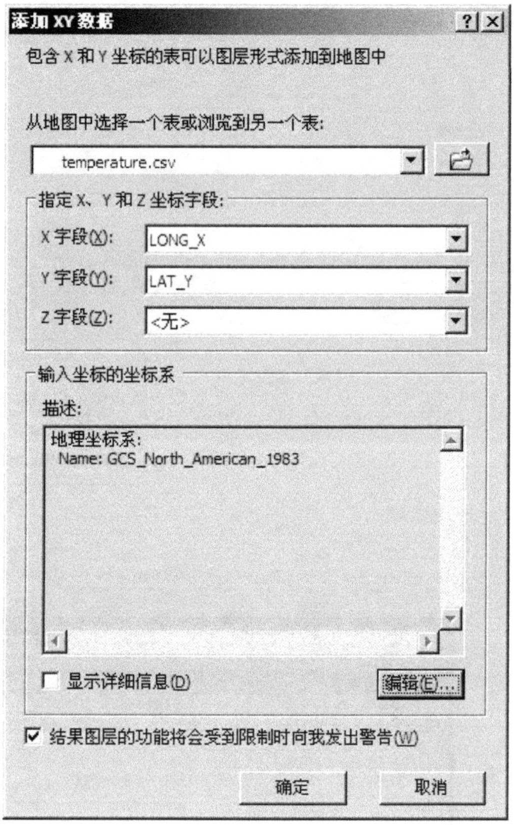

图 16-4

点击【确定】按钮，将数据集数据添加到 ArcMap 中。忽略出现的警告提示，点击【确定】按钮执行操作。

➤步骤 2 投影

接下来改变该温度数据的投影信息，匹配本章中将会用到的其他数据集。如果 Arc-Toolbox 工具栏没有出现，在【主菜单】中点击【地理处理】—【ArcToolbox】，或者点击【标准】工具条上的【ArcToolbox】图标。展开【数据管理工具】—【投影和变换】—【要素】。双击【投影】，确认【输入数据集或要素类】为【temperature. csv 个事件】。

点击【输出数据集或要素类】项旁边的【浏览】按钮，找到本章数据所在的目录文件夹。将新的形文件名称命名为【temperature. shp】，点击【保存】按钮。

点击【输出坐标系】项右侧的按钮，点击【选择】按钮。选择【Projected Coordinate System】—【UTM】—【WGS 1984】—【Nothern Hemisphere】，最后双击【WGS 1984 UTM Zone 12N. prj】。点击【确定】按钮，确认新的温度形文件的坐标系是【WGS 1984 UTM Zone 12N. prj】。在【地理坐标变换（可选）】中选择【NAD_1983_To_WGS_1984_1】，如图 16-5。

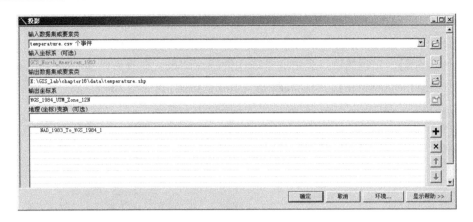

图 16-5

点击【确定】按钮，执行操作。点击【添加数据】按钮，将新生成的形文件添加到 ArcMap 中。

在【内容列表】中，右键单击【temperature. csv 个事件】，选择【移除】，删除由观测站坐标创建的事件数据。接下来，右键点击【temperature. csv】，选择【移除】，删除原始的 csv 文件。

任务 2　查看温度数据的统计信息

下面将使用地统计分析扩展工具中的数据分析功能，熟悉温度数据的一些基本属性。

➢步骤 1　激活地统计分析功能

在【主菜单】中选择【自定义】—【扩展模块】。确认【Geostatistical Analyst】检验栏被勾选，点击【关闭】按钮。如果 Geostatistical Analyst 工具栏还没有出现，右键点击【ArcMap】界面顶端的灰色区域，在出现的列表中勾选【Geostatistical Analyst】检验栏。

在【标准】工具条中点击【添加数据】按钮，找到本章数据所在的目录文件夹。按下【CTRL】键不放，用光标选择【city. shp】和【metropolitan. shp】，然后点击【添加】按钮。点击【关闭】，忽视出现的如下警告，如图 16-6。

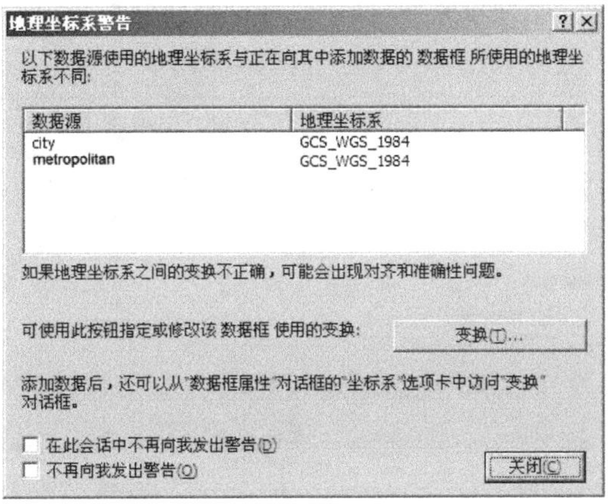

图 16-6

➤步骤 2 生成直方图

在出现的【Geostatistical Analyst】工具条中点击【Geostatistical Analyst】—【探索数据】—【直方图】。出现的窗口提供的是描述性统计结果。在直方图窗口左下方底部，确认当前图层是【temperature】，当前属性是【Mean_1990】，如图 16-7。

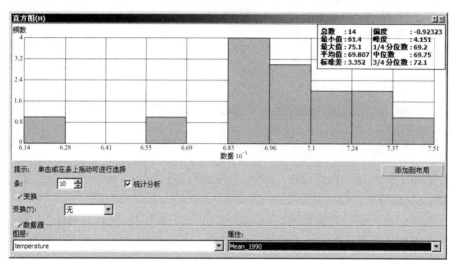

图 16-7

该直方图表示的是不同观测站观测到的 1992 年平均温度的分布情况。直方图显示温度基本呈正态分布形式。数据呈现正态分布是使用地统计方法的前提条件之一。

改【属性】为【Mean_2000】，如图 16-8。与 1990 年数据相比，2000 年的数据呈现更为明显的偏态分布（skewed distribution）。比较 1990 年和 2000 年直方图的温度平均值可以看出，从 1990 到 2000 年，14 个观测站观测到的平均温度在这 10 年间增加了约 1.5 华氏度（71.421 ~ 69.807）。

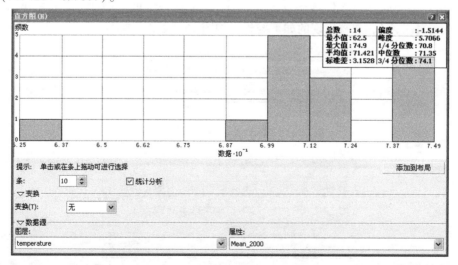

图 16-8

关闭直方图（H）窗口。

➤步骤 3　生成正态 QQ 图

正态 QQ 图提供了另外一种度量数据正态分布的方法。利用 QQ 图可以将现有数据的分布与标准正态分布对比，如果数据越接近一条直线，则越接近于服从正态分布。

在【Geostatistical Analyst】工具条中选择【Geostatistical Analyst】—【探索数据】—【正态 QQ 图】。在【图层】中选择【temperature】，在【属性】中选择【Mean_1990】，注意点数据在多大程度上符合或偏离直线，如图 16-9。

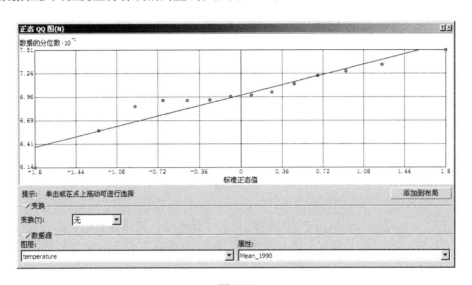

图 16-9

> ◆　注意
>
> （1）如果数据呈正态分布，那么这些点将紧贴该直线分布。2000 年观测到的温度数据并不是正态分布，在变换下拉菜单中选择 log 或者 Box - Cox transformation，对结果都没有什么改善。主要原因是温度观测点较少，导致观测结果不能呈现正态分布。
>
> （2）作为假题练习，本练习将继续演示生成温度表面栅格的每个环节。但是在实际问题分析时，应尽量增加观测对象数或对数据进行 log 变换或 Box - Cox 变换，以增加正态分布的概率。

➤步骤 4　查看半变异函数/协方差云图

半变异（semivariance）函数是地统计分析的特有函数，半变异值的变化随距离加大而增加。当两事物彼此距离较小时，它们应该是相似的，因此半变异值较小，反之，半变异值较大。半变异图是一种图示的表达方式，表示的是半变异值（相似性）如何随空间距离增大而降低。

在【Geostatistical Analyst】工具条中选择【Geostatistical Analyst】—【探索数据】—【半变异函数/协方差云】。

接下来在半变异函数/协方差云窗口中进行分析，把在 ArcMap 主显示界面中显示的成对数据与它们相应的半方差值联系起来。

在【图层】中选择【temperature】，在【属性】中选择【Mean_1990】，如图 16-10。

点击图表中第一个方格中的一个点。

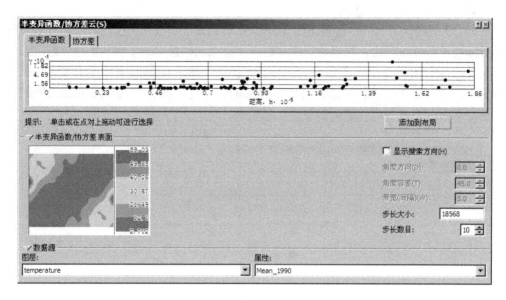

图 16-10

在视图中，temperature 图层中成对的两个点（观测站）被高亮显示。在【半变异函数/协方差云】窗口中，从左至右选择不同的点，视图中被高亮的一对点之间的距离变得更大，如图 16-11。

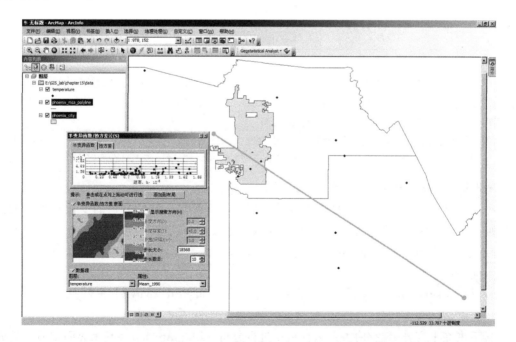

图 16-11

> **注意**
>
> （1）半变异函数/协方差图中的横轴表示距离，纵轴表示半方差值，即成对观测点之间的关联程度或者相似性。
>
> （2）红点显示根据分隔两个数据点的距离生成的经验半变异函数值（组成一对的两个数据点的值的平方差）。半变异函数/协方差图是用图形的方式表达两观测点关联性如何随距离（横轴）变化而变化的。
>
> （3）该处提供了步长大小和步长数的推荐值。这两个值是地统计工具自身决定的。之后将解释并用到这两个参数。

指定【Mean_2000】作为属性重复这一步骤。

> **注意**
>
> 对比两个半变异图，点的分布方式有所不同。尽管从 1990 年到 2000 年观测点之间的距离没有发生变化，但观测点温度值发生了变化，这改变了半方差值（观测点的两两相似性）。

任务 3　生成温度表面栅格，选择统计表现更好的栅格

接下来通过插值生成温度表面栅格，并选择统计表现更好的栅格。

➤步骤 1　选择地统计方法 Kriging/Cokriging 和统计数据

在【Geostatistical Analyst】工具栏在选择【Geostatistical Analyst】—【地统计向导】。点击【方法】项中的每一词条，阅读其中的解释性文字。在【地统计方法】中选择【克里金法/协同克里金法】，这种方法可以对模型匹配程度进行评估。

在【数据集】菜单中的【源数据集】选择【temperature】，在【数据集】—【数据字段】栏选择【Mean_1990】，如图 16-12。点击【下一步】按钮。

图 16-12

在【变换类型】和【趋势的移除阶数】栏保持默认选项【无】，如图 16-13。

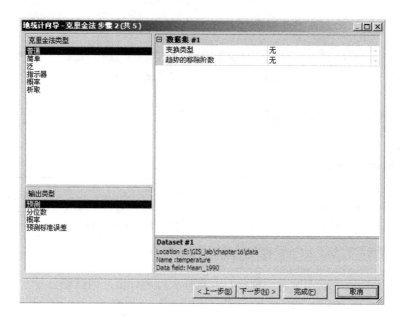

图 16-13

点击【下一步】按钮。

➢步骤 2 设定模型参数（模型类型选指数 Exponential 型）

下面指定模型参数。左上角显示了 1990 年温度值的经验型半变异图，一些参数已经按默认设置了。下面调整这些参数，如图 16-14。

【主变程】（Major range）：主变程说明空间距离，超过这个空间距离则认为一对研究对象之间缺乏空间联系。点击【Major range】项旁边的计算器图标，将默认值改为 125000。这意味着只有相互距离在【125000】米或以下的每对观测对象会被纳入模型的考虑范围。

【步长大小】（lag size）：步长大小的选择对经验半变异函数有重要影响。如果步长过大，短程自相关可能没有办法观察到。如果步长过小，可能会有许多空条柱单元，并且条柱单元内的采样过小，无法获得条柱单元的典型平均值。一条经验法则是用步长数乘以步长大小，它应该为所有两个点之间距离最大值的一半左右。在这一案例中，相隔最远的一对观测对象的距离大概是 250000 米。将 125000 米作为距离差的最大值。也就是说步长大小乘以步长个数应小于 125000。因为半变异函数/协方差云窗口已经推荐了步长数为 10，则步长大小不应大于 125000/10 = 12500。因此在【lag size】中选择【12500】。确定步长大小需要实际操作经验。有学者认为如果样本坐落在不规则（pseudoregular）栅格上，栅格间隔就是一个适当的步长尺寸。如果样本是随机分布的，可以用相邻样本的平均距离作为初始步长尺寸，然后再调整。对步长大小的确定方式有兴趣的读者，可以参见 Isaacs 和 Srivastava 发表的论文。

【步长数】（number of lags）：选择【10】。

【块金】（nugget）：指空间尺度方面难以识别的错误和差别。理论上，当采样点间的距离为 0 时，半变异函数值应为 0，但由于存在测量误差和空间变异，使得两采样点非常接近时，它们的半变异函数值不为 0，即存在块金值。

【基台值】（sill）：当采样点间距离增大时，半变异函数从初始的块金值达到一个相对稳定的常数时，该常数值称为基台值。当半变异函数值超过基台值时，即函数值不随采样点间隔距离而改变时，空间相关性不存在。

【偏基台值】（Partial Sill）：基台值和块金值之间的差值，选择【20】。

【是否计算局部门槛值】（Caculate Partial Sill）：选择【False】。

【模型类型】（Model Type）：选择【指数】。

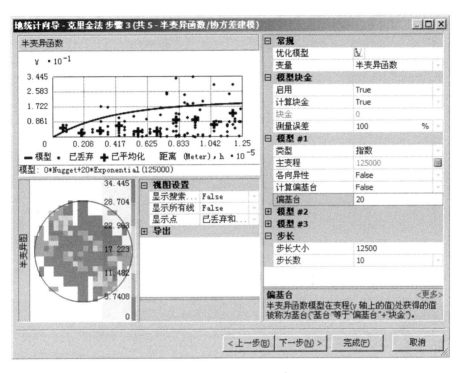

图 16-14

注意在窗口左上角拟合的半变异图（Semivariogram）的变化。点击下一步按钮。

➤步骤3　确认邻里范围，识别和衡量相邻观测站的值

在【扇区类型】中选择【1 个扇区】，接受其他的默认选项，如图 16-15。

点击【下一步】按钮。

Geostatistical Analyst 窗口的最后一页可以保存交叉验证（cross validation）的分析结果，以留待后用。点击【完成】按钮，在弹出的【方法报告】窗口选择【确定】，执行计算，如图 16-16。

用观测数据拟合空间模型是一个需要多次重复的过程，通过多次分析做出合理判断。下面将创建第二个模型，评估这些模型的相对表现。

➤步骤4　重新进行地统计，选择 Spherical 模型类型

在【Geostatistical Analyst】工具栏中选择【Geostatistical Analyst】—【地统计向导】。

在【方法】中选择【克里金法/协同克里金法】，在【源数据集】中选择【temperature】，在【数据字段】中选择【Mean_1990】。点击【下一步】按钮。

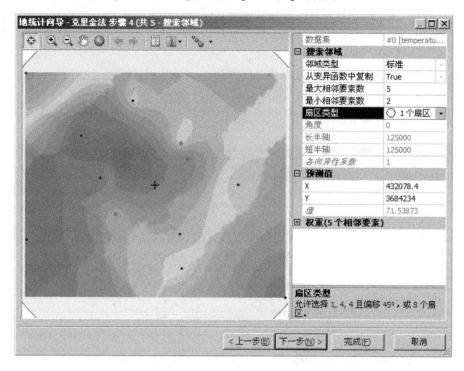

图 16-15

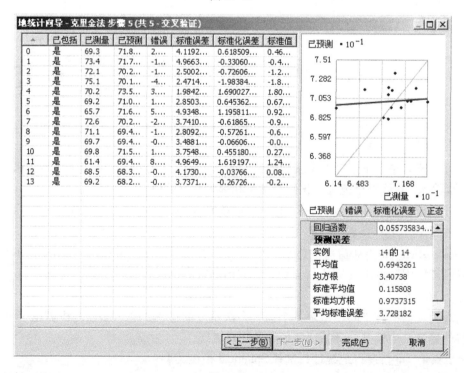

图 16-16

保留【变换类型】和【趋势的移除阶数项的值】为【无】，点击【下一步】按钮。

在【模型类型】中选择【球面】，【主变程】选择【125000】，【计算偏基台】选择
【False】，【偏基台】选择【20】，【步长大小】选择【12500】，【步长数】选择【10】，如
图 16-17。

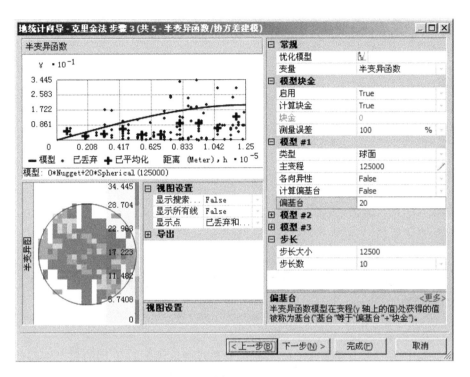

图 16-17

注意窗口左上角拟合的半变异图的变化。点击【下一步】按钮。

在【扇区类型】中选择【1 个扇区】，接受其他的默认选项。点击【下一步】按钮。

点击【完成】和【确定】按钮，执行计算。

➤步骤5　比较 Exponential 模型和 Spherical 模型结果

从【内容列表】中右键点击【克里金法_2】，选择【比较】。在出现的窗口中比较指
数（exponential）和球状（spherical）两种模型，如图 16-18。

> ➡　注意
>
> 　比较使用的是交叉验证技术。每一次选择将 n-1 个样本数据输入模型，计算预测值（总样本数为
> n）。每一次有一个样本不被输入模型是将它的值与根据其他样本计算得到的预测值进行比对。用这种
> 方式检查模型预测的准确性。

在当前案例中，两个模型的表现（平均标准误差）相似，但是球状模型数据（左边）
表现更好，因为它的平均错误程度（平均标准误差）更低。呈分叉状的蓝实线和虚线说明
模型可以通过调整分布的极高和极低值得到改善。

执行任务 3 中步骤 1~5 的操作，但这次在【Data Field】中选择【Mean_2000】，指定
【模型类型】为【球面】，其他参数设置跟之前一样。在【内容列表】中，右键点击【克

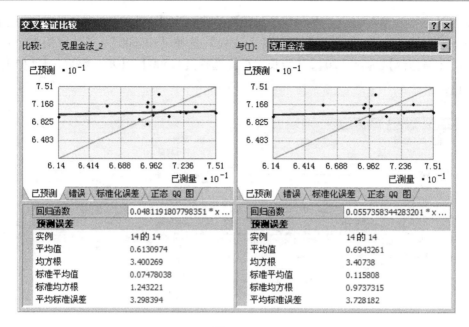

图 16-18

里金法】，选择【移除】。交叉检验结果显示球状模型比指数模型稍好，因此不必要再保存指数模型栅格。

任务 4 　计算温度变化率

内容列表中还有两个克里金文件，通过勾选或者取消勾选置顶的那个图层的检验栏（即通过打开关闭图层的方式），检查从 1990 到 2000 年该地区的平均年度温度如何波动。

➤步骤 1 　将地统计结果导出为栅格文件

在【内容列表】中右键点击【克里金法_3】，选择【数据】—【导出至栅格】。指定输出表面栅格的名称为【temp_2000】，确认【输出像元大小（可选）】为【90】。点击【确定】按钮。将新的数据集添加到地图中。

在【内容列表】中右键点击【克里金法_2】，选择【数据】—【导出至栅格】。指定输出表面栅格的名称为【temp_1990】，确认【输出像元大小（可选）】为【90】。点击【确定】按钮。将新的数据集添加到地图中。

➤步骤 2 　计算温度变化率

在【主菜单】中选择【自定义】—【扩展模块】。确认【Spatial Analyst】检验栏被勾选，点击【关闭】按钮。

在【ArcToolbox】中点击【Spatial Analyst 工具】—【地图代数】—【栅格计算器】。键入以下表达式，将【输出栅格】的名称命名为【pct_change】，如图 16-19。

$$(\,(\,"\,\text{temp}\_2000\,"\,-"\,\text{temp}\_1990\,"\,)/"\,\text{temp}\_1990\,"\,)*100$$

点击【确定】按钮。执行栅格计算器的结果是生成一个栅格数据集表示 1990 年与 2000 年比较年度平均温度变化的百分比。

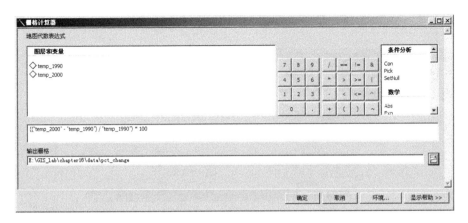

图 16-19

任务 5　输出专题地图

　　在【内容列表】中右键点击【pct_change】，选择【属性】，选择【符号系统】标签。从【色带】下拉菜单中选择从【蓝】色变【红】色，如图 16-20。

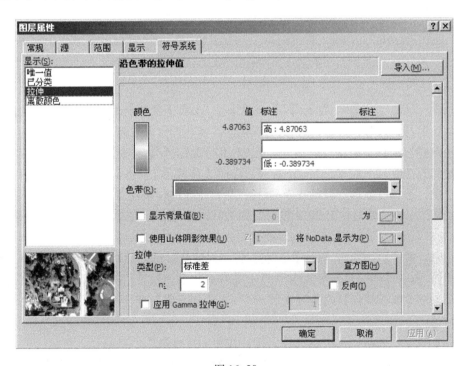

图 16-20

　　点击【确定】按钮。注意红色的区域显示温度增高幅度最高的区域。

　　点击【添加数据】按钮，找到本地练习数据所在的目录文件夹。按住 CTRL 键不放，选择【urban_92】和【urban_92_01】文件，点击【添加】按钮。

　　在【内容列表】中右键点击【urban_92】，选择【属性】，点击【符号系统】标签。

右键点击【值】字段为【0】的项，如图16-21。右键选择【移除值】。

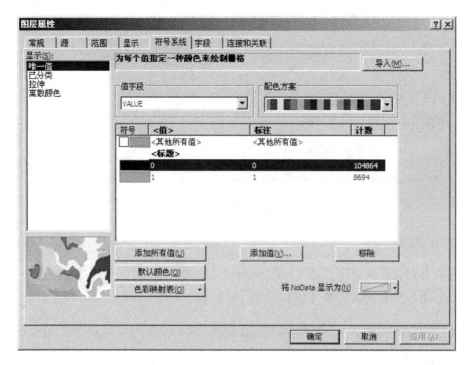

图 16-21

接下来，双击【值】项等于【1】的色块，选择【橙黄】色。点击【确定】按钮。这一数据集代表了从1990~2000年没有变化的区域，即已开发区域。

在【内容列表】中右键点击【urban_92_01】，选择【属性】，点击【符号系统】标签。右键点击【值】字段等于【0】的项，选择【移除值】。接下来，双击【值】项等于【1】的色块，选择【红】色作为替换颜色。点击【确定】按钮。

这一数据集表示的是在1990年没有被归为城市用地，但在2000年转变成城市用地的区域。

在【内容列表】中单击【city】图层并将其拖动至名单的顶端。右键点击【city】，选择【属性】，点击【符号系统】标签。点击【符号】的色块，打开符号选择器窗口。

将现状的【填充颜色】改为【无】颜色，【轮廓宽度】指定为【2】，改【轮廓颜色】为【黑】色。

点击【确定】按钮。再次点击【确定】按钮，执行操作。

参见第2篇第4章的处理方式，将地图切换至布局视图，添加图例、指北针、比例尺等地图元素，以图像格式保存该地图，如图16-22。

从生成的地图可以看出1990至2000年之间大都市区西部温度上升幅度大，中部和东南部2000年的温度较1990年略有降低。对比温度升高幅度大的地区以及1990~2000年非城市用地转为城市用地的地区，这两者空间重合度并不高。这说明还没有足够证据能说明该区域因为城市化而增长的不透水层面积会造成局部地区温度的增加。

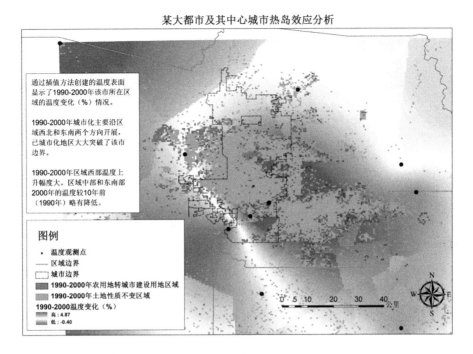

图 16-22

16.3　本章小结

　　本章使用 ArcGIS 的 Geostatistical Analyst 地统计分析工具进行插值，并生成温度表面栅格。同时，通过加入土地利用变化栅格，分析城市向郊区蔓延与局地气候的关系。ArcGIS的地统计扩展工具非常强大，常应用于城市规划环境监测和分析上，如监测空气污染物、土壤重金属污染空间分布等。应注意的是，与经典统计学相同，地统计学也需要大量样本，通过分析样本间的规律探索其分布规律并进行预测。本章练习的样本数（即温度观测站数）较少，仅为 14 个。这导致即使对数据进行数学变换，仍然无法转为正态分布形式。产生的后果是在插值时容易出现偏误，估测未知地点温度的准确性降低。在应用地统计分析方法处理实际案例前，应先妥善处理好样本数、数据分布规律等数据分析问题，才能获得较为准确的插值结果。

第 17 章　景观视域分析

17.1　概述

在规划城市未来发展的过程中，预留和组织景观视廊和开敞空间是其中不可缺少的一项任务。景观视廊和开敞空间有助于加强城市景点之间的有机联系，为城市空间赋予层次感和特色感，提高城市或区域的可识别性和场所感。区域尺度的景观视廊和开敞空间还能起到阻止城市蔓延、保护区域生态、改善市民生活环境、提升城市宜居水平、吸引市民休闲消费、促进经济增长的多重目的。但是，无序的开发建设常常对这些"公共视觉域"产生负面影响。例如，一些体量较大的新建筑、构筑物遮挡了低矮绵延的被观测对象（水体、城市绿地），影响了市民的景观视域。在研究如何从政策、资金等方面保障这些公共视觉域之前，规划师必须清楚这些有视觉价值的区域在哪里，范围多大，未来开发建设会怎样影响这些公共视觉域，才能为政策制定者提供合理的建议。

视域可定义为从一个观察点或多个观察点可视的地面范围。因高程变化以及研究的空间范围对计算视域影响很大，在平面图纸上求算视域的方法已经很难满足规划实际命题的需要。如果有研究范围内的高程栅格数据，ArcGIS 中的视域功能是求算视域更精确、更快捷的工具。与常用的视线分析工具不同，视域分析的对象是一个或多个个体可以看到的视线范围，是一个面而不是一条线。ArcGIS 视域工具通过设定观测对象和地形（即数字高程栅格数据），得到视域栅格，即个体看到的（大地）表面范围。ArcGIS 的视域工具可用于制定旅游规划中的观景游线，增加景区的可视区面积。

本章通过视域分析评估拟建风力发电塔对视线的影响。研究的对象是一块由三大岛屿围合而成的三角形水域。专家认为该区域是很有潜力的风力发电场选址之一。然而，有批评认为风力发电塔会阻挡海岸居民和旅游观光者观看海景。本章使用数字高程模型（DEM）数据，执行简单的视域分析，评估这些批评是否恰当。练习需时约 60 分钟。

17.2　练习

17.2.1　数据和任务

本章的主要任务如下：
（1）准备数字高程模型数据；
（2）查看观测点等数据；
（3）计算海滩视域；
（4）输出专题地图。

主要用到以下几种数据：

（1）DEM 文件：dem；

（2）海滩形文件：beaches. shp；

（3）风力塔位置形文件：towers. shp；

（4）轮渡路线形文件：ferry_ routes. shp。

研究范围内的 DEM 数据由国家地理数据中心（National Geophysical Data Center）提供。它包括地形数据和海洋测深的数据。DEM 数据的空间清晰度在水平方向是 10 米，垂直方向是 0.1 米。其他形文件来自区域环境管理部门。其中海滩形文件由三个点组成，每个点代表一处海滩。

流程图 17-1 用箭头把本章涉及的四项任务（矩形方框标示的内容）和每项任务生成的新文件（圆角矩形方框标示的内容）串联起来。任务 1 对数字高程模型数据 dem 进行处理，去掉其中的海洋测深数据，生成新的数字高程模型数据 mod；步骤 2 查看观测点 beaches. shp、轮渡线路 ferry_ routes. shp 和风力塔 towers. shp 等数据；任务 3 运用表面分析工具中的视域功能，生成三种不同情境下的视域，这三种不同情境和生成的视域分别是：①假定观测高度为人高（1.8 米），生成 vshed_1；②假定观测高度为人高，地形整体抬高 90 米，生成 vshed_2；③假定观测高度为 60 米，在原始地形上加入 115 个高为 90 米的风力塔，生成 vshed_3；④输出专题地图，重点表现 vshed_3。

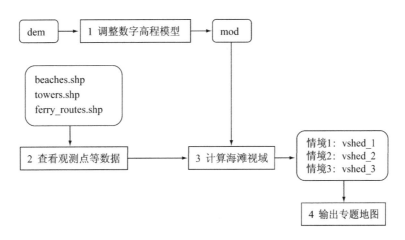

图 17-1

17.2.2　练习

任务 1　调整数字高程模型

➢步骤 1　添加数据

启动【ArcMap】，在【标准】工具条中点击【添加数据】按钮。找到本章数据存放的目录文件夹，选择【dem】，点击【添加】按钮。在【内容列表】中右键点击【dem】，选择【属性】。在【符号系统】标签上，注意研究范围内最高最低的高程值分别是 89.69 和 −152.58 米，点击【确定】按钮，如图 17-2。

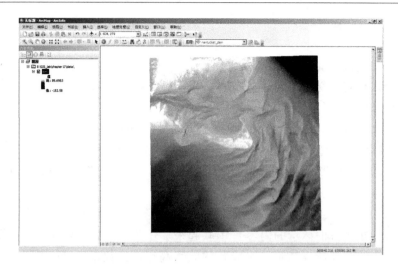

图 17-2

> 步骤 2 去掉海洋测深数据

因为视域分析不关心高程小于 0 的地形（人们在观看海景时所看到的大地表面是海平面而非海床平面），下面先修改数字高程，去掉反映海床平面的海洋测深数据。

在【主菜单】中选择【自定义】—【扩展模块】。确认勾选了【Spatial Analyst】检验栏，选择关闭按钮。

在【ArcToolbox】中点击【Spatial Analyst 工具】—【Spatial Analyst】—【地图代数】—【栅格计算器】。在【栅格计算器】窗口中输入以下表达式，将输出栅格名称命名为【mod】，如图 17-3。点击【确定】按钮。

Con（"dem" < =0，0，"dem"）

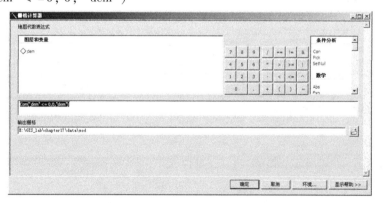

图 17-3

➜ 注意

输入表达式包括三部分内容。第一部分是一个逻辑式，对输入数据集的每个像元提供真值或假值两种判定；第二部分指的是当逻辑式判断为真值时（小于等于 0），应赋给输出数据集的值（0）；第三部分指的是当逻辑式判断为假值时（大于 0），应赋给输出数据集的值（原栅格数据值）。在栅格计算器表达式中，这三个部分用逗号分隔开。创建的新栅格数据集名称为 mod。

➢步骤 3 修改图层属性

在【内容列表】中右键点击【mod】，选择【属性】，然后在【符号系统】标签，勾选【显示背景值】检验栏。选【蓝】色为背景色，如图 17-4。然后点击【确定】按钮。

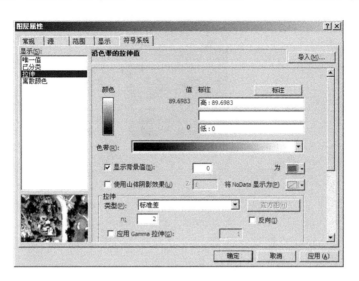

图 17-4

◆ 注意

现在大地表面显示为深浅不同的灰色，高程高的地区颜色浅，高程低的地区颜色深。高程值为 0 或者更低的区域显示为蓝色，这样的区域通常都是被水体覆盖的区域。

任务 2 查看观测点等数据

下面添加轮渡路线和观测塔

➢步骤 1 添加数据

点击【添加数据】按钮，找到本章数据所在的目标文件夹。按住 CTRL 键不放，用光标选择【beaches. shp】、【ferry_routes. shp】和【towers. shp】文件，点击【添加】按钮。

◆ 注意

（1）beaches 海滩文件中这三个点代表的是三个海滩，它们的名称分别是 A、B 和 C。可以通过打开 beaches 的属性表查看这三个海滩的详细情况。

（2）该三角水域的中部有 115 个拟建风力发电塔。这些风力发电塔也同时位于现状轮渡路线的中部。可以通过打开 ferry_routes 的属性表查看轮渡路线情况。

➢步骤 2 调整图层属性

在【内容列表】中右键点击【beaches】，然后选择【属性】。在【符号系统】标签中点击【符号】按钮，符号选择器窗口出现。选择【Circle 2】，【大小】选择【12.00】，点击【确定】按钮。再次点击【确定】按钮。

从【工具】栏选择【识别】按钮，用这项工具熟悉形文件中的三个海滩，通过点击【视图】中的每个点，在【识别】窗口中查看相关属性，如图 17-5。

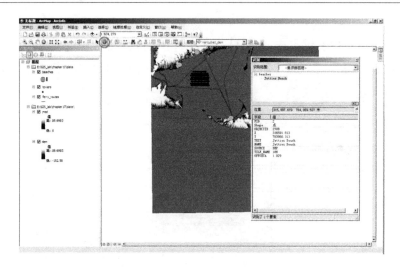

图 17-5

对形文件 ferry_routes 重复这一步骤，可以发现关于研究范围内轮渡设施的更多信息（譬如轮渡路线经营者、开放的季节和经停港口等）。

任务 3　计算海滩视域

任务 3 识别研究范围内哪些像元是可以被三个海滩看到。首先生成观测高度为人高的视域；然后生成观测高度为观测塔顶部的视域；最后生成观测高度为观测塔顶部，地形加入 115 个风力发电塔的视域。这里的视域指的是从三个海滩可以看到的视域的综合。本次练习不考虑海滩植被对视域的影响。

➤步骤 1　生成视域（情境 1：观测高度为人高）

在【ArcToolbox】中点击【Spatial Analyst 工具】—【表面分析】，然后双击【视域】。在【输入栅格】中选择【mod】，在【输入观察点或观察折线（polyline）要素】中选择【beaches】。点击【输出栅格】项旁边的【浏览】按钮，找到本章数据所在的目标文件夹。确定【vshed_1】作为创建的数据集名称，点击【保存】按钮。勾选【使用地球曲率校正（可选）】检验栏，如图 17-6。

点击【确定】按钮，执行视域计算，得到视域图像如图 17-7。

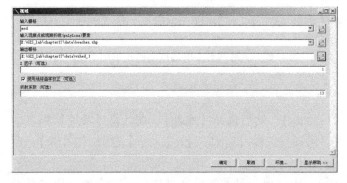

图 17-6

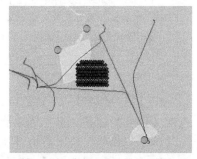

图 17-7

➡ 注意

　　视域栅格的生成需要一段时间。生成的栅格数据集表示从三个海滩可以看到的视域范围的总和。这里假定观测点高度为 1.8 米（人高），看可以观测到多少个栅格像元。这个假设来自于 beaches 中的 OFFSETA 属性，如图 17-8。这个属性指定观测点高度。

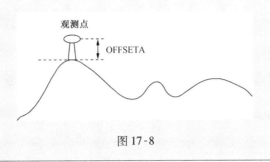

图 17-8

➤ 步骤 2　生成视域（情境 2：观测高度为人高，地形整体抬高 90 米）

　　假设观测高度不变，地形整体抬高 90 米。实现地形整体抬高的方法是在 beaches 中生成一个新的字段（OFFSETB）。

➡ 注意

　　视域大小只与两个因素有关，一是观测点高度（OFFSETA），二是地形高差变化。当把 OFFSETB 属性写入 beaches 的属性表后，软件可以在运行视域分析时自动识别 OFFSETA 为观测点高度，并自动将地形整体抬高，抬高的数值由 OFFSETB 的数值决定。

　　在【内容列表】中右键点击【beaches】，选择打开属性表。在【beaches】属性表中点击【表选项】按钮，选择【添加字段】。在出现的【添加字段】对话框中，在【名称】中输入【OFFSETB】，在【类型】中选择【浮点型】，在【精度】中输入【6】，在【小数位数】中输入【3】，如图 17-9。

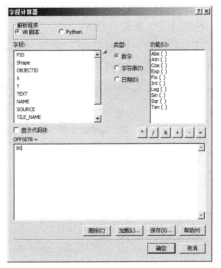

图 17-9　　　　　　　　　　　　　　　　　　　图 17-10

点击【确定】，关闭添加字段对话框。右键点击表格尾部新建的【OFFSETB】字段，选择【字段计算器】，在【OFFSETB =】中填写【90】，如图17-10。

点击【确定】，关闭字段计算器对话框。

展开【Spatial Analyst 工具】—【表面分析】，双击【视域】，执行视域操作。在【输入栅格】中指定【mod】，在【输入观察点或观察折线(polyline)要素】中选择【beaches】。创建的新数据集名称【vshed2】。勾选【使用地球曲率校正(可选)】检验栏，如图17-11。

点击【确定】按钮，执行视域计算。

生成的栅格数据集如图17-12所示。它表现了当地形高程整体提高90米后，从三个海滩中任意一个所见视域的总和。

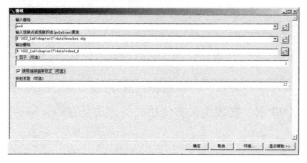

图 17-11

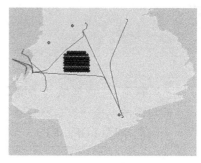

图 17-12

➢步骤3 生成视域（情境3：观测高度为60米，地形加入风力塔）

在上一步骤中，情境2通过使用 OFFSETB，将地形整体提高了90米。在现实中，只有风力塔抬高了90米。情境3希望了解加入风力塔对海滩视域造成的影响，为此使用栅格计算的方法再造地形。

为了精确地模拟拟建风力塔对视域产生的影响，需要提取属于风力塔的格网像元，这些像元表示风力发电塔所在位置。然后修改每个风力塔所在像元的高程数据（假设风力发电塔的高度为90米）。

在【ArcToolbox】窗口中，展开【Spatial Analyst 工具】—【提取分析】，双击【按掩膜提取】。在【输入栅格】中选择【mod】，在【输入栅格数据或要素掩膜数据】中选择【towers】。点击【输出栅格】项旁边的【浏览】按钮，找到数据存放的目标文件夹。选择【extract_tower】作为数据集名称，选择【保存】按钮，如图17-13。

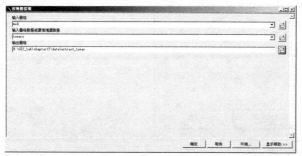

图 17-13

点击【确定】按钮，执行操作。

修改被提取的像元的高程值，这些像元反映了风力发电塔的位置。

在【Spatial Analyst】工具栏中点击【Spatial Analyst】—【地图代数】—【栅格计算器】。在【栅格计算器】视窗中，输入以下表达式：

Con（（IsNull（"extract_tower"）==0），90）

将输出栅格名称命名为【tower_cells】，如图 17-14。

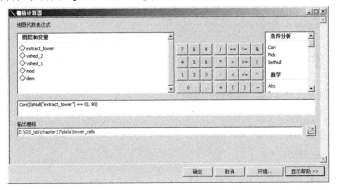

图 17-14

点击【确定】按钮。

> **➔ 注意**
>
> 通过 Conditional 功能，给 extract_tower 的栅格像元赋值。如果像元位于风力发电塔的位置上，像元被赋值为 90，否则赋值为 0。

现在把风力发电塔位置之外其他位置的所有高程信息与风力发电塔高程信息合并到一个栅格文件，即创建一个新 DEM。在这个 DEM 中，风力发电塔的高程都在水平面上增加了 90 米。

在【Spatial Analyst】工具栏中点击【地图代数】—【栅格计算器】。在【栅格计算器】窗口中输入以下表达式：

Con（IsNull（"tower_cells"），"mod"，"tower_cells"）

将【输出栅格】命名为【tower_dem】，如图 17-15。

图 17-15

> ➔ **注意**
> 这个表达式的含义是，用 mod 的像元值给 tower_cells 上没有被赋值的像元赋值，tower_cells 上已经被赋值的像元保持原值。

点击【环境】—【处理范围】，在【范围】中选取【与图层 mod 相同】，在【捕捉栅格】中选取【mod】，如图 17-16。

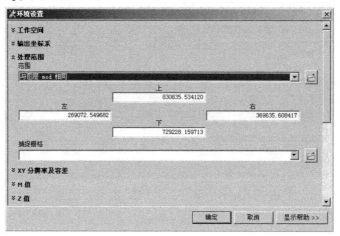

图 17-16

点击【确定】按钮，执行栅格计算。

如果不进行这一步操作，生成的栅格只局限在 tower_cells 的范围内，不利于下一步视域分析。

最后用已经合并了风力发电塔高程的新的栅格地貌重新计算三个观测点（海滩）的视域。

对地形进行修改后不再需要通过 beaches 属性表中的 OFFSETB 值整体抬高地形，接下来删除 beaches 文件中的 OFFSETB 字段。

在【内容列表】中右键点击【beaches】，选择【打开属性表】。右键点击【OFFSETB】，选择【删除字段】。在出现的【确认删除字段】对话框中，选择【是】。通过删除字段操作，OFFSETB 字段被删除。OFFSETA 字段仍然保留，在下面的视域分析中，仍需要用到 OFFSETA 字段。

在【beaches】属性表中右键点击【OFFSETA】字段，选择【字段计算器】，在出现的字段计算器对话框的【OFFSETA =】栏中，输入【60】，如图 17-17。这是因为我们假设

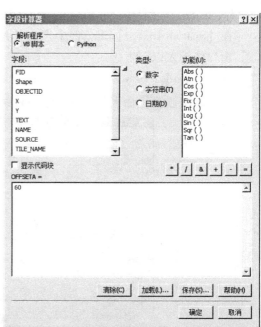

图 17-17

在这几个点上有高 60 米的观测点，人站在 60 米高处进行观测。

点击【确定】，OFFSETA 字段值被改为 60。

在【ArcToolbox】窗口中展开【Spatial Analyst 工具】—【表面分析】，双击【视域】。在【输入栅格】中选择【tower_dem】，在【输入观察点或观察折线（polyline）要素】中选择【beaches】。点击【输出栅格】字段旁边的【浏览】按钮，找到本章数据所在的目标文件夹。选择【vshed_3】作为数据集的名称，点击【保存】按钮。勾选【使用地球曲率校正（可选）】检验栏，如图 17-18。

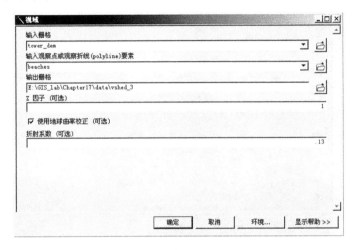

图 17-18

点击【确定】按钮，执行视域计算，生成图像如图 17-19。

图 17-19

> ◆ 注意
>
> 生成视域需要一定时间。生成的栅格数据集显示了可以从三个观测点（海滩）看到的范围的总和。该处假设的是每个风力发电塔的高程都在高程为 0 的基础上增加 90 米。之所以假定高程为 0 是因为 mod 的最低高程值为 0，这些 0 值代表的是 mod 中水平面的高程。

任务4　输出专题地图

在【内容列表】中右键单击【vshed_3】，点击【属性】—【符号系统】，在【显示】中选择【唯一值】，点击【确定】。

参见第2篇第4章的处理方式，将地图切换至布局视图，添加图例、指北针、比例尺等地图元素，以图像格式保存该地图，如图17-20。

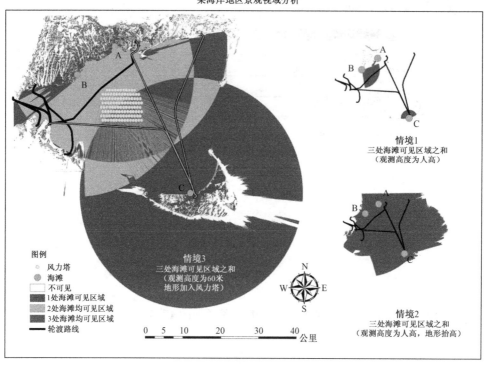

图 17-20

生成的地图中，右上角图的深绿色部分表示在情境1下（观测点高度为人高），从A、B、C三处海滩分别可以看到的视域的总和。右下角的深绿色部分表示在情境2下（观测点高度为人高，地形整体抬高90米），从三处海滩分别可以看到的视域的总和。左图蓝色部分表示在情境3下（观测高度为60m，地形加入115个高为90米的风力塔），三处海滩中任一处可以看到的视域（三处海滩视域不重合的部分），果绿色部分表示两处海滩可以看到的部分（任两处海滩视域重合的部分），深绿色扇形部分表示三处海滩都可以看到的部分（三处海滩视域重合的部分）。注意在深绿色扇形部分，有多条放射型射线。这些射线表示三处海滩视域因风力塔被遮挡的部分。也就是说因为风力塔的存在，三处海滩均可以看到的视域等于深绿色扇形减去射线剩余的部分。根据深绿色扇形内射线占扇形的比例，风力塔对海滩视域的影响不容忽视。地图中还标示出轮渡路线（黑线），如果把轮渡游船当作海面景观的一部分，从情境3生成的视域可以看出对北向的两个海滩而言不但看不到轮渡路线靠近最南边海滩的部分（受地形影响），轮渡驶入深绿色区域时北向两个海滩也时常看不见它（受风力塔和地形共同影响）。

17.3　本章小结

本章介绍了如何在栅格计算功能辅助下使用 ArcGIS 视域功能模拟未来项目对视觉造成的影响。求得的视域可以作为评价开发建设对公共视域造成干扰的依据。应注意，本章介绍的是视域而不是视线的分析方法，这是两个有区别的概念。视线分析反映的是在一条视线走廊上，受地形影响不同远近的目标点是否能为观察点看到。它的用途是确保优质景观被公众看到，隐藏消极景观（如垃圾填埋场），使其避让主要视觉廊道。而视域分析在视线分析定性分析的基础上进一步计算"看到"的量。视域分析常需要栅格计算功能的辅助，借此再造地形以反映未来项目对视域的影响。在运用栅格计算功能之前需思考清楚操作步骤，如何通过栅格计算提取、叠加象元的高程值，直至获得正确反映地形的高程。运行栅格计算器需要了解 ArcGIS 环境下的程序语法，从而保证运算的顺利进行。

第7篇

GIS与社会资源分析

本篇为 GIS 与社会资源分析，介绍利用 GIS 建立城市应急处理地理数据库、应对城市紧急灾害，以及运用 GIS 技术了解社会空间分异程度和社会公共资源分配情况。

第18章 建立城市应急处理地理数据库

18.1 概述

大自然和人类社会中不可控制或未加控制因素可能对城市系统中的生命财产和社会物质财富造成重大灾害，使城市居民面临极大危险。这类灾害包括如地震、洪灾、环境污染、火灾、恐怖袭击等。如何加强城市政府危机管理职能、保护城市人民生命财产安全，需要有一系列的策略来应对。建立以 GIS 为平台的城市公共安全应急信息系统是其中非常关键的环节。

在城市公共安全研究中，无论是自然灾害还是人为灾害，对其监测、预报、评估以及防灾、救灾、恢复、教育等每一过程和环节都和空间地理要素密切相关。GIS 凭借对地理数据进行有效管理与分析的优势，可以实现对基础设施、灾害信息、危险源及抗灾理论等信息的查询统计、图形编辑、属性更新、确定公共安全规划中抗灾力量的有效服务范围以及资源配置，快速重现灾害景观，大致预测灾害损失。这方便了政府在灾时实施相应的应急预案，大致预测灾害波及范围，提前组织疏散人员财产等。根据灾害种类不同，城市公共安全应急信息系统可以分为多个子系统，譬如地震分析子系统、洪灾分析子系统、风灾分析子系统等。

本章以地震灾害为例，介绍如何利用 GIS 地理数据库建立城市灾害处理子系统。具体内容为分析地震灾害对路桥产生的不利影响，确定哪些机构应对所负责的路桥迅速开展震后抢修工作。练习重点介绍 GIS 城市灾害处理子系统中的两个关键环节：①如何在地理数据库中添加灾害数据；②查询灾害情况。地理数据库是建立在关系型数据库管理信息系统之上的统一的、智能化的空间数据库。地理数据库的统一性体现在它对地理数据集（属性类 feature class、栅格数据集 raster dataset 和属性表 attribute table 等）的管理。地理数据库为这些不同的地理数据集提供通用框架，实现地理数据库之前所有空间数据模型都无法完成的数据统一管理。地理数据库的智能化体现在对数据库快速检索上。地理数据库提供空间索引。空间索引是依据空间对象的位置和形状或空间对象之间的某种空间关系按一定的顺序排列的一种数据结构。空间索引通过筛选作用，大量与特定空间操作无关的空间对象被排除，从而提高空间操作的速度和效率。

本章练习 1 介绍如何在地理数据库通用框架中添加属性数据。与之前章节在单个属性类中添加字段储存数据信息不同，从地理数据库进行操作可以编辑该数据库所有属性类的属性，是处理大批量数据最方便的操作方法。"属性域"和"子类型"是通过地理数据库通用框架添加属性信息时必须掌握的概念。属性域设置属性类的取值范畴（属性类指的是点、线、面等的集合），制定可供属性类共享的赋值原则。例如，在名为城市灾害地理数据库下建立名为"道路维护主体"的属性域后，该地理数据库下的各个属性类（路、桥等）都可以参照该赋值原则。这省去了重复制定赋值原则的麻烦。"子类型"可建立属性类内部字段之间的相互关系。例如，如果通过子类型建立了国道是由国家维护这两者之间的关系，那么对道路属性类建立了该子类型后，只要在该属性类的道路等级字段中输入国道二字，维护主体字段就会自动出现对应的值（国家）。子类型加快并规范了属性类内部赋值的进程。练习 2 介绍在地理数据库中运用空间索引查询数据的方法。与之前的章节在属性类内部运用表达式查找要素不同，当需要把属性类之间的关系作为查找条件时，需要了解"关系类"。关系类管理要素类和要素类/表之间的逻辑关系和空间关系。例如，桥（要素类）和维护主体（表）之间的逻辑关系是维护主体对桥负责，桥由维护主体维护。桥（要素类）和路（要素类）之间的空间关系是路从桥上跨过，桥从路下穿过。一旦建立关系类，GIS 就能自动找到与关注的属性类相关的其他属性类。练习 3 根据创建的关系类，找到与受损桥梁相关的受损道路和抢修单位名称和联系方式。

练习时要注意两点。一是本章涉及信息量非常大，特别是在背景资料搜集阶段，需要整理包括道路建设材料、结构材料、道路维护主体等在内的多方面信息。在练习 1 录入这些信息与练习 2 和 3 的任务息息相关，请读者在练习操作时务必仔细理解这些信息背后的含义。另外，本章使用的数据采自国外信息数据库，其对行政单位的称呼与我国有差异（譬如国家被称为联邦、省被称为州等），这一点请读者在练习时注意。本章练习 1 需时约90 分钟。在完成练习 1 的基础上，练习 2 需时约 30 分钟，练习 3 需时约 30 分钟。

18.2 练习 1——背景资料搜集

查询城市地震灾情之前，首先完善地理数据库中的相关信息。练习 1 需要完善背景资料，了解属性类 Road、属性类 Bridge 和表 ResponsibleParty。

18.2.1 数据和任务

练习 1 的主要任务如下：
（1）创建属性域；
（2）在要素类中增加字段；
（3）在要素类中创建子类型；
（4）完善要素表格其他信息。
主要用到以下数据：
地理数据库文件：Bridge_lab_start。
数据光盘中提供了地理数据库文件处理完毕后的成果 Bridge_at_completion_of_lab。Bridge_at_completion_of_lab 也是本章练习 3 需要用到的数据。Bridge_lab_start 地理数据库中的基础数据由地方交通局提供，数据库由本书作者建立。

流程图 18-1 用箭头把练习 1 涉及的四项任务（矩形方框标示的内容）和每项任务生成的新属性（圆角矩形方框标示的内容）串联起来。任务 1 针对要素类 Bridge、Road 和表 ResponsibleParty 创建 4 个属性域。任务 2 分别添加字段给这两个要素类和表。任务 3 对 Road 设定子类型。任务 4 完善 Road、Bridge 和 ResponsibleParty 的属性值。

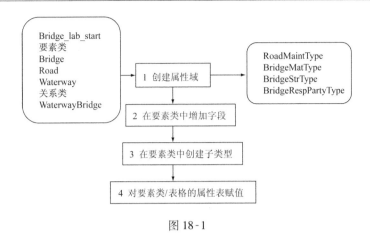

图 18-1

18.2.2 练习

任务1 创建属性域

在创建属性域之前，先了解要素类（feature class）和属性域（attribute domain）这两个概念的含义。

在 ArcGIS 中要素类是由一系列几何类型（点、线、面）相同、属性名称相同、空间参照相同的地理要素组成的集合。要素类可以储存在多种数据格式中，譬如地理数据库、形文件等。

属性域规定要素类表格中的值。当我们对地理数据库设定一系列属性域后，地理数据库下的各种要素类可以调用这些属性域，界定要素类中字段的取值范围。每个域都有名称、描述和它可以被应用于怎样的要素类型。属性域对保证地理数据库内数据的统一性很有帮助，特别是在有多个用户编辑地理数据库内容，以及编辑地理数据库耗时长，容易忘记数据录入规定的时候。在本次练习中，我们只用到已编码的值域（coded value domain）。已编码值域可以应用于任何类型属性中，包括文本、数字、日期等。表 18-1 ~ 表 18-4 是需要在接下来处理的属性域名单。

表 18-1

【Road】域编码列表
名称：【RoadMaintType】（道路维护类型）
描述：【Road Maintenance Party Type】（道路维护主体）
字段类型：【短整型】
域类型：【编码的值】

编码	描 述
1	【Federal】（联邦政府）
2	【State】（州）
3	【County】（郡）
4	【City】（城市）
99	【Other】（其他）

表 18-2

【Bridge】域编码列表 1
名称：【BridgeMatType】（桥建设材料）
描述：【Bridge Material Type】（桥建设材料）
字段类型：【短整型】
域类型：【编码的值】

编码	描 述
1	【Concrete】（混凝土）
2	【Steel】（钢）
3	【Prestressed Concrete】（预应力混凝土）
4	【Wood or Timber】（木材）
5	【Masonry】（石材）
9	【Other】（其他材料）

表 18-3

【Bridge】域编码列表 2
名称：【BridgeStrType】（桥结构）
描述：【BridgeStructureType】（桥结构）
字段类型：【短整型】
域类型：【编码的值】

编码	描 述	编码	描 述
1	【Slab】（平板桥）	8	【Truss】（桁架桥）
2	【Stringer/Multi-beamorGirder】（纵桁桥）	9	【Arch】（拱桥）
3	【Girder and Floorbeam System】（楼板梁桥）	10	【Suspension】（悬索桥）
4	【Tee Beam】（丁字梁桥）	11	【Stayed Girder】（拉索桥）
5	【Box Beam or Girders】（箱型梁桥）	12	【Moveable】（活动桥）
6	【Frame】（框架桥）	99	【Other】（其他结构类型桥）
7	【Orthotropic】（正交桥）		

表 18-4

【ResponsibleParty】域编码列表
名称：【BridgeRespPartyType】（桥责任单位）
描述：【Bridge Responsible Party Type】（桥责任单位）
字段类型：【短整型】
域类型：【编码的值】

编码	描 述	编码	描 述
1	【Federal Agency】（联邦机构）	3	【County Agency】（郡机构）
2	【State Agency】（州机构）	4	【City Agency】（城市机构）

➢步骤 1　浏览地理数据库的构成

在【ArcCatalog】目录树，右键点击【文件夹连接】，点击【连接文件夹】，找到练习数据所在的文件夹。点击地理数据库【Bridge_lab_start】前面的加号，可以看到该地理数据库由四部分构成：①BridgeContainer 要素数据集，它下面有三个要素类，分别是 Bridge、Road 和 Waterway；②两个表文件，分别是 br_data 和 ResponsibleParty；③关系类文件 WaterwayBridge。

➢步骤 2　对要素类 Road 创建新属性域

右键点击地理数据库【Bridge_lab_start】，点击【属性】我们将在该地理数据库中创建属性域。点击【属性域】标签，在【属性域名称】中输入【RoadMaintType】，在【描述】中输入【Road Maintenance Party Type】。在【属性域属性】的【字段类型】中选择【短整型】，在【属性域类型】中选择【编码的值】。根据表 18-1 中的【编码】和【描述】在【编码值】下方依次输入编码和描述。点击【应用】和【确定】，执行输入操作，如图 18-2。

➢步骤 3　创建另外三个属性域

依照步骤 1 分别根据表 18-2～表 18-4 创建另外 3 个属性域。创建三个与 Bridge 相关的域。下面图 18-3～图 18-5 是创建完成的域名单。

图 18-2

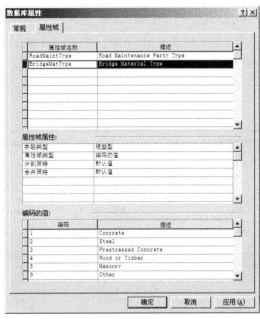

图 18-3

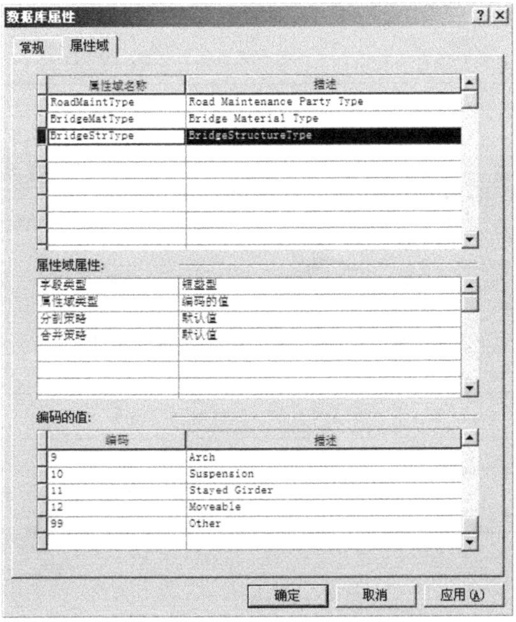

图 18-4

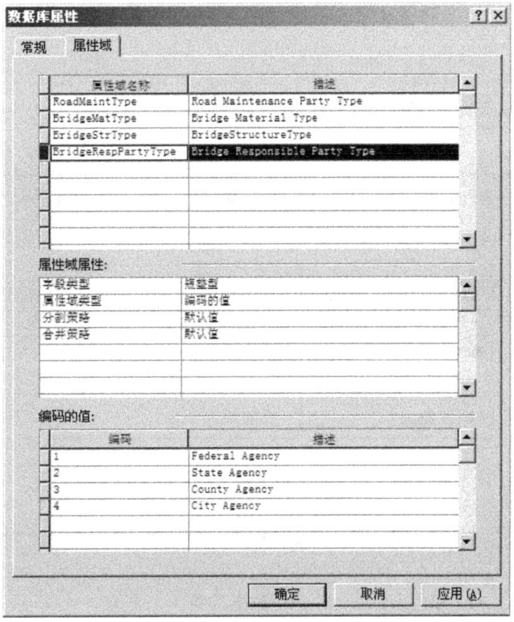

图 18-5

创建完以上四个域后，点击【确定】按钮。

任务2 在要素类中增加字段

任务2演示在地理数据库中对要素类添加字段。表18-5～表18-7中实心括号（【】）内的字段分别是 Bridge_lab_start 的要素类 Road、Bridge 和表 ResponsibleParty 中需要添加的字段/修改的属性域。要素类 Road 中需要编辑的字段在表18-5中，要素类 Bridge 中需要编辑的字段在表18-6中，表 ResponsibleParty 中需要编辑的字段在表18-7中。

表 18-5

要素类【Road】

字段名称	数据类型	长度	描述（别名）
PREFIX	文本	2	Road Prefix（道路前缀名）
PRETYPE	文本	6	Prefix Type（前缀名类型）
NAME	文本	30	Road Name（道路名称）
TYPE	文本	6	Road Suffix（道路类型名称）
HWY_TYPE	文本	1	Highway Type（高速公路类型）
HWY_SYMBOL	文本	20	Highway Symbol（高速公路路号）
【GradeSeperation】	【文本】	【3】	【Grade Seperation】（是否立交）
【Maintenance Party】	【短整型】	—	【Maintenance Party】（维护主体，属性域 = Road Maint Type）
【Shoulder Required】	【文本】	【3】	【Shoulder Required】（有无路肩）
【Road Class】	【长整型】	—	【A field to store a subtype】（储存道路子类型的字段）

表 18-6

要素类【Bridge】

字段名称	数据类型	长度	描述（别名）
BridgeID	长整型	—	Unique ID of bridge（桥编号）
POINT_X	双精度	—	Latitude of bridge（桥纬度）
POINT_Y	双精度	—	Longitude of bridge（桥经度）
【Material Type】	【短整型】	—	【Bridge Material Type】（桥建设材料类型，属性域 = Bridge Mat Type）
【Struc Type】	【短整型】	—	【Bridge Structure Type】（桥结构类型，属性域 = Bridge Str Type）

表 18-7

表【ResponsibleParty】

字段名称	数据类型	长度	描述（别名）
Department（部门）	文本	50	Responsible division or department within the responsible party（责任方内部的部门名称）

表【ResponsibleParty】

字段名称	数据类型	长度	描述（别名）
ResponsiblePartyType（责任部门）	短整型	—	Type of responsibility（责任类型，【属性域 = BridgeRespParty-Type】）
Name（姓名）	文本	50	Name of responsible party（责任部门名称）
Telephone（电话）	文本	20	—
Fax（传真）	文本	20	—
Email（电子邮箱）	文本	30	—

➢步骤 1　在 Road 要素类中添加字段，指定属性域给表格和要素类

确保 ArcMap 处于关闭状态。如果在 ArcMap 打开了要素类，将无法在 ArcCatalog 中将字段添加给要素类或对象类，因为地理数据库已经被 ArcMap 锁定。反之亦然。

在【ArcCatalog】目录树中双击【Bridge_lab_start.mdb】，双击【BridgeContainer】，右键点击想要添加字段的要素类【Road】，选择【属性】，打开要素类属性对话框，如图 18-6。点击【字段】标签，查看现状字段。

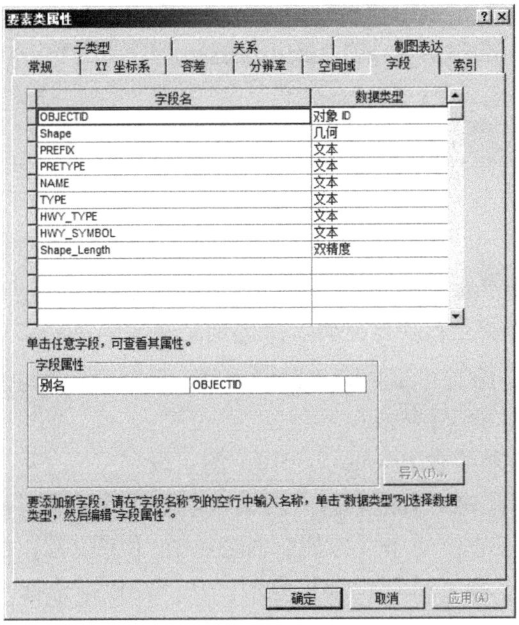

图 18-6

将表 18-5 中实心括号内的字段（GradeSeperation、MaintenanceParty、ShoulderRequired 和 RoadClass）依次添加到字段列表。

点击字段名第一行空白行，输入第一个新字段名称【GradeSeperation】。在新字段名称旁边的【数据类型】栏中输入数据类型【文本】。如果要填写字段的长度，点击新建字段名，在【字段属性】中填写字段长度。

→ 注意

如要为字段创建别名方便查询，在别名右边的空白行输入别名。

依次添加字段【MaintenanceParty】、 【ShoulderRequired】 和【RoadClass】。在添加【MaintenanceParty】时，在【字段属性】—【属性域】中选择【RoadMaintType】，如图18-7。最后点击【确定】按钮。

图 18-7

➤步骤2 在要素类 Bridge 中添加字段

同样，根据表18-6将实心括号内的字段添加给要素类 Bridge。注意在添加字段 MaterialType 和 StrucType 时，除了指定相应的数据类型，还要设定相应的属性域 BridgeMatType 和 BridgeStrType。点击【确定】按钮。

➤步骤3 指定属性域给表 ResponsibleParty 的字段

在【ArcCatalog】目录树中右键点击需要编辑字段属性的表【ResponsibleParty】，选择【属性】，打开表属性对话框。点击【字段】标签。在【字段名】栏点击【ResponsiblePartyType】，显示字段属性。点击【属性域】字段，从下拉栏中选择【BridgeRespPartyType】。最后点击【确定】按钮。

→ 注意

之所以有些字段属性中有属性域这一栏，有的字段没有是由数据类型决定的。在本练习中只有被定义为短整型的字段才可以设定属性域的值。这是由之前对 Bridge_lab_start 地理数据库定义属性域决定的。

任务3 在要素类中创建子类型

下面将针对 Road 要素类创建子类型，创建子类型时需要的信息如表18-8。

表 18-8

要素类【Road】中的子类型

子 类 型	编码	属性（默认值）		
		GradeSeparation（是否立交）	MaintenanceParty（维护主体）	ShoulderRequired（有否路肩）
Interstate highway（州际高速公路）	0	Yes	Federal（1）	Yes
US numbered highway（联邦高速公路）	1	No	Federal（1）	No
State highway（州高速公路）	2	No	State（2）	No
County highway（郡高速公路）	3	No	County（3）	No
Local road（地方公路）	4	NA	City（4）	NA

➤步骤　对要素类 Road 创建子类型

在【ArcCatalog】目录树中双击【BridgeContainer】，右键点击需要添加子类型的要素类【Road】，选择【属性】，打开要素类属性窗口。点击【子类型】标签。点击下拉箭头，从列表中选择子类型字段。选择【RoadClass】作为子类型字段，如图 18-8。

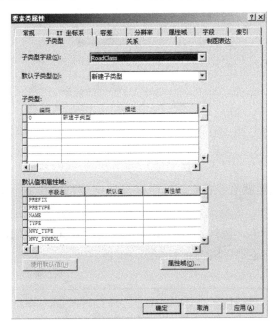

图 18-8

> ◆　注意
> （1）RoadClass 是在之前新建字段时新创建的字段。
> （2）子类型字段必须是长整数或短整数。

定义建立子类型的字段是 RoadClass 后，下面对 RoadClass 的子类型进行定义。

点击【编码】下面的第一个空白字段，输入【0】，在【描述】中输入【Interstate Highway】。然后根据表18-8完成对子类型剩余编码和描述的数据输入。最后点击【确定】按钮。

> ➡ 注意
>
> 根据不同的 RoadClass 编码值（0~5），字段 MaintenanceParty 取的默认值不同（1~4），如图18-9。该默认值表示的是负责维护道路的不同主体（见表18-4）。

图 18-9

任务 4 对要素类/表格的属性表赋值

任务4对三个属性类赋值。首先通过连接操作把外部表格 br_data 关于桥材质和结构的数据赋给属性类 Bridge。然后直接对属性类 Road 的 RoadClass 直接赋值（赋值内容见表18-9），因为建立了关系类，属性类 Road 的其他字段也获得相应的值。最后，表 ResponsibleParty 是全空的，我们还要对该表的字段逐一赋值。

表 18-9

HWY_TYPE field value （高速公路类型字段值）	Road subtype （道路子类型）	HWY_TYPE field value （高速公路类型字段值）	Road subtype （道路子类型）
I	Interstate highway（0）	C	County highway（3）
U	US numbered highway（1）	NO VALUE	Local road（4）
S	State highway（2）		

需要对表 ResponsibleParty 赋值的信息已经提供在表18-10中。

表 18 - 10

OBJECTID （编号）	Department （单位）	Name （名称）	Responsible Party Type （负责机构）	Telephone （电话）	Fax （传真）	Email （电子邮箱）
1	CA Facility Management （加州设备管理局）	US DOT （美国交通部）	1	（567）555-9874	（567）885-9962	cafacmgmt@ mail.usdot. gov
2	Northern California Facility Management （北加州设备管理局）	CADOT （加州交通厅）	2	（412）666-3473	（412）630-0813	norcalmgmt@ mail.cadot. gov
3	Administrative Services （行政服务局）	Sacramento County DOT （郡交通局）	3	（916）368-9817	（916）368-7433	dotadminsrv@ mail.saccounty. net
4	Department of Transportation Facilty Management （交通设施管理局）	City of Sacramento （市政府）	4	（916）721-1893	（916）843-9402	trans@ mai.cityofsacramento. org

➢步骤 1　在 ArcMap 中将数据输入 Bridge 的属性表

打开【ArcMap】，在【主菜单】中点击
【文件】—【添加数据】—【添加数据】，在
【BridgeContainer】中选择【Bridge】和【Road】
添加至 ArcMap，再添加【Bridge_lab_start】中
的两表【ResponsibleParty】和【br_data】。br_
data 表中有桥材料和桥结构数据。下面先将 br_
data 中桥材料和结构的数据赋给 Bridge。

右键点击【Bridge】，点击【连接和关
联】—【连接】。在【要将哪些内容连接到该图
层】中选择【某一表的属性】，在【选择该图层
中连接将基于的字段】中选择【BridgeID】，在
【选择要连接到此图层的表，或者从磁盘加载
表】中选择【br_data】，在【选择此表中要作
为连接基础的字段】中选择【BridgeID】，如图
18 - 10。

点击【确定】。

如图 18 - 11 在出现的【创建索引】对话框
中，选择【是】。

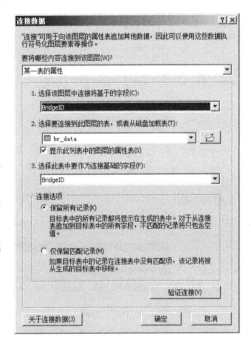

图 18 - 10

右键点击【Bridge】，选择【属性】—【字段】。如图 18 - 12 勾选以下字段。点击
【确定】。

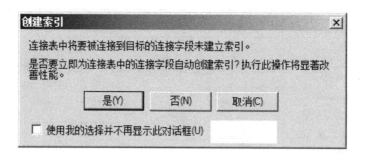

图 18-11

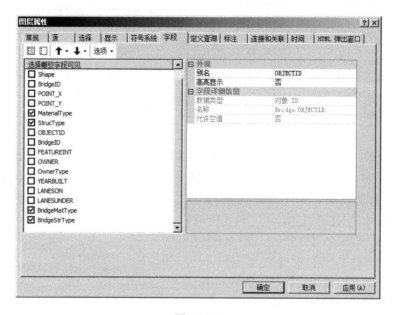

图 18-12

右键点击【Bridge】，选择【编辑要素】—【开始编辑】。右键点击【Bridge】，选择【打开属性表】，右键选择【MaterialType】，选择【字段计算器】，如图 18-13。

图 18-13

在字段计算器窗口，双击【br_data.BridgeMatType】，如图 18-14。

点击【确定】。

回到属性表，右键点击【StrucType】，选择【字段计算器】。在字段计算器窗口中双击【br_data.BridgeStrType】，如图 18-15。

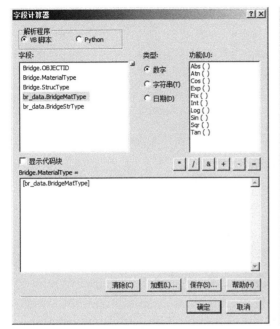

图 18-14 　　　　　　　　　　　　　　　　　图 18-15

点击【确定】。查看 Bridge 的表属性如图 18-16。

OBJECTID *	MaterialType	StrucType	BridgeMatType	BridgeStrType
1	Concrete	Box Beam or Gir	1	5
2	Concrete	Box Beam or Gir	1	5
3	Concrete	Stayed Girder	1	11
4	Concrete	Stayed Girder	1	11
5	Concrete	Stayed Girder	1	11
6	Concrete	Stayed Girder	1	11
7	Concrete	Stayed Girder	1	11
8	Concrete	Stayed Girder	1	11
9	Steel	Stayed Girder	2	11
10	Concrete	Stayed Girder	1	11
11	Concrete	Stayed Girder	1	11

图 18-16

在【编辑器】工具条中点击【编辑器】—【停止编辑】，如图 18-17。在【是否要保存编辑内容】对话框中选择【是】，结束对 Bridge 属性表的编辑。

右键点击【Bridge】，选择【连接和关联】—【移除连接】—【br_data】，移除连接，如图 18-18。

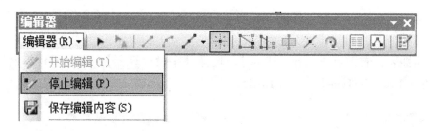

图 18-17

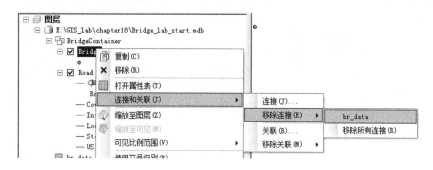

图 18-18

➤ 步骤 2 在 Road 要素类属性表中输入字段值

下面对 Road 属性表中的 RoadClass 字段赋值。

右键点击【Road】，选择【属性】。选择【字段】标签，关闭除 HWY_TYPE 和 Road-Class 字段外的所有字段。

右键点击【Road】，选择【编辑要素】—【开始编辑】。右键点击【Road】，选择【打开属性表】。右键点击字段【HWY_TYPE】，选择【降序排列】，方便查看赋值。在 RoadClass 中按表 18-9 选择与 HWY_TYPE 对应的道路类型，如图 18-19。

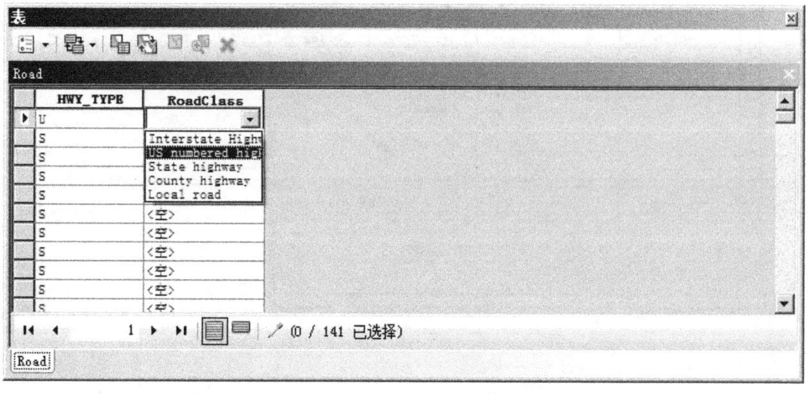

图 18-19

完成后，在【编辑器】工具条，选择【编辑器】—【停止编辑】，保存编辑结果。

右键点击【Road】，选择【属性】。选择【字段】标签，勾选以下标签，如图 18-20。

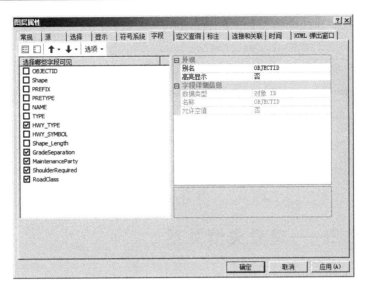

图 18‑20

点击【确定】，关闭属性对话框。右键点击【Road】，选择【打开属性表】。可以看到虽然我们没有对 Grade Separation、Maintenance Party 和 Shoulder Required 直接赋值，但是它们获得了相应的值。这是由于之前定义了子类型，建立了 Road Class 与其他三个字段的关联。一旦我们对关键字段 Road Class 赋值，其他三个字段会获得它们相应的值，如图18‑21。

图 18‑21

> ✦　**注意**
> 出于演示原因，本次练习没有完成 Road Class 字段所有数据的输入工作。

➤步骤3　在 Responsible Party 的属性表中添加数据

右键点击【Responsible Party】，选择【编辑要素】—【开始编辑】。右键点击【Responsible Party】，选择【打开属性表】，将表18‑10的内容复制粘贴至 Responsible Party 的

属性表的相应位置。在【编辑器】工具条点击【编辑器】—【停止编辑】，在【是否要保存编辑内容】对话框中选择【是】。

编辑后的 Responsible Party 表格属性内容如图 18-22。

表

OBJECTID *	Responsible Division or Department Within the Responsible Party	Type of Responsibility	
1	CA Facility Management	Nation Agency	US DOT
2	Northern California Facility Management	Province Agency	CA DOT
3	Administrative Services	Region Agency	Sacrament
4	Department of Transportation Facilty Management	City Agency	City of S

(0 / 4 已选择)

ResponsibleParty

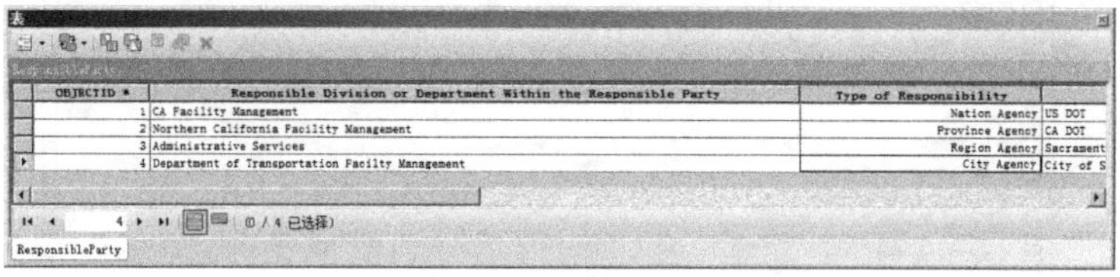

图 18-22

18.3 练习2——建立灾情关系

18.3.1 数据和任务

练习2主要用到以下数据：

在练习1完成基础上的地理数据库文件：Bridge_lab_start。

练习2的主要任务如下：

（1）创建新关系类；

（2）创建新关系。

图 18-23 概括了练习2需要建立的关系。Waterway 和 Bridge 关系类已经创建，即 Waterway Bridge。任务1创建另外三个关系类：①Bridge 和 Responsible Party 之间的关系类；②Bridge 和 Road 要素类之间的两个关系类。任务2编辑路桥关系，使其正确反映现实中路桥的空间关系。

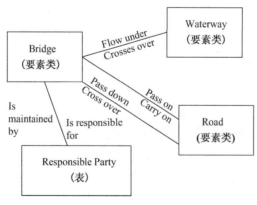

图 18-23

18.3.2 练习

任务1 创建新关系类

➢步骤1 在 Bridge 和 Responsible Party 之间创建关系类

在【Arc Catalog】目录树中右键点击地理数据库【Bridge_lab_start】，点击【新建】—【关系类】。在【关系类的名称】中输入新关系类的名字【Responsible Party Bridge】。在【源表/要素类】中点选【Responsible Party】，在【目标表/要素类】中点选【Bridge Container】前面的加号，选择【Bridge】，如图 18-24。

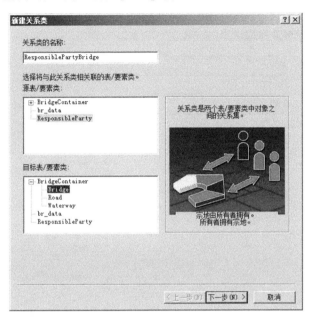

图 18-24

点击【下一步】。

在出现的【新建关系类】对话框中，选择【简单（对等）关系】，如图 18-25。

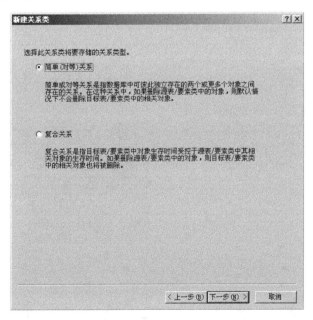

图 18-25

点击【下一步】。

在【当从源表/要素类遍历到目标表/要素类时，为该关系指定标注】中输入【is responsible for】，在【当从目标表/要素类遍历到源表/要素类时，为该关系指定标注】中输入【is maintained by】。在【消息在与此关系类相关联的对象之间传递时，将在哪个方向上传递】中选择【双向】，如图18-26。

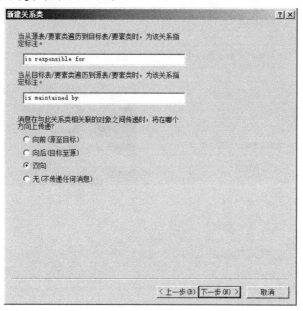

图 18-26

点击【下一步】。

在【为此关系类（源－目标）选择表间关系】中选择【1－M（一对多）】，如图18-27。

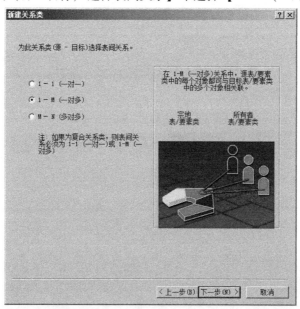

图 18-27

点击【下一步】。

在【是否要向此关系类中添加属性】中选择【是，我要将属性添加到此关系类中】，如图 18-28。

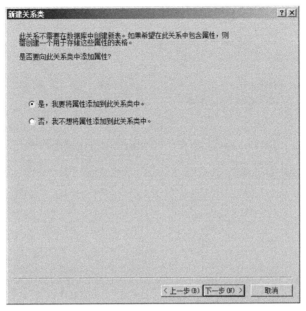

图 18-28

点击【下一步】。

在【字段名】中输入【无】，在【数据类型】中选择【文本】。字段【长度】为【1】，如图 18-29。

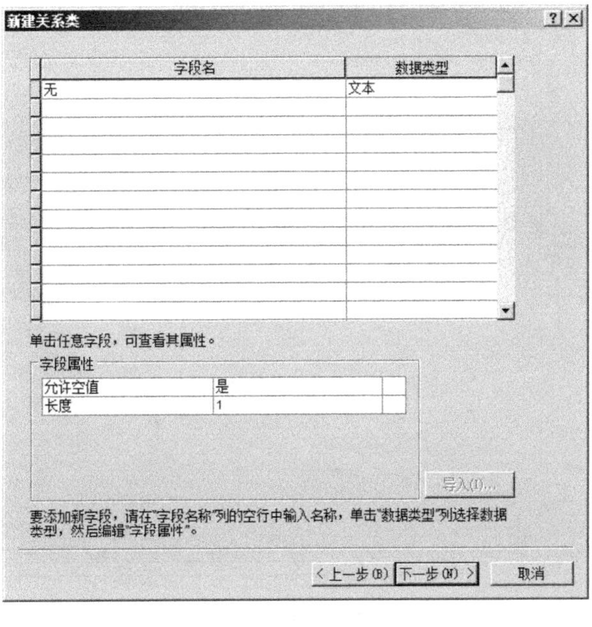

图 18-29

点击【下一步】。

在【源表/要素类】和【目标表/要素类】中分别输入【BridgeFID】和【RePartyOID】,如图18-30。

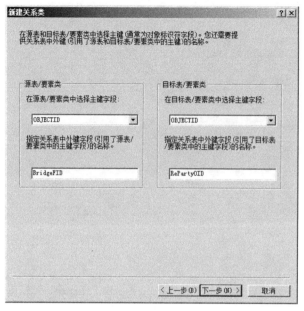

图 18-30

点击【下一步】。

预览新关系类中指定的各参数,如图18-31。

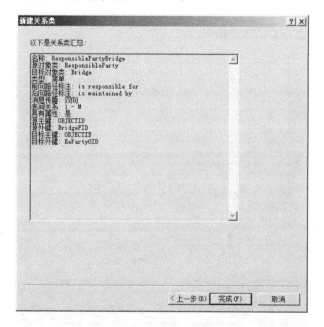

图 18-31

如果想改变参数，通过点击上一步按钮，进行修改。如对各项参数满意，点击【完成】，完成创建新关系类。

现在查看关系类。右键点击【ResponsiblePartyBridge】，选择【属性】，如图 18-32。

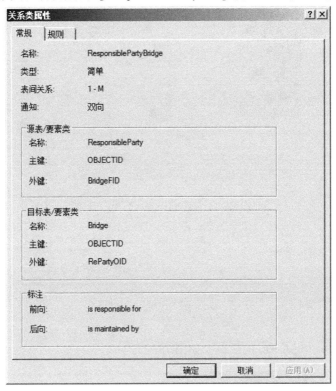

图 18-32

➤步骤 2　在 Bridge 和 Road 之间创建关系类

Bridge 和 Road 之间有两层关系。第一层关系规定 Road 从 Bridge 上经过（RoadBridgeOn），另一层关系规定 Road 从 Bridge 下经过（RoadBridgeUnder），如图 18-33。

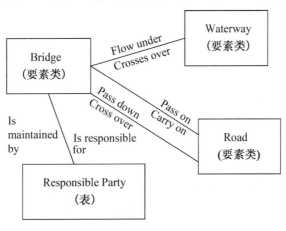

图 18-33

右键点击地理数据库【Bridge_lab_start】，点击【新建】—【关系类】，创建一个名为【RoadBridgeOn】的关系类，表示路桥的关系是路在桥上。它的所有属性和参数如图18-34。

图 18-34

检查关系类 RoadBridgeOn 的属性，如图 18-35。

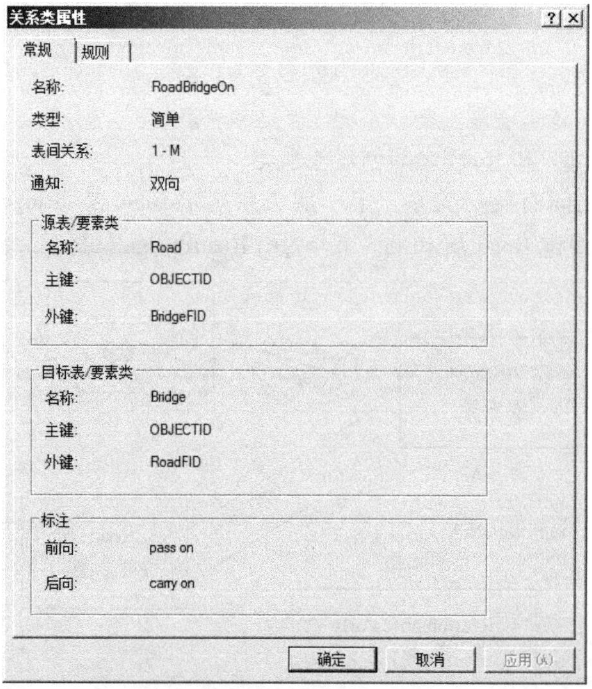

图 18-35

　　再创建一个关系类【RoadBridgeUnder】，表示路桥的关系是路在桥下，它的所有属性和参数如图 18-36。

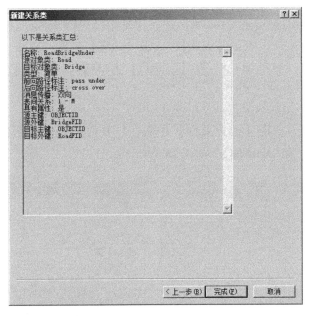

图 18-36

　　检查关系类 RoadBridgeUnder 的属性，如图 18-37。

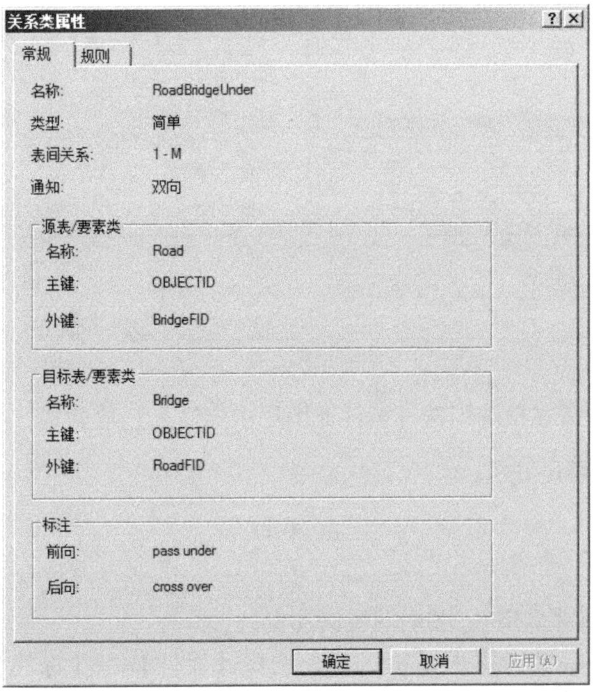

图 18-37

任务2 创建关系

➤步骤1 在 ArcMap 中显示对象标签

在【ArcMap】中右键点击【Road】，选择【属性】，打开图层属性对话框。选择【字段】标签，勾选所有字段，点击【应用】。点击【标注】标签，点击【表达式】按钮，打开标注表达式对话框。如图18-38，在【表达式】窗口输入以下表达式：

[PRETYPE] + "" + [NAME] + "" + [TYPE]

点击【确定】。

回到标注对话框，点击【放置属性】按钮，打开放置属性对话框。在【同名标注】中勾选【每个要素放置一个标注】，如图18-39。

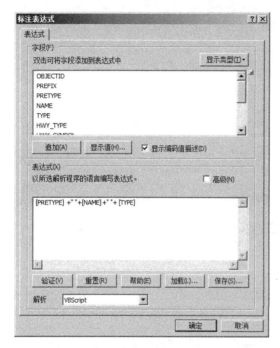

图 18-38

图 18-39

点击【确定】。

回到标注对话框，在顶端勾选【标注此图层中的要素】检验栏，如图18-40。

☑ 标注此图层中的要素(L)

图 18-40

点击【应用】和【确定】，关闭图层属性窗口

在【内容列表】中右键点击【Bridge】，选择【属性】—【标注】。在顶端勾选【标注此图层中的要素】检验栏。在【文本字符串】中确认【标注字段】为【BridgeID】。点击【确定】。视图中 Bridge 和 Road 的每个要素上都显示桥名和路名，如图18-41。

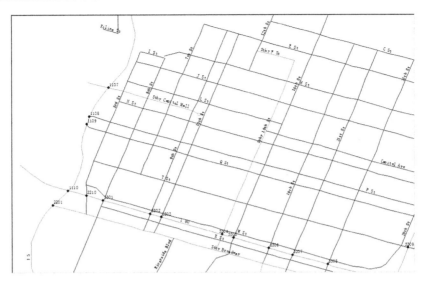

图 18-41

> **步骤 2　建立路桥关系**

在【编辑器】工具条中点击【编辑器】—【开始编辑】。如果编辑器工具条没有出现，在【主菜单】右键点击任一位置，选择【编辑器】。或者在【标准】工具条直接点击【编辑器工具条】按钮，如图 18-42。

图 18-42

在 Bridge1107 附近框取矩形，如图 18-43。

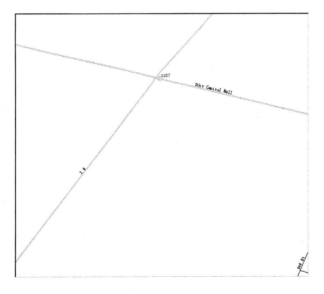

图 18-43

点击【编辑器】工具条的【属性】按钮，如图18-44。

图 18-44

属性对话框出现。展开【Bridge】—【1107】，看到四个关系标签，分别是【Bridge owners or responsible organizations-is maintained by】、【Road – carry on】、【Road – cross over】和【Waterway – crosses over】，如图18-45。

➜　注意

如果无法看到关系标签，可能是因为没有安装 ArcGIS 10 的补丁包。可以到如下网址下载 ArcGIS10 SP5，http：//support. esrichina-bj. cn/2012/0716/1649. html

---

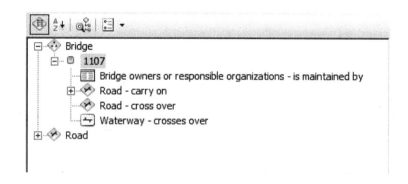

图 18-45

➜　注意

Bridge 和 Road 有两重关系：支撑（carry on）和经过（cross over）。

右键点击【Road-carry on】，选择【添加所选内容】。添加了与 Bridge 有关系的两条 Road。它们分别是 5 号路和 Capitol Mall 路。可以点击【Road-carry on】下面的小蓝点，查看下方 NAME 的信息了解道路名称，如图 18-46。

从该表中，Bridge1107 支撑 I5 路和 Capitol Mall 路。但实际情况中，Bridge1107 仅支撑 I5 路，Bridge1107 从 Capitol Mall 路上方经过。因此，要去掉 Bridge1107 与 Capitol Mall 之间的支撑关系。

右键点击代表【Capitol Mall】的词条，选择【从关系中移除】。这时，仅 I5 词条被保留，如图 18-47。

添加 Bridge1107 和 Road（Capitol Mall）之间的经过（cross over）关系。右键点击【Road-cross over】，选择【添加所选内容】找到名为 I5 的词条，选择【从关系中移除】。

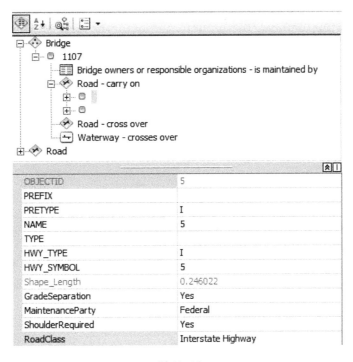

图 18-46

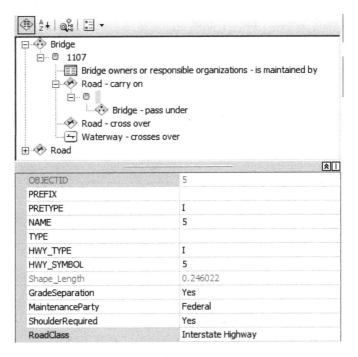

图 18-47

理顺 Bridge1107 与 Road 的所有关系后，可以看到 Road 与 Bridge1107 的关系（完全相反的关系）已经生成完毕。展开属性对话框中的 Road，如图 18-48。

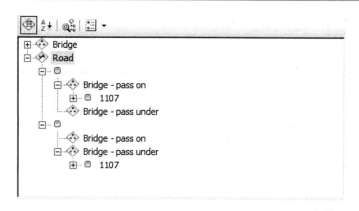

图 18-48

在编辑器工具条点击【编辑器】—【保存编辑内容】。点击【停止编辑】。

你可以根据之前的步骤尝试在 Bridge 和 Waterway 之间建立关系。篇幅所限，本练习不再阐述如何创建 Bridge 与 Waterway 相关的关系。

➤步骤 3　建立路桥关系

在对 Bridge 和 Responsible Party 建立关系前，对路桥做如下规定。

规定 1：如果联邦高速公路上跨、下穿或经过某座桥，该桥由联邦政府负责维护。

规定 2：如果州高速公路上跨、下穿或经过某座桥，该桥由州政府负责维护。

规定 3：如果郡高速公路上跨、下穿或经过某座桥，该桥由郡政府负责维护。

规定 4：如果城市道路上跨、下穿或经过某座桥，该桥由地方城市负责维护。

这四项规定的优先等级从 1 到 4 递减。也就是说如果规定 1 满足则不考虑规定 2、3 和 4。如果规定 1 不适用，才考虑规定 2，并以此类推。

以桥 1107 和 3307 为例，它们与道路的关系如表 18-11。

表 18-11

BridgeID	对象关系
1107	Bridge 1107 支撑（carry on）I5 路，I5 路铺在（pass on）Bridge 1107 上。 Bridge 1107 从 Capitol Mall 路上方经过（cross over），Capitol Mall 路从 Bridge 1107 下方经过（pass under）
3304	Bridge 3304 支撑（carry on）I80 路，I80 路铺在（pass on）Bridge 3304 上； Bridge 3304 从 15 号路上方经过（cross over），15 号路从 Bridge 3304 下方经过（pass under）

查看 Bridge3304。联邦高速公路 I80 经过该桥，15 号路（州高速）从该桥下方经过。根据规定，因为联邦高速公路通过该桥，该桥应该由联邦政府维护，而不是由州政府维护（规定 1 优先规定 2）。

在【ArcMap】中添加【ResponsibleParty】对象类。在【工具】栏，点击【通过矩形选择要素】按钮，框取矩形，选择 Bridge1107 及周边要素。

在【内容列表】，右键点击【ResponsibleParty】，选择【属性】—【显示】，在字段栏选择【Name of Responsible Party】。点击【确定】。

　　点击【编辑器】按钮，选择【开始编辑】。点击【编辑器工具条】上的【属性】按钮。在【内容列表】，右键点击【ResponsibleParty】，选择【打开】，打开 ResponsibleParty 表格。在表中选择对象【CA Facility Management】，如图 18-49。这是将与 Bridge1107 关联的对象。

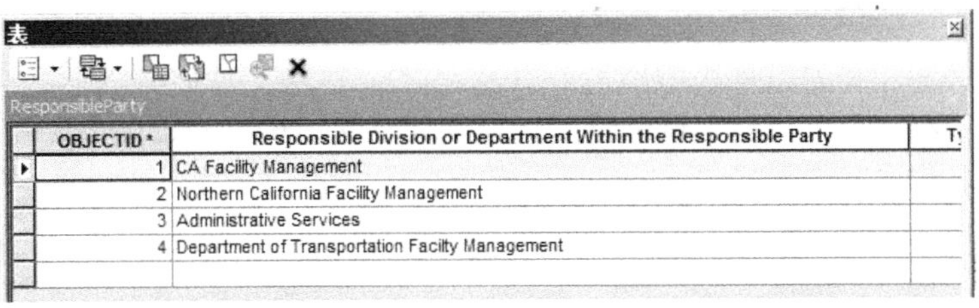

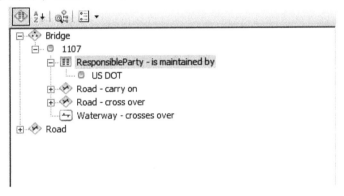

图 18-49

　　创建 ResponsibleParty 和 Bridge 之间的关系。在【属性】对话框，右键点击【ResponsibleParty - is maintained by】关系标签，选择【添加所选内容】。US DOT 添加到 Bridge 的 is maintained by 关系中，如图 18-50。

图 18-50

　　在【编辑器】工具条，点击【编辑器】—【停止编辑】。完成编辑模式。保存编辑结果。

　　关闭【ArcMap】。

18.4　练习3——查看灾情和抢修单位

　　假设地震已经发生，城市工程管理局对管理地震分析子系统的你提出如下诉求：①地震会破坏所有采用箱型梁和板梁的混凝土桥，导致铺在这些桥上的道路发生危险，城市需要尽快找到这些处于危险状态的道路；②需要尽快找到那些对桥负责维修的主体，进行抢修。在练习 1 背景资料搜集和练习 2 建立灾情关系基础上，练习 3 演示如何迅速找到那些采用箱型梁和板梁的桥，找到铺在这类桥上的道路，以及桥梁的抢修单位（维护主体）。

练习 3 主要用到以下数据：

地理数据库文件：Bridge_at_completion_of_lab。

练习 3 的主要任务如下：

（1）查看受灾情况；

（2）输出专题地图。

流程图 18-51 用箭头把练习 3 涉及的两项任务（矩形方框标示的内容）和每项任务生成的新文件（圆角矩形方框标示的内容）串联起来。任务 1 查询属性表，了解受损桥梁，查询关联表，了解受损道路和抢修单位。任务 2 针对受损桥梁和道路，输出专题地图，展示抢修单位的名称和联系方式。

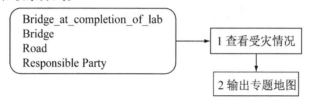

图 18-51

任务 1　查看受灾情况

➤步骤 1　添加数据

在【ArcMap】中打开空白地图，在【主菜单】中点击【文件】—【添加数据】—【添加数据】，添加地理数据库【Bridge_at_completion_of_lab】—【BridgeContainer】下的数据【Bridge】、【Road】和【Waterway】。在【内容列表】中右键点击【Bridge】，选择【打开属性表】，如图 18-52。

OBJECTID *	Shape *	BridgeID	POINT_X	POINT_Y	Bridge Material Typ
1	点	1101	-121.533059	38.655798	Con
2	点	1102	-121.517564	38.627693	Con
3	点	1103	-121.513536	38.627172	Con
4	点	1104	-121.512625	38.614643	Con
5	点	1105	-121.507917	38.606784	Con
6	点	1106	-121.504179	38.597072	Con
7	点	1107	-121.505639	38.579892	Con
8	点	1108	-121.508034	38.576672	Con
9	点	1109	-121.508349	38.575858	Con
10	点	1110	-121.510495	38.568484	Con
11	点	2201	-121.512261	38.566902	Con
12	点	2202	-121.51147	38.541115	Con
13	点	2203	-121.516573	38.533487	Con
14	点	2204	-121.521682	38.525621	Con
15	点	2205	-121.522777	38.516691	Con
16	点	2206	-121.521885	38.508828	Con
17	点	2207	-121.516305	38.495436	Con
18	点	2208	-121.510776	38.481215	Con

图 18-52

➤步骤 2　查看受损桥梁

在【Bridge】属性表左上方点击【表选项】—【按属性选择】，打开按属性选择窗口。如图 18-53 在【SELECT * FROM Bridge WHERE】对话框中输入以下表达式：

［MaterialType］ = 1 AND ［StrucType］ = 5

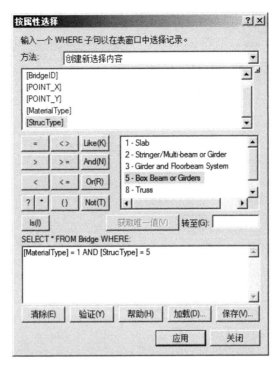

图 18-53

点击【应用】。打开属性表如图 18-54。

OBJECTID *	Shape *	BridgeID	POINT_X	POINT_Y
1	点	1101	-121.533059	38.655796
2	点	1102	-121.517564	38.627693
3	点	1103	-121.513536	38.627172
4	点	1104	-121.512625	38.614643
5	点	1105	-121.507917	38.606784
6	点	1106	-121.504179	38.597072
7	点	1107	-121.505839	38.579692
8	点	1108	-121.508034	38.576672
9	点	1109	-121.508349	38.575858
10	点	1110	-121.510495	38.568484
11	点	2201	-121.512261	38.566902
12	点	2202	-121.51147	38.541115
13	点	2203	-121.516573	38.533487
14	点	2204	-121.521682	38.525621
15	点	2205	-121.522777	38.516691
16	点	2206	-121.521885	38.508828
17	点	2207	-121.516305	38.495436
18	点	2208	-121.510776	38.481215

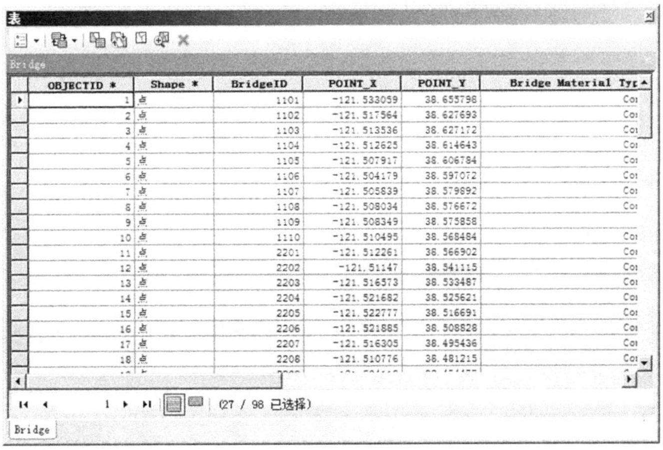

图 18-54

➢步骤 3　查看受损道路

在【Bridge】表左上方点击【关联表】按钮，选择【RoadBridgeOn：carry on】，如图 18-55。

Road 关联表打开如下。可以看到铺在那些靠混凝土桥上的道路名称，如图 18-56。

在属性表左下方点击【Bridge】标签，返回 Bridge 表。

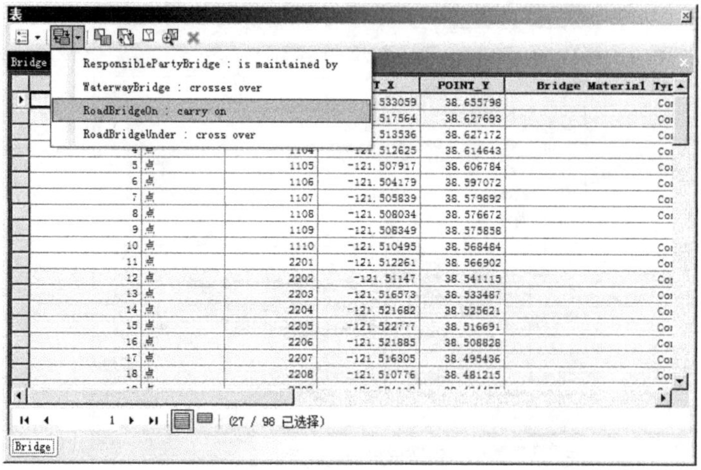

图 18-55

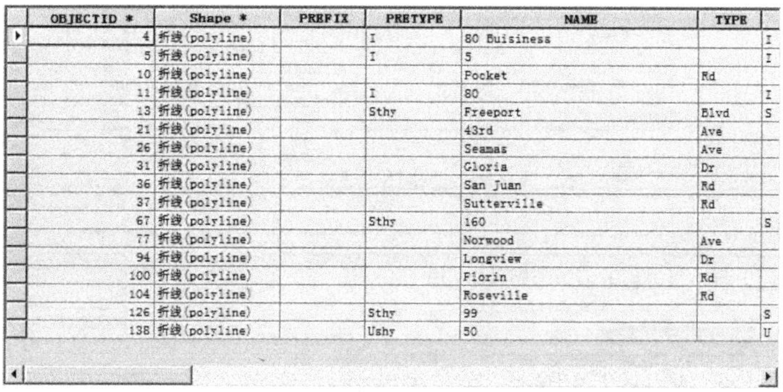

OBJECTID *	Shape *	PREFIX	PRETYPE	NAME	TYPE	
4	折线(polyline)		I	80 Buisiness		I
5	折线(polyline)		I	5		I
10	折线(polyline)			Pocket	Rd	
11	折线(polyline)		I	80		I
13	折线(polyline)		Sthy	Freeport	Blvd	S
21	折线(polyline)			43rd	Ave	
26	折线(polyline)			Seamas	Ave	
31	折线(polyline)			Gloria	Dr	
36	折线(polyline)			San Juan	Rd	
37	折线(polyline)			Sutterville	Rd	
67	折线(polyline)		Sthy	160		S
77	折线(polyline)			Norwood	Ave	
94	折线(polyline)			Longview	Dr	
100	折线(polyline)			Florin	Rd	
104	折线(polyline)			Roseville	Rd	
126	折线(polyline)		Sthy	99		S
138	折线(polyline)		Ushy	50		U

图 18-56

➢步骤4 查看维护单位信息

在【Bridge】属性表左上方点击【关联表】按钮，选择【ResponsiblePartyBridge：is maintained by】，如图18-57。

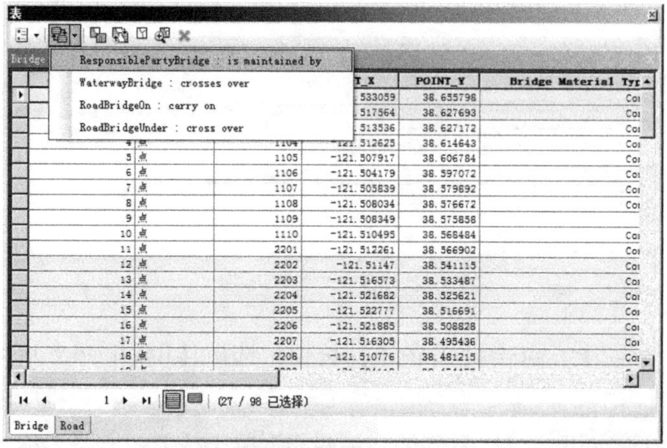

图 18-57

ResponsibleParty 相关表打开。可以看到负责维护桥梁的单位名称，如图 18-58。

图 18-58

任务 2　输出专题地图

　　参见第 2 篇第 4 章的处理方式，将地图切换至布局视图，添加图例、指北针、比例尺等地图元素，以图像格式保存该地图，如图 18-59。注意 ResponsibleParty 被打开后，可以在表选项中选择将表添加到布局，将抢修部门和电话联系方式表格一并输入专题地图中。

图 18-59

18.5　本章小结

　　本章以地震灾害为例，介绍如何利用 ArcGIS 地理数据库建立一个简单的城市灾害处理子系统，可以迅速查找受损路桥、确定路桥负责机构、开展震后抢修工作。ArcGIS 地理数据库最大的好处是它为地理信息建立了一个通用框架，该框架可以用来定义和操作各种不同的用户模型系统，使处理海量数据的过程更规范、智能。特别对城市灾害处理这项要求快速、准确做出决策的任务来说，通过地理数据库查询数据的优势非常明显。从更一般化的应用需求来看，随着数字城市建设的深入开展，很多地方城市都在建立为本地服务的地理信息公共服务平台。如何处理基础地理数据处理流程中的统一规范、快速查询问题，本章练习提供了 ArcGIS 平台下解决问题的思路。

第 19 章　社会空间分异分析

19.1　概述

消除贫困、减少不平等现象，实现包容性增长，是全球可持续性发展的长期愿景。社会经济状况的空间分异，是中外城市管理者需要面对的棘手问题。大城市社会空间极化将对城市社会管理造成严峻挑战。弱势群体的大规模空间集中给所在地区的公共设施和就业岗位造成超常规的需求压力，这种压力反过来又会影响弱势群体的生活状况和发展机会；社会空间极化导致弱势群体与其他社会阶层之间缺乏有效的社会互动，既形成社会隔阂，又不利于弱势群体获得更多的发展资源。城市社会空间极化带来的弱势群体空间集聚，阻碍社会流动，滋生社会分异倾向，对社会管理十分不利。城市规划、管理者需要了解城市社会空间极化的发生程度、规模与位置，才能更好地提出缓解社会空间分化的有效对策。必须辅以匹配的空间统计手段，通过分析计算判断问题区域和周边区域的空间联系。

本章以某城市为例，了解不同收入人口及城市户籍人口的隔离的情况。经济状况、户口状况是居民最基本的社会属性。这两个属性与居民对住房、交通等基础生活设施的要求息息相关。本章展示了两种了解贫困集中状况及户口隔离状况的方法。一种是通过操作者自行指定门槛值，区分不同贫困水平和户口隔离程度。另一种是应用空间统计工具，根据统计方法判断具有类似性的空间单元，这也是一种更科学严谨的分类方式。本章练习应用了两项空间统计工具：空间自相关和聚类异常值分析。空间自相关（Global Moran's I）工具根据要素位置和要素值度量研究区域是否存在空间自相关。在给定一组要素及相关属性的情况下，该工具评估分析模式属于聚类模式、离散模式还是随机模式。空间自相关技术已经在区域经济统计分析、交通分析、城乡建设用地景观格局布置等领域得到应用。聚类和异常值分析（Anselin Local Moran's I）工具可用来发现具有聚类性的空间单元、或具有异质性的空间单元，例如寻找高收入区和低收入区之间的边界、研究区域中消费模式异常的区域、发现疾病高发地等。这项工具已经在经济学、资源管理、生物地理学、政治地理学和人口统计等许多领域中得到广泛应用。

本章研究对象是一组街道级别的空间单元，每个街道有不同的贫困状况和户口分布情况。练习重点检查每对街道空间单元之间的关系，例如，可以分析贫困/户籍人口少的街道单元的周围是否为同质街道单元（即同样贫困/户籍人口少的街道单元），还是被异质街道单元（即富裕/户籍人口多的街道单元）包围。练习需时约 45 分钟。

19.2　练习

19.2.1　数据和任务

本章的主要步骤如下：

（1）连接贫困户口数据和街道形文件；

（2）设定门槛值，分析贫困状况的空间分布；

（3）空间统计，分析贫困户口状态的空间分布；

（4）输出专题地图。

练习主要用到以下几种数据：

（1）街道边界形文件：blockgroups. shp；

（2）社会属性表格文件：socioeconomics. dbf；

（3）城市边界形文件：cities. shp。

其中空间边界形文件、社会属性状态表格文件来自某地方政府。

流程图 19-1 用箭头把本章涉及的四项任务（矩形方框标示的内容）和每项任务生成的新文件（圆角矩形方框标示的内容）串联起来。任务 1 通过连接使街道文件获得贫困和户口统计信息。任务 2 分别用五分法和两分法制定贫困门槛，获得对贫困空间分布的认识。任务 3 使用空间统计工具中的空间自相关与聚类和异常值分析查看研究范围内是否出现了聚类或离散，以及哪里出现了聚类和异常。任务 4 根据户口聚类和异常值生成专题地图。

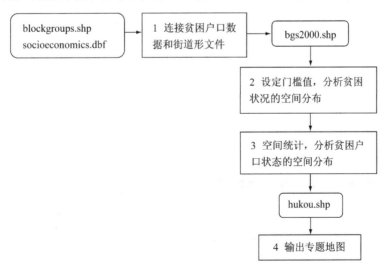

图 19-1

19.2.2　练习

任务 1　连接贫困户口数据和街道形文件

第一步连接贫困户口数据和街道形文件，创建新形文件。

➢步骤1 添加街道数据，查看属性

启动【ArcMap】，在【标准】工具条点击【添加数据】图标，或者从【主菜单】选择【文件】—【添加数据】—【添加数据】，找到本章文件所在的目录文件夹。用光标选择【blockgroups. shp】，点击添加按钮。

在【内容列表】中，右键点击【blockgroups】，选择【属性】。点击【源】标签，投影坐标系项显示数据已经被投影。关闭【图层属性】窗口。

右键点击【blouckgroups】，选择【打开属性表】。注意到缺乏需要的贫困数据（贫困人口百分比），因此需要把其他文件的贫困户口数据与blockgroups关联起来，支持空间分析。该数据包括以下内容：

（1）街道总人口（TOTPOP）；

（2）户籍人口在总街道人口中的比例（PCTHK）；

（3）1999年平均家庭收入（MEDINC99）；

（4）1999年收入在贫困线以下的人口比例（PCTPOV）。

本章练习已经准备好人口普查数据，可以直接在ArcGIS中调用。

➢步骤2 添加贫困数据

在【标准】工具条点击【添加数据】图标，或者从【主菜单】中选择【文件】—【添加数据】—【添加数据】。找到本章数据所在的目录文件夹。选择【socioeconomics. dbf】，点击【添加】按钮。

➢步骤3 连接贫困数据和街道数据

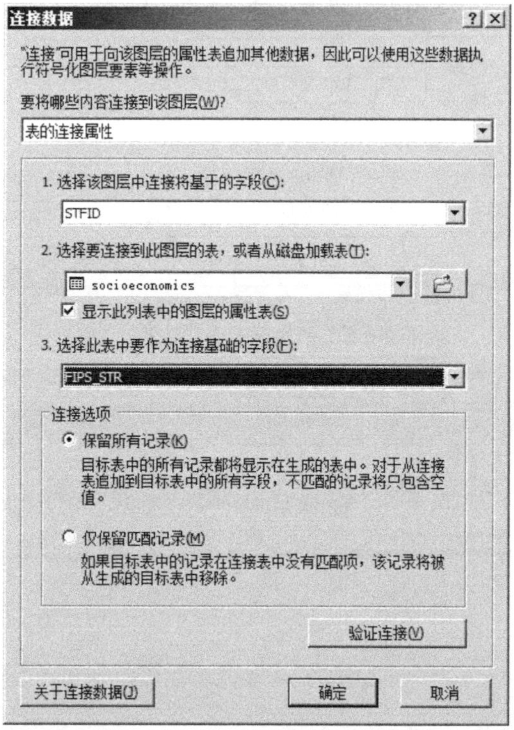

现在将表格中的数据项与多边形形文件进行关联。在【内容列表】中，右键点击【blockgroups】，选择【连接和关联】，点击【连接】。

在【连接数据】窗口中在【要将哪些内容连接到该图层】下拉栏中选择【表的连接属性】，在【选择该图层中连接将基于的字段】中选择【STFID】，在【选择要连接到此图层的表，或者从磁盘加载表】下拉栏中选择【socioeconomics】，在【选择此表中要作为连接基础的字段】下拉菜单中选择【FIPS_STR】，如图19-2。

点击【确定】按钮。

如果【创建索引】对话框出现，点击【是】，为连接字段自动创建索引。

➢步骤4 导出数据

在【内容列表】中右键点击【blockgroups】，选择【数据】—【导出数据】。点击【浏览】按钮，找到本章文件所在的目录

图19-2

文件夹，如图 19-3。

指定【bgs2000. shp】作为输出文件名，点击【保存】按钮。在【是否要将导出的数据添加到地图图层】对话框中点击【是】，将新的形文件添加到 ArcMap 中。

在【内容列表】中右键点击【block-groups】，选择【移除】，删除该图层。

> 步骤 5　删除字段

可以将表中多余的信息删除。右键点击【bgs2000】，选择【打开属性表】，右键点击【FIPS_STR】列的首字段。选择【删除字段】。在【确认删除字段】对话框中，点击【是】按钮，确认删除了该字段。

重复该删除操作，删除以下字段：

OID_

GEO_ID2

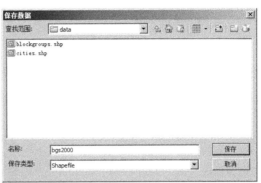

图 19-3

任务 2　设定门槛值，分析贫困状况的空间分布

本任务将了解贫困在空间上的总体分布。

> 步骤 1　按自然间断点分级法分类街道，调整图层属性

在【内容列表】中右键点击【bgs2000】，选择【属性】。点击【符号系统】标签，选择【数量】，在【字段】—【值】中选择【PCTPOV】（1999 年收入在贫困线以下的人口比例）。在【色带】栏选择从【绿】色到【红】色（从左至右）。在【分类】项中点击【分类】按钮，确认选择默认的【自然间断点分级法（Jenks）】，点击【确定】按钮，关闭分类对话框，如图 19-4（光盘中有相应彩图）。

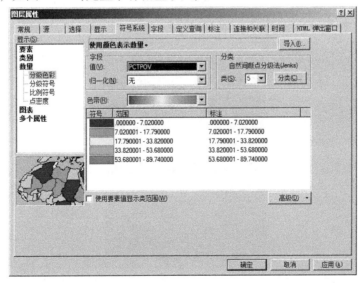

图 19-4

点击【确定】按钮，关闭图层属性对话框。获得的图像如图19-5。

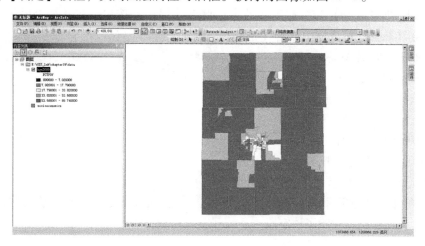

图 19-5

➤步骤2 添加城市文件，调整图层属性

点击【添加数据】按钮，找到本章数据所在的目录文件夹。用光标选择【cities. shp】，点击【添加】按钮。

> ➡ 注意
> （1）本章使用的街道文件（blockgroups. shp）代表的是街区组，街区组的组合和城市（cities. shp）在边界上不重合。
> （2）该城市文件提供专题地图的背景信息，可以看到研究范围内有若干个城市。

在【内容列表】中右键点击【cities】，选择【属性】，点击【符号系统】标签。点击图层属性窗口中部的颜色板，打开【符号选择器】窗口。改【填充颜色】为【无】色，改【轮廓颜色】为【深红】色，点击【确定】按钮，关闭符号选择器对话框。点击【确定】按钮，关闭图层属性对话框，如图19-6。

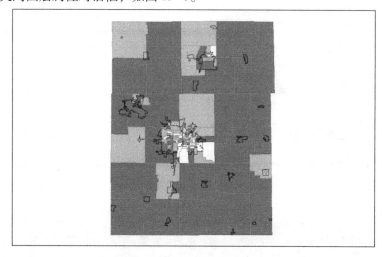

图 19-6

> → 注意
>
> 从图中可以看出，呈现比较规整形状的矩形为街道，不规整形状的为城市。
>
> 在【工具】栏，点击【识别】工具，熟悉一下红色代表的城市名称。在图 19-6，哪些城市贫困率最高？

➢步骤 3　按五分法分类，调整图层属性

在【内容列表】中右键点击【bgs2000】，选择【属性】，打开图层属性窗口。点击【符号系统】标签。点击对话框右侧的【分类】按钮。在【方法】下拉菜单中选择【分位数】，点击【确定】按钮，关闭分类对话框。点击【图层属性】窗口的【确定】按钮，对贫困百分比采取五分法的分类方式，如图 19-7。

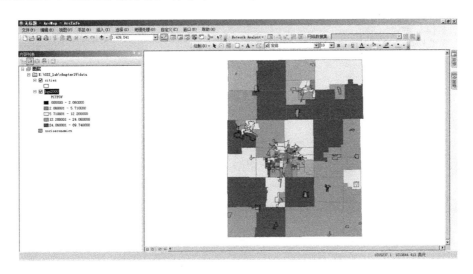

图 19-7

> → 注意
>
> 分类方式的不同会造成人们对贫困空间分布的不同看法。在非中心区域，应用自然间断点分级法比应用五分法的差异性小。也就是说，应用自然间断点分级法更容易使读图者认为贫困家庭聚集在市中心区域。

➢步骤 4　按二分法分类，调整图层属性

很多研究都将 20% 的总人口为贫困人口作为衰败的门槛值。下面将街道按贫困百分比数值分为两类，一类是贫困人口不超过 20% 的街道，一类是贫困人口超过 20% 的街道（基于 2000 年的数据）。

在【内容列表】中右键点击【bgs2000】，选择【属性】，打开图层属性窗口。点击【符号系统】标签。点击【分类】按钮，在【分类】—【类别】中选择【2】。在【分类】—【方法】中选择【手动】。在【中断值】栏将第一个数值改为【20】。图层属性如图 19-8 所示。

点击【确定】按钮，关闭分类对话框。点击【OK】按钮，关闭图层属性对话框，如图 19-9。

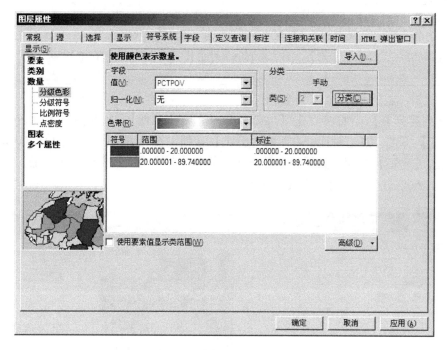

图 19-8

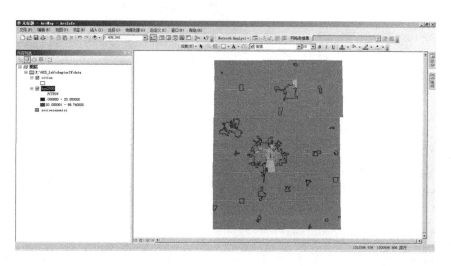

图 19-9

可以看出，使用手动方式，将贫困百分比划分为两种时，地图中有两处被标示为贫困地区。这是基于新的对贫困状态的定义（贫困人口超过 20% 的区域为贫困区域）。该地图说明贫困集中分布在该区域的两处地方（中心地区和中北部）。

任务 3　应用空间统计，分析贫困状态的空间分布

从任务 2 操作可知，分类方式的不同会使人们对贫困状态空间分布的认知产生差异。当指定了门槛值后，如果一个街道的收入水平落在门槛值以内，另外一个街道的收入水平

落在门槛值以外，人们认为这两个街道的贫困状态是有差异的。但是其实这种相似性或差异性只是人为指定门槛值带来的。ArcGIS 提供的空间统计方法能帮助更精准和客观地评估这种相似性。下面用空间自相关功能判断研究范围内的贫困确实已经形成统计意义上的空间分异。

➤步骤 1　贫困空间自相关分析

从【ArcMap】工具条打开【ArcToolbox】，展开【空间统计工具】—【分析模式】，如图 19-10。

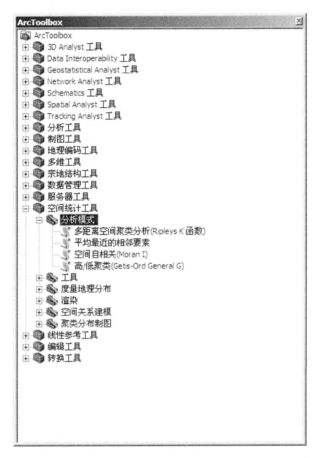

图 19-10

双击【空间自相关（Moran I）】，在【输入要素类】中选择【bgs2000】，在【输入字段】中选择【PCTPOV】，勾选【生成报表（可选）】检验栏。在【空间关系的概念化】项中选择默认的【INVERSE DISTANCE】，在【距离法】中选择默认的【EUCLIDEAN DISTANCE】。在【标准化】项中选择【ROW】，如图 19-11。

点击【确定】按钮，执行计算。

空间统计完成后会在屏幕右下角出现带惊叹号的提示。在【主菜单】中点击【地理处理】—【结果】，查看统计结果。在【结果】对话框中展开【当前会话】，点击【空间自相关（Moran I）】—【消息】，如图 19-12。

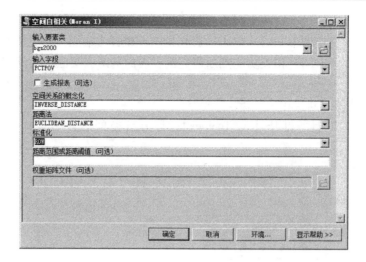

图 19-11

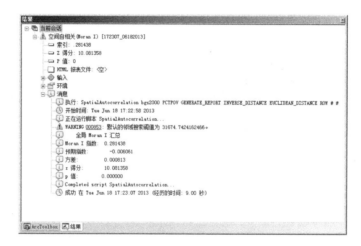

图 19-12

◆ 注意

（1）该工具通过计算 Moran I 指数值、z 得分和 p 值来对该指数的显著性进行评估。p 值是根据已知分布的曲线得出的面积近似值（受检验统计量限制）。

（2）可以看到预期指数为 −0.006061，消息栏提供的预期指数即统计学上所指的零假设（研究范围不存在空间自相关）。通过 z 检验，发现 z 得分为 10.081358，p 值为 0，这说明无空间自我相关性的零假设是错误的，也就是说观测对象在贫困率问题上存在统计意义上的相关性。

（3）Moran I 指数为 0.281438。该指数的变化范围是 −1 到 1，正值表示空间聚类，负值表示空间离散。这里 Moran I 指数为正说明研究范围存在空间聚类。

（4）空间自相关关注的是总体情况，它说明空间是否出现聚类和离散，并未说明聚类和离散发生在何处。换句话说，空间自相关功能只回答是或不是的问题。如果空间自相关有聚类或离散状况出现（出现了自相关），接下来进行聚类和异常值分析，聚类和异常值分析会告诉我们哪里出现了聚类或分散，是一个回答"在哪里"的工具。

➤步骤2 贫困聚类和异常值分析

聚类和异常值分析可以区分具有统计显著性（0.05 水平）的高值（HH）聚类、低值（LL）聚类、由低值围绕的高值异常值（HL）以及由高值围绕的低值异常值（LH）。

在【空间统计工具】中点击【聚类分布制图】，双击【聚类和异常值分析（Anselin Local Moran I)】，如图 19-13。

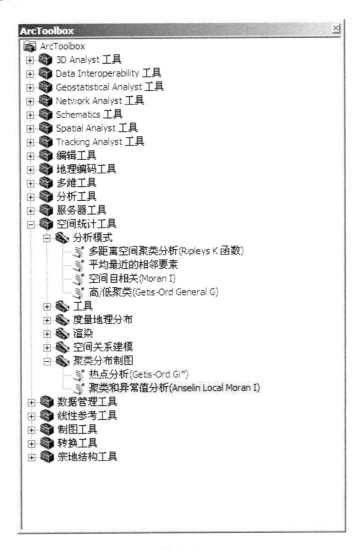

图 19-13

在【输入要素类】中选择【bgs2000】，在【输入字段】中选择【PCTPOV】。点击【输出要素类】右侧的【浏览】按钮，找到本章数据所在的目标文件夹。指定【poverty. shp】为文件名，点击【保存】按钮。【空间关系的概念化】项选择默认的【IN-VERSE DISTANCE】，【距离法】选择默认的【EUCLIDEAN DISTANCE】。【标准化】项选择【ROW】，如图 19-14。

点击【确定】按钮，执行计算。

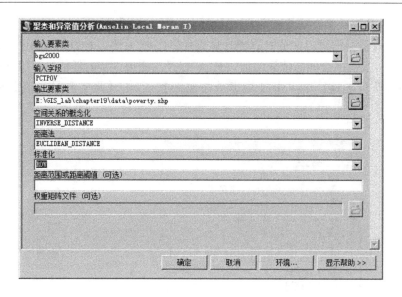

图 19-14

> **注意**
>
> 如果某一街道与它的相邻街道空间聚类的话,输出形文件属性表中的 LmiIndex IDW23048 是正值,反之是负值。但是仅仅关注正负值是不够的。输出形文件中每一个街道都包括一个 z-score(即属性表中的 LMiZScore IDW23048 项),该值体现了在 0.05 alpha 水平上,"聚类和异常值分析"是否具有统计学意义。只有属性 LmiPValue(即属性表中的 LmiPValue IDW23048 项)小于 0.05 的街道被纳入聚类和异常值的分析讨论范畴。这些 LmiPValue 小于 0.05 的街道被分为以下四类。
>
> 空间聚类:
>
> 靠近贫困率高街道的贫困率高的街道(HH);靠近贫困率低街道的贫困率低的街道(LL)。
>
> 异常值:
>
> 被贫困率低的街道包围的贫困率高的街道(HL);被贫困率高的街道包围的贫困率低的街道(LH)。

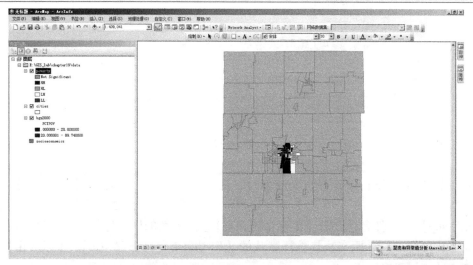

图 19-15

从生成的聚类和异常值分析图 19-15 可以看出，有约 95% 的街道（灰色地理单元）不被纳入聚类和异常值的分析讨论范围（统计结果不显著），从统计的角度我们认为相互之间不聚类，也没有异常值，但是在地图的中部，聚类和异常值分析发现了少量聚类街道（即严重贫困街道之间呈现出空间聚集的状态）。聚类和异常值分析也发现了处于异常状态的街道，即发现有一般收入水平街道靠近严重贫困街道。但是聚类和异常值分析没有发现有严重贫困街道靠近一般收入水平街道。

下面运用形文件 bgs2000 中的属性 PCTHK 作为变量。就研究范围内户口的空间分布相似性分析得出结论。

➤步骤3 户口空间自相关分析

在【ArcToolbox】中点击【空间统计工具】—【分析模式】—【空间自相关（Moran I）】，在【输入要素类】中选择【bgs2000】，在【输入字段】中选择【PCTHK】（户籍人口所占比例），勾选【生成报表（可选）】检验栏。在【空间关系的概念化】项中选择默认的【INVERSE DISTANCE】，在【距离法】中选择默认的【EUCLIDEAN DISTANCE】。在【标准化】项中选择【ROW】，如图 19-16。

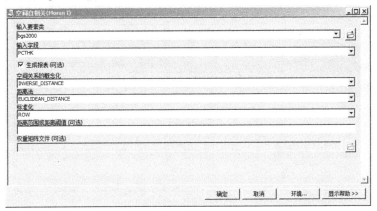

图 19-16

点击【确定】按钮，执行计算。

空间统计完成后会在屏幕右下角出现带惊叹号的提示。在【主菜单】中点击【地理处理】—【结果】，查看统计结果。在【结果】对话框中展开【当前会话】，点击【空间自相关（Moran I）】—【消息】，如图 19-17。

可以看到得到的 Moran I 指数与之前基于贫困百分比得到 Moran I 指数基本一致。也就是说研究范围内存在户口空间聚类。

➤步骤4 贫困聚类和异常值分析

在【ArcToolbox】中点击【空间统计工具】—【聚类分布制图】，双击【聚类和异常值分析（Anselin Local Moran I）】。在【输入要素类】中选择【bgs2000】，在【输入字段】中选择【PCTHK】。点击【输出要素类】右侧的【浏览】按钮，找到本章数据所在的目标文件夹。指定【hukou.shp】为文件名，点击【保存】按钮。【空间关系的概念化】项选择默认的【INVERSE DISTANCE】，【距离法】选择默认的【EUCLIDEAN DISTANCE】。【标准化】项选择【ROW】，如图 19-18。

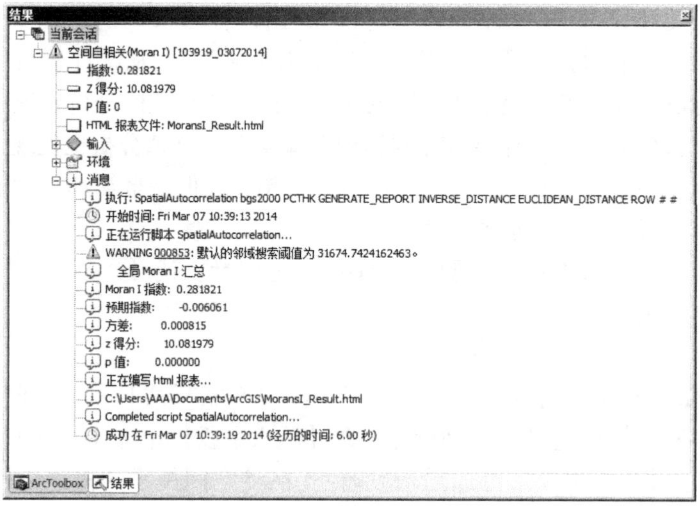

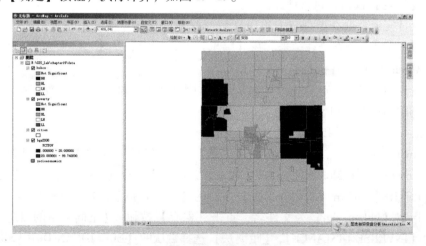

图 19-17

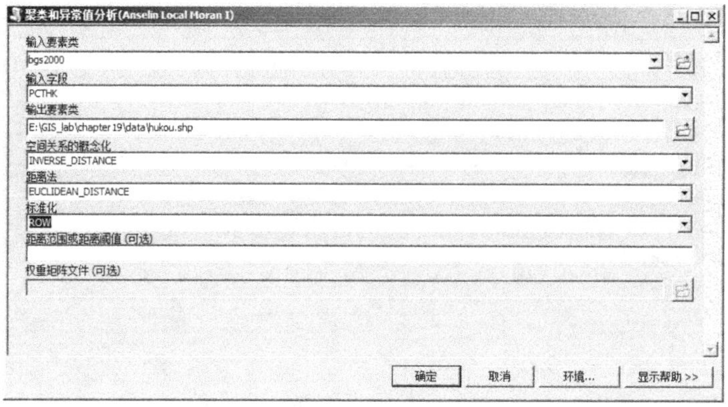

图 19-18

点击【确定】按钮，执行计算，如图 19-19。

图 19-19

> ➡ **注意**
>
> 如果某一街道与它的相邻街道空间聚类的话，输出形文件属性表中的 LmiIndex IDW23048 是正值，反之是负值。但是仅仅关注正负值是不够的。输出形文件中每一个街道都包括一个 z-score（即属性表中的 LMiZScore IDW23048 项），该值体现了在 0.05 alpha 水平上，"聚类和异常值分析"是否具有统计学意义。只有属性 LmiPValue（即属性表中的 LmiPValue IDW23048 项）小于 0.05 的街道被纳入聚类和异常值的分析讨论范畴。这些 LmiPValue 小于 0.05 的街道被分为以下四类。
>
> 空间聚类：
>
> 靠近户籍人口比例高街道的户籍人口比例高的街道（HH）；
>
> 靠近户籍人口比例低街道的户籍人口比例低的街道（LL）。
>
> 异常值：
>
> 被户籍人口比例低的街道包围的户籍人口比例高的街道（HL）；
>
> 被户籍人口比例高的街道包围的户籍人口比例低的街道（LH）。

任务 4 输出专题地图

下面对户口聚类和异常值分析生成专题地图。参见第 2 篇第 4 章的处理方式，将地图切换至布局视图，添加图例、指北针、比例尺等地图元素，以图像格式保存该地图，如图 19-20。

可以看出，有约 60% 的街道（如灰色所示）不属于聚类和异常值区（统计结果不显著），从统计的角度我们认为该区域内空间单元（街道）相互之间不聚类，没有异常值。聚类和异常值分析发现了聚类街道。户籍人口比例高的街道之间空间聚集，这些街道分布在该地区的外围（如黑色所示）。该地区中部户籍人口比例少的街道之间空间聚集（如蓝色所示）。同时也发现了处于异常状态的空间单元，即发现了有被户籍人口比例低的街道包围的户籍人口比例高的街道。但是没有发现被户籍人口比例高的街道包围的户籍人口比例低的街道。

以下是对统计结果的描述：首先，流动人口相对集中（户籍人口少）的街道（如蓝色所示）位于该地区的中心，该结果与常识吻合——即流动人口多倾向居住在离工作岗位近、通勤成本低的地区；第二，地区中心偏北有一系列户籍人口聚居的街道（如黄色所示），这些街道周边形成流动人口聚居地；图中部左右两侧（如黑色所示）有两大块户籍人口聚居的街道，这些街道周边也都是户籍人口聚居的街道；另外，统计分析认为图中灰色部分不构成户籍人口或流动人口聚居地，这些街道周边户籍和流动人口掺杂，即这些街道周边没有形成户籍人口或流动人口聚居地。

随着城市化进程的推进，户籍人口和流动人口在使用城市公共市政设施、交通出行等多方面体现出的差异性不断缩小，而目前很多城市仍以每个分区的户籍或常住人口为基数计算该区公共设施（譬如学校）的容量规模。这可能会造成流动人口比重高的地区（譬如城市中心区域）容量匮乏，并对与这些地区临近的地区带来负面影响。本章空间聚类和异常值的结果（各种类型区域的位置、面积大小等）为解决这些问题提供了依据。通过本章生成的流动人口聚居区边界，政策制定者更清楚哪些区域的设施配给计算方法可能存在问题。这张图也提示我们要了解那些与流动人口聚居区毗邻的户籍人口聚居区的公共设施使用情况。如果流动人口聚居区的设施使用需求得不到满足，他们会转而"搭便车"——跨区消耗分配给其他分区的公共资源，妨碍其他区域的居民正常使用区内设施。

某地区户籍人口空间分布

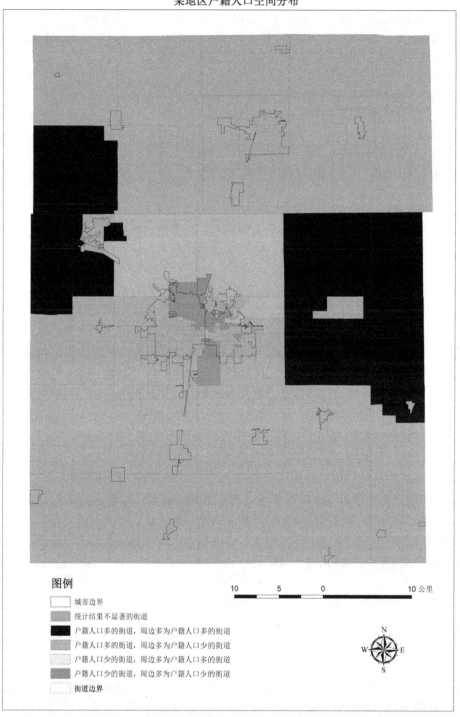

图例

☐ 城市边界
▨ 统计结果不显著的街道
■ 户籍人口多的街道，周边多为户籍人口多的街道
▨ 户籍人口多的街道，周边多为户籍人口少的街道
☐ 户籍人口少的街道，周边多为户籍人口多的街道
▨ 户籍人口少的街道，周边多为户籍人口少的街道
☐ 街道边界

10 5 0 10 公里

图 19-20

19.3　本章小结

　　本章介绍了空间统计分析的基本功能，运用空间自相关与聚类与异常值分析两种空间统计工具检验了研究范围内贫困人口的空间分布。空间自相关对数据的总体趋势进行评估。在空间自相关做出判断的基础上，运用聚类和异常值分析定位空间聚集和离散的具体位置。不同门槛值会导致对贫困状态空间分布的不同认知，但这种相似性或差异性只是人为设定的门槛值带来的。ArcGIS 空间统计模块是更科学评估属性空间相似性的工具。

第 20 章　社区公共资源分析

20.1　概述

  社区建设与发展是培育社会生产力的重要环节。促进社区全面发展，譬如医疗、幼托、教育、娱乐健身等的关键是社区公共资源的有效分配。这不但需要了解资源总体供应状况，还要掌握每个基层社区单元对资源的需求。目前，我国社区规划所需要的基础资料多为纸质表格，没有与其所在的空间统计单元对应。基层单元众多，对每个基层资源属性进行统计任务量很大。

  ArcGIS 的地理处理功能可以按照程序（脚本）替代人力处理这一重复性工作。除用于资源统计外，地理处理可以将大量数据从一种格式转换为另一种格式，还可以对复杂的空间关系进行建模分析，譬如通过交通网分析和寻找犯罪地点模式。地理处理操作的基本流程为：创建模型，在模型中设定需要使用的工具和流程；模型转换为脚本文件；在脚本语言环境下进行地理处理。脚本（script）是使用特定的描述性语言依据一定格式编写的可执行文件，又称作宏或批处理文件。Python 是专用于地理处理的脚本语言。它的特点是免费、跨编译平台、资源开放共享、功能强大和容易学会。ArcToolbox 工具箱中相当一部分工具都采用 Python 语言编写完成。初中阶 ArcGIS 操作用户只需要在 ArcToolbox 工具箱中选择现成工具直接使用即可。但是，尽管 ArcGIS 10 工具箱功能已经非常强大，仍然不可能满足所有规划任务特别是高阶用户的要求。因此有必要了解脚本编写的基本思路和步骤，处理那些 ArcGIS 现行版本仍无法满足的定制任务。使用 Python 语言编写完成新工具后操作者可以在 ArcToolbox 工具箱中保留长期使用。ESRI 公司提供了脚本共享平台。很多个人自己编写了脚本上传至该平台，大大扩展了 ArcGIS 功能。操作者可以通过输入英文关键词，找到这些脚本并免费下载使用。脚本共享平台的网址如下：

  http：//arcscripts. esri. com/

  http：//resources. arcgis. com/content/all-galleries

  本章以街道层面犯罪和警力对比为例，了解基层社区社会安全保障资源的供需情况。犯罪和警力情况分别以犯罪案件数和警察局个数表示。手动计算每个街道犯罪案件数和警察局个数非常费时，因为街道数目众多。这时使用地理处理的优势变得非常明显。本章首先用模型功能创建一个输出表格，用于储存之后的计算结果。然后用模型功能建立一个多步骤过程（即工作流），导出为脚本指导计算机进行自动处理。本章的结尾部分还会提供用 Arc Toolbox 现成命令——空间连接完成该项任务的方法。

20.2　练习

20.2.1　数据与任务

本章主要用到以下几种数据：

（1）街道范围线形文件：bgs. shp；

（2）犯罪案件形文件：crimes. shp；

（3）警察局形文件：stations. shp。

街道范围线形文件、犯罪数量和警力分布形文件来自美国华盛顿特区地方警察局。

本章的主要步骤如下：

（1）创建模型 1，生成属性表；

（2）创建模型 1，导出脚本；

（3）脚本计算犯罪数目；

（4）脚本计算警力数目；

（5）输出专题地图。

流程图 20-1 用箭头把本章涉及的五项任务（矩形方框标示的内容）和每项任务生成的新文件（圆角矩形方框标示的内容）串联起来。任务 1 搭建脚本程序框架，包括新建名为 Crime 的工具箱，在 Crime 工具箱新建模型，模型的结果是创建名为 output_table. dbf 的表。该表是之后记录犯罪记录的载体。任务 2 新建模型 1，输出脚本 DC_Crime_Script. py。任务 3 完善脚本 DC_Crime_Script. py，计算每个街道的犯罪数目，将每个街道的犯罪数目计算结果写入 output_table。任务 4 通过脚本计算警力数目，将每个街道的警察局数目计算结果写入 output_table_2。任务 5 根据两表结果生成专题地图，对比犯罪和警力分布。

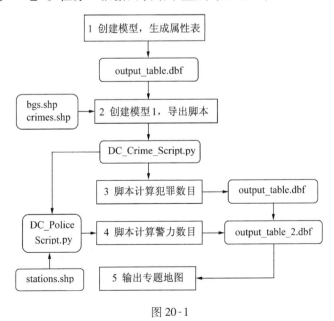

图 20-1

20.2.2 练习

第一步是以模型的方式建立一个简单的地理处理任务（流程）。模型完成后生成一个属性表，用于以后任务所需的犯罪记录表。

➢步骤1 添加查看数据

启动【ArcMap】，在【标准】工具条中点击【添加数据】按钮，或在【主菜单】中选择【文件】—【添加数据】—【添加数据】，找到本章数据所在的文件夹。按住【CTRL】键，用光标选择【bgs.shp】和【crimes.shp】，点击添加按钮。

在【内容列表】中右键点击【bgs.shp】，选择【属性】。点击【源】标签，注意数据已经被投影。点击【确定】，关闭图层属性窗口。

右键点击【crimes】，选择【打开属性表】。打开 crimes 的属性表，关注其中包含的信息。关闭属性表。

➢步骤2 新建工具箱

从【ArcMap】打开【ArcToolbox】，右键点击【ArcToolbox】，选择【添加工具箱】。在新出现的对话框中找到本章数据所在的文件夹，选择最右边的按钮【新建工具箱】，修改新工具盒的名称为【Crime】，如图20-2。

单击【Crime.tbx】使其被高亮，点击【打开】按钮。这时新的 Crime 工具箱将出现在 ArcToolbox 列表中，如图20-3。

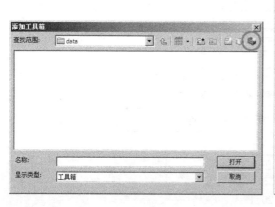

图 20-2

图 20-3

➢步骤 3　新建模型，设置运行环境

右键点击【Crime】，选择【新建】—【模型】，模型窗口出现，暂时关闭该窗口。

双击【ArcToolbox】中的【Crime】工具条下的【模型】图标，打开模型窗口，点击【环境】按钮，点击展开【工作空间】，在【当前工作空间】中点击【浏览】按钮，找到本章数据所在的目录。如下图用光标选择数据所在的目录，点击【添加】按钮和【确定】按钮，如图 20-4。

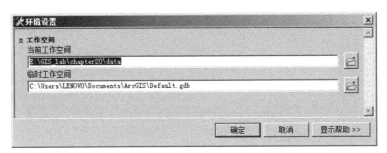

图 20-4

点击【确定】按钮，关闭环境设置对话框。点击【确定】按钮，关闭模型对话框。

➢步骤 4　编辑模型：创建表

右键点击【ArcToolbox】中的【Crime】工具条下的【模型】图标，选择【编辑】，打开模型对话框。在【ArcToolbox】中点击【数据管理工具】—【表】—【创建表】。用光标放在【创建表】上不放，将它拖至模型界面，如图 20-5。

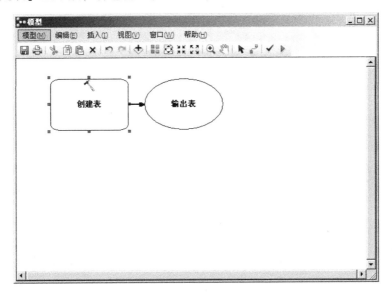

图 20-5

双击【模型】窗口的【创建表】，在【表位置】下拉栏，通过【浏览】按钮将本章数据存放的目录指定为表的位置，【表名】栏命名为【output_table.dbf】，如图 20-6。

图 20-6

点击【确定】。

模型窗口变化如下，如图 20-7。

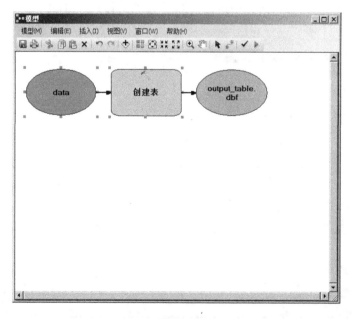

图 20-7

➤步骤 5 编辑模型：添加字段

在【数据管理工具】中展开【字段】，用光标放在【添加字段】上不放，将它拖到【模型】界面，如图 20-8。

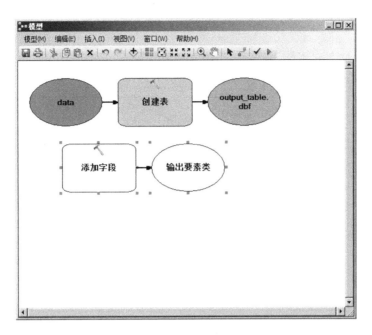

图 20-8

双击【模型】窗口的【添加字段】，在【输入表】栏下拉选择【output_ table. dbf】，【字段名】为【BG_ID】，【字段类型】是【TEXT】，【字段长度】为【20】，如图 20-9。

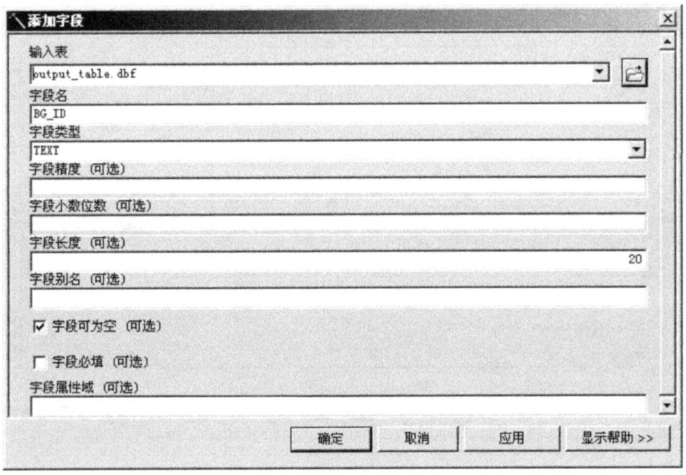

图 20-9

点击【确定】按钮。

➤步骤6　编辑模型：添加字段（2）

把光标再次放到【ArcToolbox】工具箱的【添加字段】上不放，将它再次拖到【模型】界面，如图 20-10。

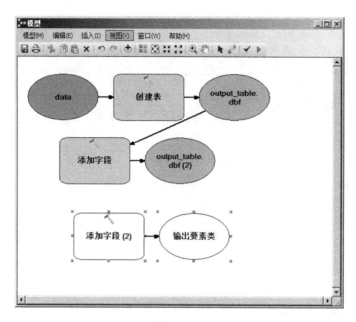

图 20-10

双击模型窗口的【添加字段（2）】，在【输入表】栏下拉选择【output_ table. dbf（2）】，【字段名】为【CRIMES】，【字段类型】是【Short】，如图 20-11。

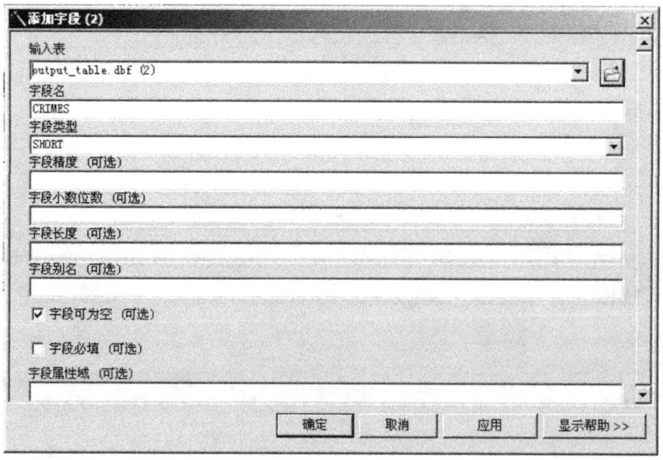

图 20-11

点击【确定】按钮。

➢步骤 7　保存模型

在【模型】窗口的【主菜单】中点击【模型】—【保存】，保存当前设置的模型，如图 20-12。

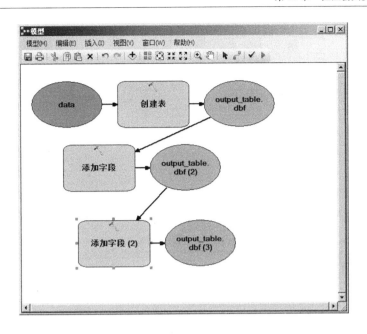

图 20-12

➤步骤8　运行模型

在【模型】窗口的【主菜单】中选择【模型】—【运行整个模型】，如图 20-13。运行成功后关闭模型界面。

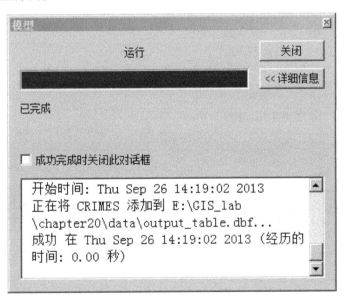

图 20-13

➤步骤9　查看运行结果

在【ArcCatalog】的【目录树】的本章目录下，可以看到生成一个表格【output_table.dbf】。点击【预览】，可以看到表内有新添加的字段【BG_ID】和【CRIMES】，但字段下没有数据生成，如图 20-14。如果在目录树看不到 output_table.dbf，右键点击数据所在的目录，选择【刷新】。

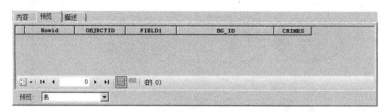

图 20-14

在【ArcMap】中点击【添加数据】按钮，找到本章数据所在的目录。选择【output_table.dbf】，点击【添加】按钮。右键点击该表，选择【打开】，确认表格内容。这个表格即是建立模型得到的成果。关闭属性表。

任务 2 创建模型 1，导出脚本

下面创建模型 1，将模型 1 导出为 Python 脚本。

➤步骤 1 新建模型，设置运行环境

在【ArcMap】中打开【ArcToolbox 工具箱】。在【ArcToolbox】的目录树中找到【Crime】，右键点击工具箱【Crime】，选择【新建】—【模型】。从【模型 1】窗口的主菜单，选择【模型】—【模型属性】。选择【环境】页，勾选【工作空间】，如图 20-15。

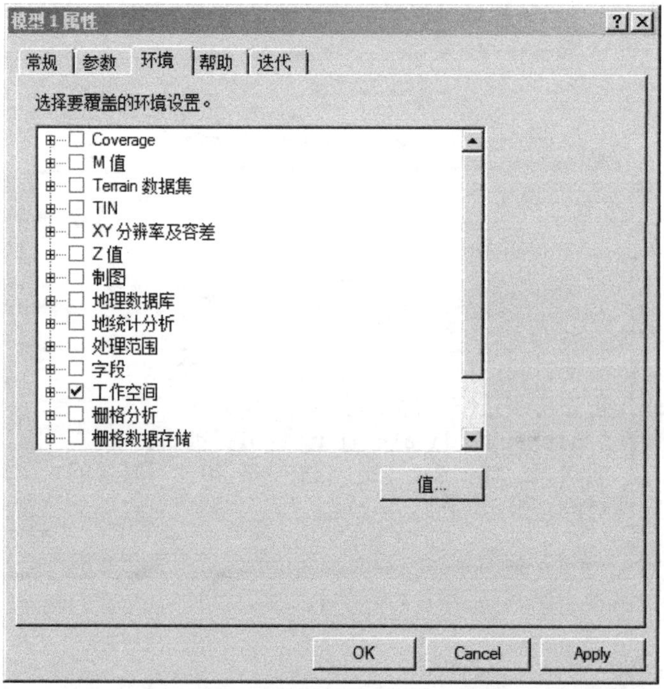

图 20-15

点击【值】按钮，点击展开【工作空间】，点击【当前工作空间】旁边的【浏览】

按钮。找到本章数据所在的路径。用光标选择目录，点击【添加】按钮和【确定】按钮，如图 20-16。

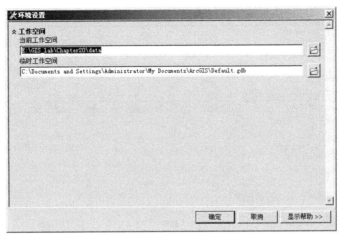

图 20-16

点击【确定】按钮，关闭环境设置对话框。点击【确定】按钮，关闭模型 1 属性对话框。

➢步骤 2　编辑模型：创建要素图层

展开【ArcToolbox】中的【Crime】工具箱，右键点击【模型 1】，选择【编辑】，【模型 1】对话框被打开。从【ArcToolbox】展开【数据管理工具】—【图层和表视图】。将光标放在【创建要素图层】上不放，将它拖到【模型 1】界面，如图 20-17。

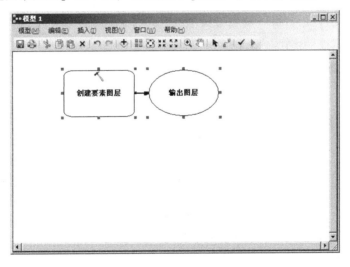

图 20-17

双击【模型 1】窗口的【创建要素图层】，点击【输入要素】栏右边的浏览按钮，在本章数据目录中选择【bgs. shp】（或者下拉【输入要素】栏右边的组合框，从列表中选择【bgs】）。取消勾选【字段信息（可选）】下面除【FIPS_STR】之外的每个词条旁边的检验栏，如图 20-18。

图 20-18

点击【确定】按钮。

重复以上步骤，从【ArcToolbox】展开【数据管理工具】—【图层和表视图】，将光标放在【创建要素图层】上不放，将它拖到【模型 1】界面；双击【模型 1】窗口的【创建要素图层（2）】，下拉【输入要素】栏右边的组合框，从列表中选择【crimes】；点击【确定】按钮。

➢ 步骤 3 编辑模型：按属性选择

在【ArcToolbox】中点击【数据管理工具】—【图层和表视图】。将光标放在【按属性选择图层】上不松，将它拖到【模型 1】界面，如图 20-19。

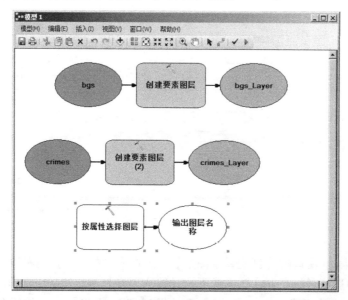

图 20-19

　　双击【模型 1】窗口的【按属性选择】图层，下拉【图层名称或表视图】组合框，从中选择【bgs_Layer】，在【选择类型（可选）】中选择【NEW_SELECTION】，如图 20-20。

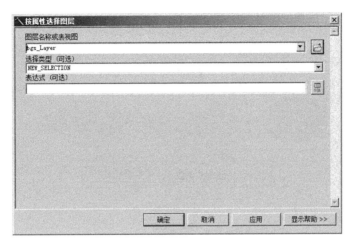

图 20-20

　　点击【确定】按钮，如图 20-21。

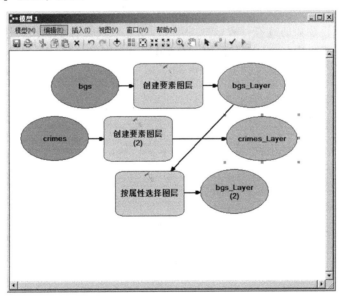

图 20-21

　　在模型 1 窗口主菜单选择【模型】—【保存】，保存之前的操作。

> ➡　注意
>
> 　　按属性选择图层的目的是指定一个属性，之后按该属性选择该图层中的每一个组成要素。在本章，组成要素指的是街道，这个属性即为 FIPS_STR（美国信息处理标准代码）。

➤步骤 4　编辑模型：按位置选择图层

用光标选择【按位置选择图层】，将它拖到【模型 1】界面，如图 20-22。

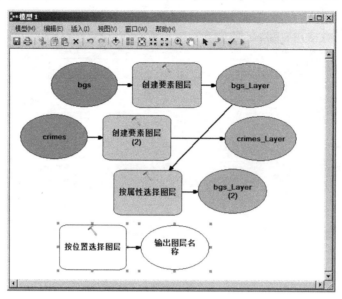

图 20-22

双击【模型 1】窗口的【按位置选择图层】，在【输入要素图层】栏选择【crimes_Layer】，在【关系（可选）】栏选择【HAVE_THEIR_CENTER_IN】，在【选择要素（可选）】栏选择【bgs_Layer（2）】。在【选择类型】栏选择【NEW_SELECTION】，如图 20-23。

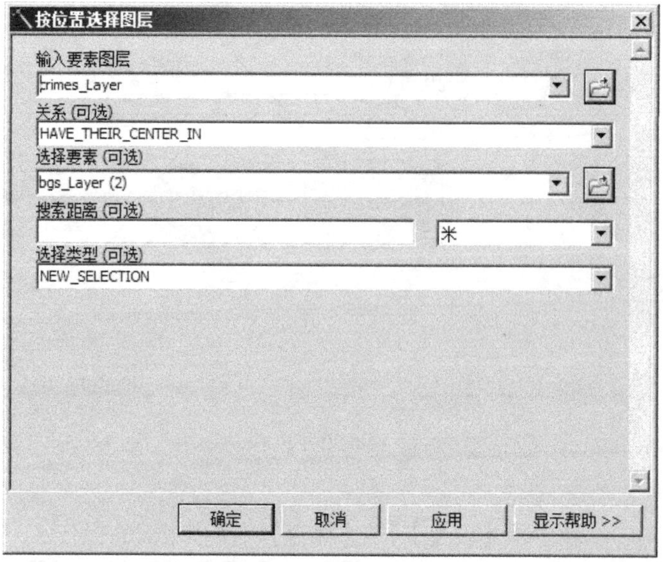

图 20-23

点击【确定】按钮。如图 20-24。

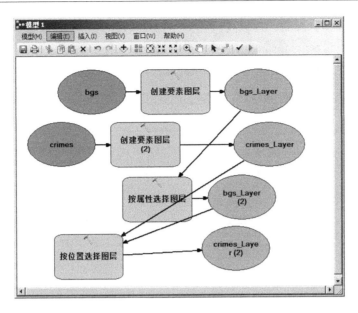

图 20-24

> 步骤 5　导出脚本

在【模型 1】窗口中选择【模型】—【导出】，然后选择【至 Python 脚本】。在【另存为】窗口，选择【DC_Crime_Script. py】作为输出文件名（可以选择任何文件名）。点击【保存】按钮。关闭【模型 1】窗口。

不要关闭 ArcMap，因为还需要回到 ArcMap 完成其他的任务。

任务 3　脚本计算犯罪数目

许多 ArcToolbox 中的地理处理操作都是由后台 Python 脚本驱动的。ArcGIS 10 自带了 Python 2.6。下面用 Python 编辑器修改从模型 1 中生成的代码，对本章案例中城市的犯罪和街道数据自动进行一些基本的地理处理操作。

> 步骤 1　启动 Python 软件，打开文件

从电脑【开始】菜单，选择【程序】—【ArcGIS】—【Python 2.6】—【IDLE（Python GUI）】。Python Shell 界面出现，如图 20-25。

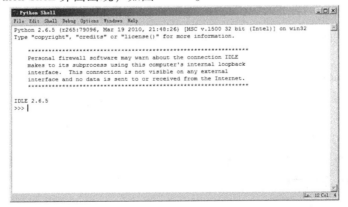

图 20-25

在【Python Shell】界面，选择【File】—【Open】，找到本章数据所在的路径。用光标选择【DC_Crime_Script. py】，点击【打开】按钮。

这个界面包含了从模型1输出的Python代码，如图20-26。

图 20-26

➢步骤2 浏览初始脚本

以#号开头的注释记录代码的目的和功能。任何字符串之前缀以#之后，该行不会被当作命令执行（显示为红色）。

第一行代码（页面右下脚显示为 Ln：9 的行）调入 arcpy 模块。arcpy 是 ArcGIS 的 Python 站点包，它涵盖并进一步加强了 ArcGIS 9.2 中所采用的 arcgisscripting 模块的功能。没有这个模块就无法调用 ArcGIS 的地理处理功能。

局部变量（local variables）用于控制过程流，在路径中传递核心参量。稍后需要修改它们。Ln：23～Ln：33（创建要素图层、按属性选择图层、按位置选择图层）是自动对相关的数据进行地理处理的代码。

➢步骤3 改写脚本

下面需要对这些代码进行大量修改和增补。读者可以先根据下面的提示完善原始代码，再与本章提供的完整代码进行比对。

第1步 准备工作

确定这个脚本使用的输入输出数据集的工作目录

#Set the Geoprocessing environments

arcpy. env. workspace = " E ：\\ GIS_ lab\\ chapter20\\ data"

第 2 步　载入局部变量

在现有局部变量的后面，加入以下代码：

Output = " output_table. dbf"

output_ table. dbf 是任务 1 中创建的模型的输出表。如果这一属性表不存在，或文件名称或后缀等有误，都会造成程序运行出错。

另外还需要给出形文件的全名，修改以下局部变量（增加 ".shp"）：

bgs = " bgs. shp"

crimes = " crimes. shp"

正确的语法、拼写和大小写对顺利运行脚本至关重要。一定要确认脚本形式符合以上字符串的拼写方式。

第 3 步　创建要素图层

图层文件是这次任务的输入文件。模型导出的脚本已将街道形文件和犯罪形文件转化为图层，所以这一步不用修改代码。

第 4 步　按属性和位置选择要素

以下根据代码行在描述中出现的顺序依次添加到脚本文件的最后。

（1）创建计数变量，用于在 Python 窗口上显示跟踪 433 个街道中哪些已经被执行操作。将下列代码复制到 "# Process：按属性选择图层" 之前。

counter = 0

n = arcpy. GetCount_management(bgs). getOutput(0)

上述第一行创建了一个计数变量，名为 counter，它是某一街道在进行犯罪统计时街道本身的序列数。上述第二行创建了一个变量 n，它表示的是需处理的街道总数（在本章中街道总数为 433）。

删除上述两行以下所有的代码（即删除其余模型构建的代码，仅有两句）。或者可以用#注释掉余下的两个选择层语句。

（2）创建搜索光标，执行循环操作。执行循环操作之前先创建搜索光标。下面第一行代码对 bgs 建立了一个只读光标。第二行代码更新要素类，这里的要素类指的是需要处理的下一个街道多边形。

rows = arcpy. SearchCursor(bgs," "," "," "," ")

row = rows. next( )

继续将下面的代码添加到文件的最后。下面的代码从 while 循环开始，随着循环操作不断进行，已经处理完的街道的计数值（counter）不断增加。计数值每增加 1，电脑自行选择属性表中的下一行（下一个街道多边形）。

while row：

　　counter = counter + 1

　　try：

　　　　ThisRegion = row. getValue(" FIPS_STR")

　　　　whereclause = '" FIPS_STR"' + " = " + " ' " + ThisRegion + " ' "

arcpy. SelectLayerByAttribute _ management (bgs _ Layer，" NEW _ SELECTION"，whereclause)

　　从模型导出的初始的按属性选择图层语法已经被修改。try 之后的三行代码表达的意思是根据每个街道所特有的 FIPS_STR 标识符确定下一个进行操作的街道（多边形），而搜索光标识别的正是 FIPS_STR 标识符。

> ➡ 　注意
>
> 代码的缩进对脚本编程至关重要，它表示操作执行的顺序和循环程序开始和结束的地方。

　　（3）统计每个街道的犯罪数。这时已经选择了街道形文件中的一个多边形。下一行代码从犯罪形文件中选择相应的犯罪点。选择犯罪点的原则是这些点都落在当前这个街道多边形中。

arcpy. SelectLayerByLocation_management (crimes_Layer，
" HAVE_THEIR_CENTER_IN"，bgs_Layer_ 2_，" "，" NEW_SELECTION")

　　下面第一行代码对犯罪点图层新建一个只读光标，第二行代码更新要素类，这里的要素类指的是需要统计的下一个犯罪事件（点）。

lrows = arcpy. SearchCursor(crimes_Layer，" "，" "，" "，" ")

lrow = lrows. next( )

　　接下来的任务是，如果所选的街道内没有犯罪点，就在输出表格中插入一行空白行，并赋值为 0；否则在插入空白行后要计数犯罪的个数，将该值赋给空白行。

　　if not lrow：

　　　　blankcur = arcpy. InsertCursor（Output）#（在输出表格中该多边形对应的行中创建一个插入光标）

　　　　blank = blankcur. newRow（）#（根据插入光标生成新的空白行）

　　　　blank. BG_ID = ThisRegion #（把该多边形的 FIPS_STR 标识符赋给 BG_ID 列）

　　　　blank. CRIMES =0　#（对该空白行赋值为 0）

　　　　blankcur. insertRow（blank）　#（把已赋数据的该行插入到输入表格中）

　　else：

　　　　ncrimes = arcpy. GetCount_ management（crimes_ Layer）. getOutput（0）　#（统计该多边形内的犯罪数）

　　　　newcur = arcpy. InsertCursor（Output）　#（在输出表格中该多边形对应的行中创建一个插入光标）

　　　　feat = newcur. newRow（）　#（根据插入光标生成新的空白行）

　　　　feat. BG_ID = ThisRegion #（把该多边形的 FIPS_STR 标识符赋给 BG_ID 列）

　　　　feat. CRIMES = ncrimes #（对空白行赋值，值为统计的犯罪数目）

　　　　newcur. insertRow（feat）　#（把已赋数据的该行插入到输入表格中）

第 5 步　移动搜索光标，处理下一行数据（下一个多边形）

　　row = rows. next（）

　　print" Processed% d of% d Block Groups"%（counter，int（n））

循环从下一个多边形开始，直到 while 条件失效。Print 命令用于跟踪进程，显示需要处理的街道总数量和已经被处理的街道的数目。以下四行代码通过显示 Python Shell 窗口的信息，为用户提供程序出错时的错误内容和出错的代码行等信息。

> *except*：
>> *print"出错!"*
>> *print arcpy. GetMessages*()
>> *print"Error*!!!　此行的下一行出错!"

（4）清理工作区

最后的代码段用于删除要素图层文件和相关的输出表 XML 文件。

arcpy. Delete_management("*bgs_Layer*")

arcpy. Delete_management("*crimes_Layer*")

arcpy. Delete_management("*output_table. dbf. xml*")

➤步骤 4　保存修改后的脚本，运行脚本

（1）完成修改脚本后，从 Python 编辑器的【主菜单】里选择【File】—【Save】。为了验证脚本是否有语法等错误，检查模块从 Python 编辑器主菜单选择【Run】—【Check Module】。

如果你得到如图 20-27 这样的错误：

图 20-27

单击"确定"，然后在 Python 编辑器窗口中可以看到有淡红色亮点指向有不正确的缩进的代码行。使用 Tab 键改正有错误缩进的代码行。修改所有出错后，运行【Run】—【Check Module】不应有任何错误。

（2）选择 Python 编辑器的【主菜单】的【Run】—【Run Module】，或者点击 F5 按键，执行脚本。验证了的脚本在执行过程中还有可能出错。通过查看 Python Shell 窗口的运行结果可以发现出错的原因。如果需要终止脚本的运行，从 Python Shell 窗口的主菜单中选择【Shell】—【Restart Shell】。

图 20-28 中的出错信息显示 GetCount crimes_Layer 之后的代码行出错，该代码行为：

newcur = arcpy. InsertCursor（*Output*）　　#（在输出表格中该多边形对应的行中创建一个插入光标）

此时需要验证 output_table. dbf 属性表是否在环境变量指定的文件夹中存在，文件名称或后缀等是否有误，如图 20-28。

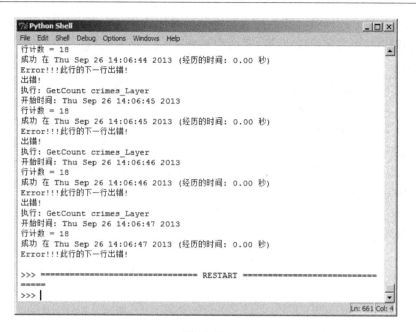

图 20-28

如果一切正常，Python Shell 窗口会显示如图 20-29 的信息。

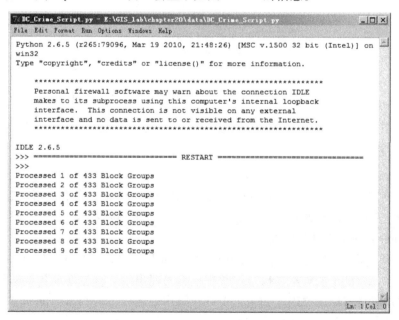

图 20-29

➤步骤5 查看运行结果

脚本运算结束后，关闭 Python Shell 窗口，在【ArcMap】中右键点击表格【output_table.dbf】，选择【打开】。可以看到表格中增加了 433 条观测记录，名为 CRIMES 的字段下记录了每个街道的犯罪数目，如图 20-30。

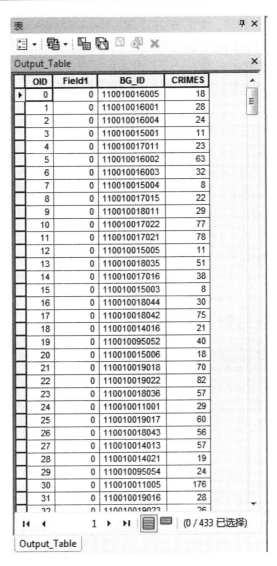

图 20-30

> ➡ 注意
> 如果需要打断脚本的执行，从 Python Shell 窗口的主菜单选择【Shell】—【Restart Shell】。如果需要再运行脚本一次，要从输出表格中删除前几次操作中插入的行。脚本操作完成后，计算机后台可能仍然需要一小段时间才能将生成的数据写入输出表格，如果不经过等待或未关闭 Python Shell 窗口马上返回 ArcMap 插入输出表格检查表格内容，可能发现表格内容为空的情况。

任务 4 脚本计算警力数目

接下来修改脚本，计算每个街道 0.25 英里范围内警察局的数目。我们将使用 DC_Crime_Script. py 作为脚本的基础。

➤步骤 1 创建警局脚本文件

在 Python 编辑器窗口中选择【文件】—【另存为】，找到本章的数据路径。将

【DC_Crime_Script. py】另存为一个名称为【DC_Police_Script. py】的新文件，点击【保存】按钮。

警局脚本的设计是使脚本在每一个街道内循环，计算每个街道多边形 0.25 英里范围内的警察局的数量（数据源是 stations. shp），并将该结果插入输出表中。在修改编写这一脚本时，有以下几个问题需要注意：

（1）跟之前要先到 ArcMap 中通过建立模型生成输出表不同，对计算警力的操作中，虽然仍然要生成一个表文件用于储存统计数据（警察局数目），但是可以直接通过脚本来创建，省略需要到 ArcMap 中的 ArcToolbox 建模生成表文件这一步。

（2）添加新字段到输出表格。新添加的第一个字段名仍为 BG_ID，第二个字段名应命名为 STATIONS。STATIONS 字段记录每个街道多边形 0.25 英里范围内的警察局数目。

➤步骤 2　修改脚本

（1）在【Python Shell】界面打开新脚本文件【DC_Police_Script. py】。首先将脚本中所有 crimes 置换成 stations。从 Python 编辑器，按下【Ctrl + H】键打开替换对话框，如下图，分别键入【crimes】与【stations】，如图 20-31。

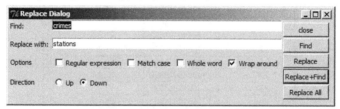

图 20-31

单击【Replace All】（全部替换）按钮。

（2）在 "本地变量" 中修改 Output 的属性表名称为"output_Table_2. dbf"

Output = " Output_Table_2. dbf"

这行代码指定新的属性表的名称。

（3）接下来需要创建名为"Output_Table_2. dbf"的属性表，且为该属性表加字段 BG_ID 和 STATIONS。将以下代码行加入到本地变量之后：

arcpy. CreateTable_management(arcpy. env. workspace , Output , " " , " ")

arcpy. AddField_management (Output , " BG_ID " , " TEXT " , " 12 " , " " , " 12 " , " " , " NUL-LABLE" , " NON_REQUIRED" , " ")

arcpy. AddField_management (Output , " STATIONS " , " FLOAT " , " 6 " , " 2 " , " " , " " , " NUL-LABLE" , " NON_REQUIRED" , " ")

（4）修改位置选择的代码行，用以下代码替换现有的

arcpy. SelectLayerByLocation_management(stations_Layer , " HAVE_THEIR_CENTER_IN" , bgs_Layer_2_ , " " , " NEW_SELECTION")代码行：

arcpy. SelectLayerByLocation_management (stations_Layer , " WITHIN_A_DISTANCE " , bgs_Layer , " 1320 " , " NEW_SELECTION")

（5）将最后一行清理代码修改为：

arcpy. Delete_management（ *"Output_Table_2. dbf. xml"* ）

> ➡　注意
>
> 完成脚本修改后，请与本章提供的警力脚本的参考代码进行比对，以免遗漏及错误。如直接使用本章提供的脚本，需要修改工作路径（arcpy. env. workspace）。

➢步骤 3　保存脚本

确认脚本完整无误后，从 Python 编辑器的【主菜单】选择【File】—【Save】。从主 Python 编辑器选择【Run】—【Run Module】，或者敲击 F5 键，执行脚本。

➢步骤 4　关联操作

执行关联操作。回到【ArcMap】，添加脚本创建的警力输出表【output_ Table _2】。下面把警察局数量、犯罪数量和它们所在的街道关联起来。

右键点击【bgs】，选择【连接和关联】—【连接】，打开连接数据对话框。在【要将哪些内容连接到该图层】中选择【表的连接属性】。在【选择该图层中连接将基于的字段】中选择【FIPS_STR】，在【选择要连接到此图层的表，或者从磁盘加载表】中选择【output_ table. dbf】，在【选择此表中要作为连接基础的字段】中选择【BG_ID】，如图20-32。

点击【确定】按钮。

在弹出的【创建索引】对话框，选择【是】。

再次右键点击【bgs】，选择【连接和关联】—【连接】，打开连接数据对话框。在【要将哪些内容连接到该图层】中选择【表的连接属性】。在【选择该图层中连接将基于的字段】中选择【FIPS_STR】，在【选择要连接到此图层的表，或者从磁盘加载表】中选择【output_ table_ 2. dbf】，在【选择此表中要作为连接基础的字段】中选择【BG_ID】，点击【确定】按钮。

在弹出的【创建索引】对话框，选择【是】。

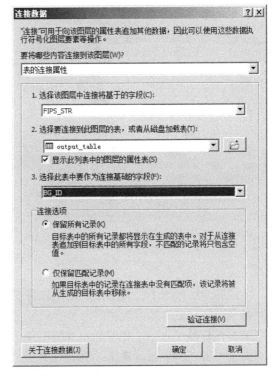

图 20-32

> ➡　注意
>
> 操作者还可以使用空间连接（【ArcToolbox】—【分析工具】—【叠加分析】）和汇总统计数据（【ArcToolbox】—【分析工具】—【叠加分析】—【统计分析】）两项工具来替代地理处理过程。空间连接工具将街道与落在每个街道内的犯罪数/警力"点"数连接，使每个犯罪/警力点获得所属街道的编号。汇总统计数据工具根据犯罪/警力点的编号一一统计落在每个街道内的犯罪、警力点数。

任务5 输出专题地图

下面创建该城市的犯罪地图和警力地图，评估警力和犯罪之间的空间联系。参见第2篇第4章的处理方式，将地图切换至布局视图，添加图例、指北针、比例尺等地图元素，以图像格式保存该地图，如图20-33。

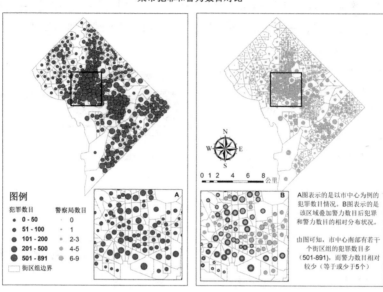

图 20-33

生成的专题地图中，大图反映出比较警察局所在地来说，犯罪发生地更均匀分布于城市的每个角落，城市的西北和南部警察局数量少，但犯罪数目仍然维持相当水平。专题地图中的B图反映了市中心犯罪数目和警察局数目的相对比例。从B图可以看出，市中心南部有若干个街道的犯罪数目多（501～891），而警力相对薄弱（警察局数目等于或少于5个）。

20.3 本章小结

几乎所有GIS的使用都会涉及重复工作，因此需要创建可自动执行、记录及共享多步骤过程的方法。地理处理通过提供工具和机制的组合实现工作流的自动化操作。本章介绍如何通过模型搭建地理处理所需的脚本语言环境，并续写脚本程序提供一套完整的可供地理处理的指令，通过地理处理自动统计了多达400个地理单元的数据。随着规划研究和实践向微观纵深方向开展，对基层空间单元进行空间统计的需求加大。越下到基层空间单元意味着统计量越大空间单元越多，自动化的数据处理和加工优势越明显。它能节省数据搜集的时间，自动处理那些枯燥的工作。

附　录

附录一　练习数据和计算机平台要求

本附录为根据 ESRI 公司针对个人用户使用 ArcGIS 10 制定的最低硬、软件条件以及本书编者对练习数据的说明。

1　硬件要求

计算机硬件要求　　　　　　　　　　　　　　　　　　表 0-1

项 目 名 称	项 目 要 求
中央处理器（CPU）速度	最低配置 2.2GHz；推荐使用 Hyper – threading（HHT）或 Multi – core
处理器	Intel Pentium4、Intel Core Duo 或 Xeon Processors；至少支持 SSE2 指令集
内存（RAM）	最少 2GB
显示属性	24 位色
屏幕分辨率	推荐最小 1024x768（标准 96dpi）
交换空间	由操作系统决定，最少 500MB
硬盘空间	最少 2.4GB，Windows 系统安装目录下（一般是 C：\ Windows \ System32）需预留最少 50MB 的空间
图形适配器	RAM 最少 64MB，推荐 256MB 或更高，支持 NVIDIA、ATI 和 Intel 芯片组。24 位图形加速器。运行时需要 OpenGL2.0 或以上版本和 Shader Model3.0 或以上版本。确保显卡使用最新驱动程序
网　　卡	在使用许可管理器时需要使用 TCP/IP 协议，同时需要网卡或 Microsoft Loop-back Adapter

2　软件要求

本书应用的地理信息系统软件是 ESRI 公司发布的 ArcGIS 10.0 版本。读者可以在 ES-RI 公司网址下载免费试用版本，其下载地址如下：

http：//www. esri. com/software/arcgis/arcgis-for-desktop/free-trial. html

安装 ArcGIS10.0 完毕后，完成基本的 ArcGIS 操作还需要安装如下软件：

（1）在安装 ArcGIS Desktop 之前需安装 Microsoft. NET Framework3. 5 Service Pack 1；

（2）目前最新的补丁包为 ArcGIS 10 Service Pack 3（其下载地址：

http：//downloads2. esri. com/support/downloads/other/SimplifiedChinese-Install10SP3OSC.

htm#install-Windows）；

（3）在安装 ArcGIS Desktop 之前需安装 Internet Explore7.0 或 8.0；

（4）在进行 ArcGIS 地理处理之前需安装 Python 2.6x 和 Numerical Python 1.3.0。如果安装时发现电脑中没有安装如上两种脚本软件，ArcGIS 会自动安装 Python 2.6.5 和 Numerical Python 1.3.0（选择完全安装）。

3 练习数据

本书练习光盘提供了练习所需的所有基础数据。本书练习数据安装路径为 D：\ GIS _lab \ chapterX \ data，实际练习时应按照真实路径操作。光盘中每章的彩图对书中黑白图一一对应，方便读者参阅。本书附带的数据仅供读者练习，不得用于其他业务。

附录二　词汇索引（英汉对照）

A

B

C

D

Data Frame	数据框架	Density	密度
Data Source	数据源	Digital Elevation Model（DEM）	数字高程模型
Data View	数据视图	Digital Line Graph（DLG）	数字线型图
Database Management System DBMSG 数据库管理系统		Digitizing	数字化
Dataset	数据集	Dissolve	融合
Datum	基准面	Display Unit(s)	地图显示单位
Dbase	一种数据库管理软件的名称	Domain	值域
Dbf	一种属性数据库的文件格式	Double	双精度（字段类型）
Decennial Census 2000	2000 年十年普查	Dual Ranges	双范围（地址定位器的一种）
Degree Minute Second	度分秒	DWG	一种 CAD 数据文件交换格式
Denominator	分母	DXF	一种 CAD 数据文件格式

E

Ecological Fallacy	生态谬误	Equidistant Projections	等距投影
Economic Census	经济统计	Erase	擦除
Element	元素	Event	事件
Elevation	高程	Exponential Model	指数模型
Endpoint	终点	Export	导出
Environmental System Research Institute（ESRI） 美国环境系统研究院		Extend	线要素延伸
Equal Interval	等间距分类	Extent(s)	数据空间范围
Equal-Area Projections	等面积投影	Extract	提取

F

Facility	设施	Field	字段
Feature	要素	Field Placeholder	字段占位符
Feature Attribute Table	要素属性表	Fill	填注
Feature Class	属性类	Fill Symbol	填充颜色
Feature Dataset	属性数据集	Float	浮点型（字段类型）
Federal Geographic Data Committee 联邦地理数据委员会		Flow Direction Raster	水流方向栅格
Federal Information Processing Standards 联邦信息处理标准代码		Frequency	频数/度

L

Label ·············· 图例图形标注	Layout ·············· 地图布局
Lag Size ·············· 步长	Layout View ·············· 地图布局视图
Lagoon ·············· 泻湖	Legend ·············· 图例
Land Satellite（LANDSAT）	Line ·············· 线、线状要素
·············· 地球资源探测卫星	Line Symbol ·············· 线状要素符号
Latitude ·············· 纬度	Local Update of Census Addresses
Layer ·············· 图层	·············· 普查地址更新
Layer Property ·············· 图层属性	Longitude ·············· 经度

M

Macro ·············· 宏命令	Mask ·············· 掩膜
Major Range ·············· 主变程	Merge ·············· 合并
Map Document ·············· 地图文档	Metadata ·············· 元数据
Map Element（s）·············· 地图制图元素	Metropolitan Statistical Area（MSA）
Map Template ·············· 地图制图模板	·············· 大都市统计区
Map Typology ·············· 地图拓扑	Moran's I ·············· 空间自相关计算方法
Map Unit ·············· 地图单位	Multi Band ·············· 多波段（影像）
MapInfo ·········· 一家地理信息系统软件公司	Multiple Attributes ·············· 多重属性

N

National Aeronautics and Space Administration（NASA）·············· 美国国家航空航天局	Network Analysis ·············· 网络分析
	Network Dataset ·············· 网络数据集
National Climate Data Center（NCDC）	No Data ·············· （栅格单元）无值
·············· 美国国家气候数据中心	Normalization ·············· 归一化
National Land Cover Data（NLCD）	Normalized Difference Vegetation Index（NDVI）
·············· 美国国家土地覆盖数据	·············· 归一化植被指数
National Spatial Data Infrastructure	North Arrow ·············· 指北针
·············· 美国国家空间数据基本建设	Nugget ·············· 块金
Natural Break ·············· 自然中断法	Number of Lags ·············· 步长数
Neighborhood ·············· 邻域	Numerator ·············· 分子
Network ·············· 网络	

O

Overlay ·············· 叠加	

P

Pan	平移
Parallel	平行
Partial Sill	偏基台值
Path	路径
Perpendicular	垂线
Personal Geodatabase	个人地理数据库
Picture	图片
Pixel	像素/元
Pixel Value	像素/元值
Planning Support System	规划支持系统
Polygon	多边形（要素）
Polyline	多义线
Precision	精度
Preview	预览
Primary Metropolitan Statistical Area	主要大都市统计区
Profile	剖面
Projected Coordinate System	投影坐标系统
Projection	投影
Proximity	邻近
Pyramids	金字塔数据结构、数据索引
Python	一种脚本语言

Q

Quantities	定量（分类）
Quantile	分位数、等量分类

R

Rank	等级
Raster	栅格
Raster Interpolation	栅格插值
Raster Surface	栅格表面
Reclassify	再分类
Record	记录
Reference Ellipsoid	参考椭球体
Reference Scale	参照比例显示
Representative Fraction	数字比例尺
Reflection	偏转角度
Relate	表和表的关联、连接
Relational	关系型、关系模型
Report	报表
Residual Error	残差
Rotate	（要素）旋转
Route	（网络）路径
Rule	（拓扑）规则
Rulers	标尺

S

Scale Bar	比例尺	Spatial Adjustment	空间校正
Scale Range	比例范围	Spatial Analysis	空间分析
Scale Text	比例说明	Spatial Data Transfer Standard (SDTS)	
Script	脚本		空间数据传输标准
Segment	（线要素）某一段	Spatial Join	空间连接
Select	选择	Spatial Reference	空间参照
Selectable Layer	可选择图层	Split	（线要素）打断
Selected Feature	被选要素	Sphere Model	球状模型
Selected Layer	被选图层	Standard Tool Bar	标准工具条
Selection	选择	Stateplane	美国坐标系统的一种
Semivariance	半变异	Stop	（网络）停靠站
Semivariogram	半变异图	Structured Query Language SQL	
Service Area	（基于网络的）服务区		结构化查询语言
Shape	形状	Style	地图符号式样
Shapefile	形文件（一种空间数据格式）	Subtype	子类型
Shortest Path	最短路径	Summarize	汇总
Signature	特征	Summary Statistics	汇总统计数据
Sill	基台值	Supervised Classification	指导分类
Single-Family Units	独户式住宅单元	Surface	表面
Skewed Distribution	偏态分布	Symbol	符号
Slope	坡度	Symbology	符号系统
Snap	捕捉		

T

Table	（属性）表	Tract	片区
Table of Contents TOC ArcMap	内容列表	Traffic Analysis Zone TAZ	交通分析区
Target Layer	目标图层	Training Element	训练样本
Taxlot	宗地	TransCAD	交通规划软件的一种
Template	模板	Transform	（坐标）转换
TIFF	通用图像数据格式	Transparency	图层显示透明度
Title	标题	Triangulated Irregular Networks TIN	
Tolerance	容差		不规则三角网
Topologically Integrated Geographic Encoding and Referencing System (TIGER)		Trim	（线要素）剪切
	拓扑整合地理编码和参照系统	True Direction Projections	真实方向投影
		Typology	拓扑

U

U. S. Bureau of Labor Statistics
··············· 美国联邦劳工统计局

U. S. Bureau of Transportation Statistic
··············· 美国交通统计局

U. S. Census Bureau ··········· 美国联邦统计局

U. S. Department of Transportation
··············· 美国联邦交通部

U. S. Geological Survey（USGS）
··············· 美国地质勘探局

U. S. National Climatic Data Center
··············· 美国国家气候数据中心

U. S. National Geophysical Data Center
··············· 美国国家地理数据中心

Union ······························· 合并

Unique Value ························ 唯一值

Utility ············（网络分析中的）市政设施

V

Value ···························· 属性值

Variogram ··············· 变差函数，方差

Vector ···························· 矢量

Version ···························· 版本

Vertex ···················（线要素）拐点

Viewshed ························· 视域

Visible ···························· 可见性

W

Workspace ···················· 工作空间

World Geodetic System WGS ····· 世界测地系统

Z

Zoom ······················ 图形缩放

Zoom In ···················· 图形放大

Zoom Out ···················· 图形缩小

参考文献

［1］ ANSELIN L. From SpaceStat to CyberGIS Twenty Years of Spatial Data Analysis Software［J］. International Regional Science Review, 2012, 35（2）: 131-157.

［2］ BENDOR T, STEWART A. Land Use Planning and Social Equity in North Carolina's Compensatory Wetland and Stream Mitigation Programs［J］. Environmental management, 2011, 47（2）: 239-253.

［3］ BENENSON I, MARTENS K, ROFÉ Y, et al. Public transport versus private car GIS-based estimation of accessibility applied to the Tel Aviv metropolitan area［J］. The Annals of Regional Science, 2011, 47（3）: 499-515.

［4］ BHATTARAI K, CONWAY D. Urban Vulnerabilities in the Kathmandu Valley, Nepal: Visualizations of Human/Hazard Interactions［J］. J. Geographic Information System, 2010, 2（2）: 63-84.

［5］ BRABYN L, MARK D. Using viewsheds, GIS, and a landscape classification to tag landscape photographs ［J］］. Applied Geography, 2011, 31（3）: 1115-1122.

［6］ BRAIL R K, KLOSTERMAN R E. Planning support systems: Integrating geographic information systems, models, and visualization tools［M］. ESRI, Inc., 2001.

［7］ BROWN G. An empirical evaluation of the spatial accuracy of public participation GIS（PPGIS）data［J］. Applied Geography, 2012, 34: 289-294.

［8］ BUCHHOLZ N. Low-Impact Development and Green Infrastructure Implementation: Creating a Replicable GIS Suitability Model for Stormwater Management and the Urban Heat Island Effect in Dallas, Texas ［J］. 2013.

［9］ BURROUGH P A. Principles of geographical information systems for land resources assessment［J］. 1986.

［10］ CAI Y, WANG F, WANG S. Published. GIS-based spatial analysis of population density patterns in China 1953 - 2000［C］//IEEE. Geoinformatics. 2011 19th International Conference on: 1-4.

［11］ CHANG H-S, LIAO C-H. Exploring an integrated method for measuring the relative spatial equity in public facilities in the context of urban parks［J］. Cities, 2011, 28（5）: 361-371.

［12］ CHANG K-T. Introduction to Geographic Information Systems with Data: Set CD-ROM［M］. Mcgraw hill higher education, 2011.

［13］ CHUN Y, GRIFFITH D A. Spatial Statistics and Geostatistics: Theory and Applications for Geographic Information Science and Technology［M］. SAGE, 2013.

［14］ COMBER A, BRUNSDON C, GREEN E. Using a GIS-based network analysis to determine urban greenspace accessibility for different ethnic and religious groups［J］. Landscape and urban planning, 2008, 86（1）: 103-114.

［15］ CONNORS J P, GALLETTI C S, CHOW W T. Landscape configuration and urban heat island effects: assessing the relationship between landscape characteristics and land surface temperature in Phoenix, Arizona ［J］. Landscape Ecology, 2013, 28（2）: 271-283.

［16］ CRAIG W J, HARRIS T M, WEINER D. Community participation and geographical information systems ［M］. CRC Press, 2002.

［17］ CROMLEY E K, MCLAFFERTY S. GIS and public health［M］. Guilford Press, 2012.

［18］ DEMERS M N. Fundamentals of geographic information systems［M］. Wiley. com, 2008.

［19］ DONOVAN G H, BUTRY D T. Trees in the city: Valuing street trees in Portland, Oregon［J］. Landscape and urban planning, 2010, 94 (2): 77-83.

［20］ DUVAL-DIOP D, CURTIS A, CLARK A. Enhancing equity with public participatory GIS in hurricane rebuilding: faith based organizations, community mapping, and policy advocacy［J］. Community Development, 2010, 41 (1): 32-49.

［21］ EMRICH C T, CUTTER S L, WESCHLER P J. GIS and emergency management ［J］. The SAGE Handbook of GIS and Society. London: SAGE, 2011: 321-343.

［22］ FAN Y, GUTHRIE A, TENG R Impact of Twin Cities Transitways on Regional Labor Market Accessibility: A Transportation Equity Perspective ［M］. 2010.

［23］ GALLARDO B, ERREA M P, ALDRIDGE D C. Application of bioclimatic models coupled with network analysis for risk assessment of the killer shrimp, Dikerogammarus villosus, in Great Britain［J］. Biological Invasions, 2012, 14 (6): 1265-1278.

［24］ GEURS K T, KRIZEK K, REGGIANI A. 1. Accessibility analysis and transport planning: an introduction ［J］. Accessibility Analysis and Transport Planning: Challenges for Europe and North America, 2012: 1.

［25］ GUHA-SAPIR D, RODRIGUEZ-LLANES J M, JAKUBICKA T. Using disaster footprints, population databases and GIS to overcome persistent problems for human impact assessment in flood events［J］. Natural hazards, 2011, 58 (3): 845-852.

［26］ GUTIÉRREZ J, CONDEÇO-MELHORADO A, MARTÍN J C. Using accessibility indicators and GIS to assess spatial spillovers of transport infrastructure investment［J］. Journal of Transport Geography, 2010, 18 (1): 141-152.

［27］ IHSE M. Vegetation Mapping and Landscape Changes. GIS-modelling and Analysis of Vegetation Transitions, Forest Limits and Expected Future Forest Expansion［J］. 2010.

［28］ JANELLE D G, GOODCHILD M F. Concepts, principles, tools, and challenges in spatially integrated social science［J］. The SAGE handbook of GIS and society. Thousand Oaks, CA: SAGE, 2011: 27-45.

［29］ JOHNSON L E. Geographic information systems in water resources engineering［M］. CRC Press, 2008.

［30］ JUNG M. Mapping social quality using geographical information system and developing health equity policy between communities: Results of the nationally survey of South Korea［C］. APHA. 141st APHA Annual Meeting, November 2-6, 2013.

［31］ KAZA N. Planning Support Systems for Cities and Regions［J］. Journal of the American planning association, 2009, 76 (1): 123.

［32］ KENNEDY M D. Introducing Geographic Information Systems with ArcGIS: A Workbook Approach to Learning GIS［M］. Wiley. com, 2013.

［33］ KRIVORUCHKO K. Spatial statistical data analysis for GIS users［M］. Esri Press, 2011.

［34］ LIVERMAN D M, MORAN E F, RINDFUSS R R, et al. People and pixels: Linking remote sensing and social science［M］. Washington, DC: National Academy Press , 1998.

［35］ LOCKHART D. Viewshed uncertainty in a forested, mountainous landscape ［M］. uga. 2009.

［36］ LONGLEY P. Geographic information systems and science［M］. John Wiley & Sons, 2005.

［37］ MAIDMENT D R, DJOKIC D. Hydrologic and hydraulic modeling support: With geographic information systems［M］. ESRI, Inc. , 2000.

［38］ MALCZEWSKI J. GIS-based land-use suitability analysis: a critical overview［J］. Progress in planning, 2004, 62 (1): 3-65.

［39］ MANAUGH K, EL-GENEIDY A. Who benefits from new transportation infrastructure? Using accessibility measures to evaluate social equity in transit provision［M］// Geurs, K. , Krizek, KR, A. (Eds.). For accessibility and transport planning: Challenges for Europe and North America. London: Edward Elgar, 2012: 211-227.

［40］ MILLER H J, SHAW S-L. Geographic information systems for transportation: Principles and applications ［M］. Oxford University Press, 2001.

［41］ MORELLI S, SEGONI S, MANZO G, et al. Urban planning, flood risk and public policy: the case of the Arno River, Firenze, Italy［J］. Applied Geography, 2012, 34: 205-218.

［42］ MYINT S W, GOBER P, BRAZEL A, et al. Per-pixel vs. object-based classification of urban land cover extraction using high spatial resolution imagery［J］. Remote Sensing of Environment, 2011, 115 (5): 1145-1161.

［43］ NGO T B, NGUYEN T A, VU N Q, et al. Management and monitoring of air and water pollution by using GIS technology［J］. Journal of Vietnamese Environment, 2012, 3 (1): 50-54.

［44］ PARKER R N, ASENCIO E K. GIS and spatial analysis for the social sciences: coding, mapping, and modeling［M］. Routledge, 2008.

［45］ PETTIT C J, KLOSTERMAN R E, NINO-RUIZ M, et al. The Online What if? Planning Support System ［M］// Planning Support Systems for Sustainable Urban Development. Springer, 2013: 349-362.

［46］ PRADHAN B, YOUSSEF A M. Manifestation of remote sensing data and GIS on landslide hazard analysis using spatial-based statistical models ［J］. Arabian Journal of Geosciences, 2010, 3 (3): 319-326.

［47］ RADIL S M, FLINT C, TITA G E. Spatializing social networks: Using social network analysis to investigate geographies of gang rivalry, territoriality, and violence in Los Angeles［J］. Annals of the Association of American Geographers, 2010, 100 (2): 307-326.

［48］ RAO M, FAN G, THOMAS J, et al. A web-based GIS Decision Support System for managing and planning USDA's Conservation Reserve Program (CRP) ［J］. Environmental Modelling & Software, 2007, 22 (9): 1270-1280.

［49］ RAPER J. Multidimensional geographic information science［M］. CRC Press, 2000.

［50］ RYBARCZYK G, WU C. Bicycle facility planning using GIS and multi-criteria decision analysis［J］. Applied Geography, 2010, 30 (2): 282-293.

［51］ SHABAN M, URBAN B, EL SAADI A, et al. Detection and mapping of water pollution variation in the Nile Delta using multivariate clustering and GIS techniques［J］. Journal of environmental management, 2010, 91 (8): 1785-1793.

［52］ STEINBERG S J, STEINBERG S L. Geographic information systems for the social sciences: investigating space and place［M］. Sage, 2006.

［53］ STOIMENOV L, PREDIĆ B, MIHAJLOVIĆ V, et al. Published. GIS interoperability platform for emergency management in local community environment［C］. Proceedings of 8th AGILE Conference on GI-Science, Estoril, Portugal.

［54］ THILL J-C. Geographic information systems in transportation research［M］. New York: Pergamon , 2000.

［55］ THOMPSON M M. The city of New Orleans blight fight: using GIS technology to integrate local knowledge ［J］. Housing policy debate, 2012, 22 (1): 101-115.

［56］ TOMLINSON R F. Thinking about GIS: Geographic information system planning for managers［M］. ESRI, Inc. , 2007.

［57］ TONG S T, CHEN W. Modeling the relationship between land use and surface water quality［J］. Journal of environmental management, 2002, 66（4）：377-393.

[58] WENG Q. Remote sensing of impervious surfaces in the urban areas：Requirements, methods, and trends [J]. Remote Sensing of Environment, 2012, 117：34-49.

[59] WITTEN K, PEARCE J, DAY P. Neighbourhood Destination Accessibility Index：a GIS tool for measuring infrastructure support for neighbourhood physical activity[J]. Environment and Planning-Part A, 2011, 43 （1）：205.

[60] WONG D W, LEE J. Statistical analysis of geographic information with ArcView GIS and ArcGIS[M]. John Wiley & Sons Incorporated, 2005.

[61] XIU － BIN W. Realization of the shortest path in GIS network analysis [J]. Science of Surveying and Mapping, 2007, 5：20.

[62] YAN SONG L M A D R. The Measurement of Land Use Mix：A Review and Simulation[J]. Computers, Environment and Urban Systems. In press.

[63] ZUO C, BIRKIN M, CLARKE G, et al. 4. Spatial modelling, GIS and network analysis for improving the sustainability of transporting aggregates in the UK[J]. Studies in Applied Geography and Spatial Analysis：Addressing Real World Issues, 2012：55.

[64] 任立良, 刘新仁. 数字高程模型信息提取与数字水文模型研究进展[J]. 水科学进展, 2000（04）：463-469.

[65] 何春阳, 贾克敬, 徐小黎, 等. 基于GIS空间分析技术的城乡建设用地扩展边界规划方法研究[J]. 中国土地科学, 2010（03）：12-18.

[66] 倪绍祥. 近10年来中国土地评价研究的进展[J]. 自然资源学报, 2003（06）：672-683.

[67] 刘仁义, 刘南. 基于GIS的复杂地形洪水淹没区计算方法[J]. 地理学报, 2001（01）：1-6.

[68] 刘仲刚, 李满春, 刘剑锋, 等. 面向离散点的空间权重矩阵生成算法与实证研究[J]. 地理与地理信息科学, 2006（03）：53-56.

[69] 刘增环, 沈龙凤, 赵建光. 空间数据库在交通事故信息系统中的应用[J]. 微计算机信息, 2008 （09）：153-154, 189.

[70] 刘学军, 龚健雅, 周启鸣, 等. 基于DEM坡度坡向算法精度的分析研究[J]. 测绘学报, 2004 （03）：258-263.

[71] 刘常富, 李小马, 韩东. 城市公园可达性研究——方法与关键问题[J]. 生态学报, 2010（19）：5381-5390.

[72] 刘湘南, 黄方, 王平. GIS空间分析原理与方法[M]. 北京：科学出版社, 2008.

[73] 叶嘉安, 宋小冬, 钮心毅, 等. 地理信息与规划支持系统[M]. 北京：科学出版社, 2008.

[74] 叶宇, 刘高焕, 冯险峰. 人口数据空间化表达与应用[J]. 地球信息科学, 2006（02）：59-65.

[75] 吕北岳, 吴江. GIS技术在我国交通规划中的应用研究[J]. 测绘科学, 2003（02）：45-47, 71.

[76] 吕安民, 李成名, 林宗坚, 等. 中国省级人口增长率及其空间关联分析[J]. 地理学报, 2002（02）：143-150.

[77] 吴玉鸣. 空间计量经济模型在省域研发与创新中的应用研究[J]. 数量经济技术经济研究, 2006 （05）：74-85, 130.

[78] 吴玉鸣, 徐建华. 中国区域经济增长集聚的空间统计分析[J]. 地理科学, 2004（06）：654-659.

[79] 吴险峰, 刘昌明. 流域水文模型研究的若干进展[J]. 地理科学进展, 2002（04）：341-348.

[80] 周勇, 田有国, 任意, 等. 定量化土地评价指标体系及评价方法探讨[J]. 生态环境, 2003（01）：37-41.

[81] 周廷刚, 郭达志. 基于 GIS 的城市绿地景观空间结构研究——以宁波市为例[J]. 生态学报, 2003 (05): 901-907.

[82] 周成虎, 万庆, 黄诗峰, 等. 基于 GIS 的洪水灾害风险区划研究[J]. 地理学报, 2000 (01): 15-24.

[83] 周素红, 闫小培. 广州城市空间结构与交通需求关系[J]. 地理学报, 2005 (01): 131-142.

[84] 周红妹, 周成虎, 葛伟强, 等. 基于遥感和 GIS 的城市热场分布规律研究[J]. 地理学报, 2001 (02): 189-197.

[85] 唐川, 朱静. 基于 GIS 的山洪灾害风险区划[J]. 地理学报, 2005 (01): 87-94.

[86] 宋小冬, 钮心毅. 城市规划中 GIS 应用历程与趋势——中美差异及展望[J]. 城市规划, 2010 (010): 23-29.

[87] 宋小冬, 叶嘉安, 钮心毅. 地理信息系统及其在城市规划与管理中的应用[M]. 北京: 科学出版社, 2010.

[88] 宋正娜, 陈雯, 张桂香, 等. 公共服务设施空间可达性及其度量方法[J]. 地理科学进展, 2010 (10): 1217-1224.

[89] 宋琳, 董春, 胡晶, 等. 基于空间统计分析与 GIS 的人均 GDP 空间分布模式研究[J]. 测绘科学, 2006 (04): 123-125, 128-129.

[90] 宫阿都, 江樟焰, 李京, 等. 基于 Landsat TM 图像的北京城市地表温度遥感反演研究[J]. 遥感信息, 2005 (03): 18-20, 30-81.

[91] 岳文泽, 徐建华, 徐丽华. 基于遥感影像的城市土地利用生态环境效应研究——以城市热环境和植被指数为例[J]. 生态学报, 2006 (05): 1450-1460.

[92] 应龙根, 宁越敏. 空间数据: 性质、影响和分析方法[J]. 地球科学进展, 2005, (01): 49-56.

[93] 廖克. 现代地图学的最新进展与新世纪的展望[J]. 测绘科学, 2004 (01): 4-9.

[94] 张利权, 吴健平, 甄彧, 等. 基于 GIS 的上海市景观格局梯度分析[J]. 植物生态学报, 2004, (01): 78-85.

[95] 张娜. 生态学中的尺度问题: 内涵与分析方法[J]. 生态学报, 2006 (07): 2340-2355.

[96] 张岸, 齐清文. 基于 GIS 的城市内部人口空间结构研究——以深圳市为例[J]. 地理科学进展, 2007 (01): 95-105.

[97] 张新长, 马林兵, 张青年. 地理信息系统数据库[M]. 北京: 科学出版社, 2010.

[98] 张松林, 张昆. 空间自相关局部指标 Moran 指数和 G 系数研究[J]. 大地测量与地球动力学, 2007 (03): 31-34.

[99] 张洪亮, 倪绍祥, 邓自旺, 等. 基于 DEM 的山区气温空间模拟方法[J]. 山地学报, 2002 (03): 360-364.

[100] 彭少麟, 周凯, 叶有华, 等. 城市热岛效应研究进展[J]. 生态环境, 2005 (04): 574-579.

[101] 彭盛华, 赵俊琳, 袁弘任. GIS 技术在水资源和水环境领域中的应用[J]. 水科学进展, 2001 (02): 264-269.

[102] 徐京华. 专题地图制作技术与方法探讨[J]. 测绘通报, 2003 (03): 46-48.

[103] 徐建华, 岳文泽, 谈文琦. 城市景观格局尺度效应的空间统计规律——以上海中心城区为例[J]. 地理学报, 2004 (06): 1058-1067.

[104] 徐志胜, 冯凯, 徐亮, 等. 基于 GIS 的城市公共安全应急决策支持系统的研究[J]. 安全与环境学报, 2004 (06): 82-85.

[105] 徐涵秋, 陈本清. 不同时相的遥感热红外图像在研究城市热岛变化中的处理方法[J]. 遥感技术与应用, 2003 (03): 129-133, 185.

[106] 朱会义，何书金，张明. 土地利用变化研究中的 GIS 空间分析方法及其应用[J]. 地理科学进展，2001a（02）：104-110.

[107] 朱会义，李秀彬，何书金，等. 环渤海地区土地利用的时空变化分析[J]. 地理学报，2001b（03）：253-260.

[108] 朱强，徐建闽，胡郁葱，等. 基于 GIS 的 ITS 共用信息平台数据模型研究[J]. 计算机工程与设计，2006（22）：4261-4263，4267.

[109] 朱求安，张万昌，余钧辉. 基于 GIS 的空间插值方法研究[J]. 江西师范大学学报（自然科学版），2004（02）：183-188.

[110] 朱钟正，苏伟. 基于局部空间统计分析的 SPOT 5 影像分类[J]. 遥感学报，2011（05）：957-972.

[111] 李军，游松财，黄敬峰. 中国 1961—2000 年月平均气温空间插值方法与空间分布[J]. 生态环境，2006（01）：109-114.

[112] 李平华，陆玉麒. 可达性研究的回顾与展望[J]. 地理科学进展，2005（03）：69-78.

[113] 李延明，张济和，古润泽. 北京城市绿化与热岛效应的关系研究[J]. 中国园林，2004（01）：77-80.

[114] 李新，程国栋，卢玲. 空间内插方法比较[J]. 地球科学进展，2000（03）：260-265.

[115] 李渊. 基于 3D GIS 的应急路径规划方法研究[J]. 国际城市规划，2007（04）：99-102.

[116] 李长兴. 论流域水文尺度化和相似性[J]. 水利学报，1995（01）：40-46，62.

[117] 杨振山，蔡建明. 空间统计学进展及其在经济地理研究中的应用[J]. 地理科学进展，2010（06）：757-768.

[118] 杨昕，汤国安，刘学军，等. 数字地形分析的理论、方法与应用[J]. 地理学报，2009（09）：1058-1070.

[119] 林学椿，于淑秋. 北京地区气温的年代际变化和热岛效应[J]. 地球物理学报，2005（01）：39-45.

[120] 柏延臣，李新，冯学智. 空间数据分析与空间模型[J]. 地理研究，1999（02）：74-79.

[121] 梅德门特. 水利 GIS——水资源地理信息系统[M]. 北京：水利水电出版社，2013.

[122] 梅志雄. 基于半变异函数的住宅价格空间异质性分析——以东莞市为例[J]. 华南师范大学学报（自然科学版），2008（04）：123-128.

[123] 毛蒋兴，闫小培，李志刚，等. 深圳城市规划对土地利用的调控效能[J]. 地理学报，2008（03）：311-320.

[124] 汤国安，龚健雅，陈正江，等. 数字高程模型地形描述精度量化模拟研究[J]. 测绘学报，2001（04）：361-365.

[125] 汪学兵，柳玲，吴中福. 空间内插方法在 GIS 中的应用[J]. 重庆建筑大学学报，2004（01）：35-39.

[126] 潘志强，刘高焕. 面插值的研究进展[J]. 地理科学进展，2002（02）：146-152.

[127] 潘海啸，粟亚娟. 城市交通规划中 GIS 方法应用探讨[J]. 城市规划汇刊，1999（06）：26-31，79.

[128] 牛强. 城市规划 GIS 技术应用指南[M]. 北京：中国建筑工业出版社，2012.

[129] 王中根，刘昌明，吴险峰. 基于 DEM 的分布式水文模型研究综述[J]. 自然资源学报，2003（02）：168-173.

[130] 王中根，刘昌明，左其亭，等. 基于 DEM 的分布式水文模型构建方法[J]. 地理科学进展，2002（05）：430-439.

[131] 王保忠，王彩霞，何平，等. 城市绿地研究综述[J]. 城市规划汇刊，2004，（02）：62-68，96.

[132] 王劲峰，李连发，葛咏，等. 地理信息空间分析的理论体系探讨[J]. 地理学报，2000（01）：

92-103.

[133] 王思远,刘纪远,张增祥,等. 中国土地利用时空特征分析[J]. 地理学报, 2001 (06): 631-639.

[134] 王思远,张增祥,周全斌,等. 中国土地利用格局及其影响因子分析[J]. 生态学报, 2003 (04): 649-656.

[135] 王思远,张增祥,周全斌,等. 基于遥感与GIS技术的土地利用时空特征研究[J]. 遥感学报, 2002 (03): 223-228.

[136] 王永明. 地形可视化[J]. 中国图象图形学报, 2000 (06): 4-11.

[137] 王永超,王士君,李强. 基于GIS空间统计的县级商业布局模式及形成机理研究——以吉林省乾安县城为例[J]. 经济地理, 2011 (09): 1504-1510.

[138] 王法辉. 社会科学和公共政策的空间化和GIS的应用[J]. 地理学报, 2011 (08): 1089-1100.

[139] 王让会. 遥感及GIS的理论与实践——干旱内陆河流域脆弱生态环境研究[M]. 武汉: 武汉大学出版社, 2004.

[140] 石常蕴,周慧珍. GIS技术在土地质量评价中的应用——以苏州市水田为例[J]. 土壤学报, 2001 (03): 248-255.

[141] 秦利燕,邵春福. 基于GIS的道路交通安全管理系统的研究[J]. 中国安全科学学报, 2004 (02): 37-39.

[142] 肖寒,欧阳志云,赵景柱,等. 海南岛景观空间结构分析[J]. 生态学报, 2001 (01): 20-27.

[143] 胡鹏,黄杏元,华一新. 地理信息系统教程[M]. 武汉: 武汉大学出版社, 2002.

[144] 范一大,史培军,辜智慧,等. 行政单元数据向网格单元转化的技术方法[J]. 地理科学, 2004 (01): 105-108.

[145] 许学强,叶嘉安. 广州市社会空间结构的因子生态分析[J]. 地理学报, 1989, 44 (4): 385-399.

[146] 许学强,周素红,林耿. 广州市大型零售商店布局分析[J]. 城市规划, 2002 (07): 23-28.

[147] 贾海峰,程声通,杜文涛. GIS与地表水水质模型WASP5的集成[J]. 清华大学学报 (自然科学版), 2001 (08): 125-128.

[148] 赵军,符海月. GIS在人口重心迁移研究中的应用[J]. 测绘工程, 2001 (03): 41-43.

[149] 赵勇胜,林学钰. 环境及水资源系统中的GIS技术[M]. 北京: 高等教育出版社, 2006.

[150] 边馥苓. GIS地理信息系统原理和方法[M]. 北京: 测绘出版社, 1996.

[151] 邬伦,于海龙,高振纪,等. GIS不确定性框架体系与数据不确定性研究方法[J]. 地理学与国土研究, 2002 (04): 1-5.

[152] 邱炳文,池天河,王钦敏,等. GIS在土地适宜性评价中的应用与展望[J]. 地理与地理信息科学, 2004 (05): 20-23, 44.

[153] 郭仁忠. 关于空间信息的哲学思考[J]. 测绘学报, 1994 (03): 236-240.

[154] 闫小培,毛蒋兴,普军. 巨型城市区域土地利用变化的人文因素分析——以珠江三角洲地区为例[J]. 地理学报, 2006 (06): 613-623.

[155] 陈斐,杜道生. 空间统计分析与GIS在区域经济分析中的应用[J]. 武汉大学学报 (信息科学版), 2002 (04): 391-396.

[156] 陈果,顾朝林,吴缚龙. 南京城市贫困空间调查与分析[J]. 地理科学, 2004 (05): 542-549.

[157] 陈洁,陆锋,程昌秀. 可达性度量方法及应用研究进展评述[J]. 地理科学进展, 2007 (05): 100-110.

[158] 陈燕申. 城市交通规划与城市地理信息系统应用[J]. 城市规划汇刊, 1994 (06): 33-39, 64.

［159］陈锐祥，何兆成，黄敏，等．Google Earth 在交通信息服务系统中的应用研究［J］．中山大学学报（自然科学版），2007（S2）：195-198.

［160］陈静，张树文．面向对象空间数据模型——Geodatabase 及其实现［J］．国土与自然资源研究，2003（02）：44-46.

［161］靳国栋，刘衍聪，牛文杰．距离加权反比插值法和克里金插值法的比较［J］．长春工业大学学报（自然科学版），2003（03）：53-57.

［162］顾朝林，谭纵波，刘宛，等．气候变化、碳排放与低碳城市规划研究进展［J］．城市规划学刊，2009（03）：38-45.

［163］黄正东，丁寅，张莹．基于 GIS 可达性模型的公交出行预测［J］．公路交通科技，2009（S1）：137-141.

［164］黄正东，于卓，黄经南．城市地理信息系统［M］．武汉：武汉大学出版社，2010.

［165］黎夏叶．利用主成分分析改善土地利用变化的遥感监测精度——以珠江三角洲城市用地扩张为例［J］．遥感学报，1997，1（4）：282-289.

［166］龚健雅．空间数据库管理系统的概念与发展趋势［J］．测绘科学，2001（03）：2，4-9.